污染地块修复过程管理方法与实践

马 妍 杜晓明 姚珏君 史 怡 赵威光 等 编著

中国环境出版集团·北京

图书在版编目（CIP）数据

污染地块修复过程管理方法与实践/马妍等编著.
—北京：中国环境出版集团，2021.12.
（土壤污染防控与治理丛书）
“十三五”国家重点图书出版规划
ISBN 978-7-5111-4726-4

Ⅰ. ①污…　Ⅱ. ①马…　Ⅲ. ①污染土壤—修复—研究
Ⅳ. ①X53

中国版本图书馆 CIP 数据核字（2021）第 087377 号

出 版 人　武德凯
责任编辑　黄　颖
责任校对　任　丽
封面设计　彭　杉

出版发行　中国环境出版集团
（100062　北京市东城区广渠门内大街 16 号）
网　　址：http://www.cesp.com.cn
电子邮箱：bjgl@cesp.com.cn
联系电话：010-67112765（编辑管理部）
发行热线：010-67125803，010-67113405（传真）
印　　刷　玖龙（天津）印刷有限公司
经　　销　各地新华书店
版　　次　2021 年 12 月第 1 版
印　　次　2021 年 12 月第 1 次印刷
开　　本　787×1092　1/16
印　　张　16.75
字　　数　325 千字
定　　价　82.00 元

《污染地块修复过程管理方法与实践》

编著委员会

马　妍[1]　杜晓明　姚珏君　史　怡　赵威光

曹云者　谢云峰　杨苏才　杨　洁　张丽娜

魏文侠　朱笑盈　李忠元　阮子渊　张梦頔

张大定　马　妍[2]　赵航正　运晓彤　郑红光

---

[1] 马妍（1983－），女，副教授，主要从事生态恢复与土壤修复研究。中国矿业大学（北京）化学与环境工程学院，北京 100083，E-mail：mayan2202@163.com。

[2] 马妍（1996－），女，中国矿业大学（北京）化学与环境工程学院 2019 级硕士研究生。

前言

随着我国经济的迅速发展和产业结构调整的深入推进，化工、冶金和钢铁等重污染企业逐步退出城市核心区域，大量工矿企业关闭搬迁，遗留了大量的污染地块。污染地块如直接用于开发建设居民用地和商业、学校、医疗、养老机构等公共设施用房，将对公众健康和生态环境构成严重安全隐患。

党中央、国务院高度重视环境保护工作，积极推动我国生态文明建设进程。国务院于2016年5月28日印发的《土壤污染防治行动计划》成了全国土壤污染防治工作的行动纲领，为开展地块环境状况调查、风险评估、修复治理提供技术指导与支持。2018年8月31日，第十三届全国人民代表大会常务委员会第五次会议通过了《中华人民共和国土壤污染防治法》，自2019年1月1日起施行，《中华人民共和国土壤污染防治法》目的是制订土壤污染防治行动计划，重点是建立相应法律制度和体系；加强工矿企业环境监管，切断污染源头，遏制扩大趋势；对污染土地实行分级分类管理，建立自己的技术体系，逐步推动风险管控4个方面工作。我国在环境治理方面秉承创新、协调、绿色、开放、共享五大发展理念，积极推动环境保护工作和生态文明建设的进程，加大力度，使环境质量得以改善。

本书得到了2018年“双百行动计划”青年教师社会调研项目、2019年中国矿业大学（北京）越崎青年学者和高校科研业务启动金的支持，希望通过这一尝试，能够促进科技成果的转化与应用，不断提高环境治理能力现代化水平，为持续改善我国环境质量提供强有力的科技支撑。

本书尝试用5章内容阐述污染地块环境管理问题，第1章通过对污染地块环境管理、环境监理以及修复效果评估的发展、定义等内容进行论述，提出我国污染地块修复需要践行绿色可持续修复理念；第2章通过介绍国内外污染地块修复工程环境管理现状，总结发达国家的环境管理经验，通过发达国家的环境管理经验与我国污染地块修复环境管理的法律法规对比，分析存在的问题并提出合理建议；第3章针对污染地块修复过程中和修复后可能出现的环境问题分析环境管理要点以及环境监测的方法，提出如何制定相应措施和长期环境管理计划；第 4 章介绍了环境监理的国内外概况、工作程序和内容、工作方式以及要点识别并通过具体案例详细论述污染地块修复工程环境监理；第 5 章主要介绍国内外污染地块修复效果评估的发展概况，以及国内污染地块土壤和地下水修复效果评估的工作程序、评估范围和评估指标、布点方法以及评估方法。

本书由中国矿业大学（北京）化学与环境工程学院马妍课题组撰写，由马妍负责总体审核。感谢环保公益性行业科研专项项目对创作本书的支持，同时感谢各位公益环保项目负责人，以及课题组的每一位成员。

由于作者的学识和水平有限，书中存在不足之处在所难免，敬请读者批评指正。

目录

第1章

绪 论

1.1 污染地块环境管理

1.1.1 污染地块环境管理的背景与发展现状

自20世纪90年代起，随着我国经济的迅速发展和结构调整的深入推进，化工、冶金和钢铁等重污染企业逐步退出城市核心区域，大量工矿企业关闭搬迁后遗留了大量污染地块，数量十分惊人。开发高商业价值的污染地块成为不少地方政府的选择，财政部数据显示，2019年我国土地使用权出让收入金额达72 516.77亿元，同比增长11.4%。遗留的污染地块作为城市建设用地被再次地开发利用，但是如直接用于开发建设居民用地和商业、学校、医疗、养老机构等公共设施，易对公众健康和生态环境构成严重安全隐患。近年来出现的“常州毒地”、“内蒙古毒地办学”和“信阳农药厂旧址修复风波”等事件暴露了污染地块开发利用过程中的环境风险。

根据绿色和平组织与南京大学（溧水）生态环境研究院发布的《中国城市污染地块开发利用中的问题与对策》研究报告，截至2018年10月，中国31个直辖市、省会城市中有27个城市公布了本区域的污染地块风险管控名录，污染地块总数为174块。其中，天津、重庆和上海所公布的污染地块数量最多，分别为21块、17块和14块。从目前公布的污染地块来看，约41%的污染地块原址为废弃化工厂，化工行业是潜在土壤污染最大的风险源。此外，值得注意的是，部分行业并没有被列入《污染地块土壤环境管理办法》的疑似污染地块的定义中。例如，约12%的污染地块为废弃钢铁厂，9%来源于机械制造业。这两个行业并没有被明确列入疑似污染地块定义中。因此，该研究报告认为，在疑似污染地块的排查中也应关注《污染地块土壤环境管理办法》（环保部令42号）中未列举的行业。此外，研究报告发现，从城市来看，绝大多数的城市均有原址为化工厂的污染地块，其中太原、天津和武汉最多。北京的污染地块主要来自废弃的钢铁厂，而重庆的污染地块主要来自机械制造业。从污染物的构成来看，重金属是污染物类别中出现频率最高的，约占54%，其中铬是重金属中出现频率最高的污染物，是占比10%的污染地块的主要污染物。除重金属外，挥发性有机物和半挥发性有机物也是污染地块中常出现的污染物，占比约为23%和17%，其中多环芳烃和总石油烃，占比分别为11%和14%。

环境管理是防范污染地块环境风险、保障再开发利用地块的环境安全、加强污染地块环境保护监督管理、维护人民群众切身利益的需要。但由于土壤污染防治历史欠账多、治理难度大、工作起步晚、技术基础差，土壤污染形势依然严峻，法律实施中还存在不少问题，依法打好净土保卫战任务艰巨。

在党中央、国务院的坚强领导下，环境问题由全社会共同整治已经达成共识，环境管理正在走向系统化、科学化、法治化、精细化和信息化。2016 年 12 月 31 日，环境保护部出台了《污染地块土壤环境管理办法》（环保部令 42 号）；2018 年 8 月 31 日，国家颁布了《中华人民共和国土壤污染防治法》。出台相关的法律法规可以为加强污染地块环境保护监督管理提供支撑，为土壤污染防治立法工作摸索经验。必须加快建立持续改善环境质量的科技支撑体系，加快建立科学有效防控人群健康和环境风险的科技基础体系，建立开拓进取、充满活力的环保科技创新体系。

1.1.2 污染地块环境管理的总体考虑

1）明确监管重点。将拟收回、已收回土地使用权的有色金属冶炼、石油加工、化工、焦化、电镀、制革等企业用地，以及将土地用途拟变更为居住用地和商业、学校、医疗、养老机构等公共设施的用地作为重点监管对象。

2）突出风险管控。对用途变更为居住用地和商业、学校、医疗、养老机构等公共设施的污染地块用地，重点开展人体健康风险评估和风险管控；对暂不开发的污染地块，开展以防治污染扩散为目的的环境风险评估和风险管控。

3）落实责任主体。明确土地使用权人、土壤污染责任人、专业机构及第三方机构的责任。

4）强化信息公开。建立污染地块管理流程，环境管理全过程各个环节的主要信息应当向社会公开。

1.1.3 污染地块环境管理主要流程

1）开展土壤环境调查。对疑似污染地块开展土壤环境初步调查，判别地块土壤及地下水是否受到污染；对污染地块开展土壤环境详细调查，确定污染物种类和污染程度、污染范围和污染深度。

2）开展土壤环境风险评估。对污染地块开展风险等级划分；在土壤环境详细调查基础上，结合土地具体用途，开展风险评估，确定风险水平，为风险管控、治理与修复提供科学依据。

3）开展风险管控。对需要采取风险管控措施的污染地块，制订风险管控方案，实行有针对性的风险管控措施。如防止污染地块土壤或地下水中污染物扩散，降低危害风险。

4）开展污染地块治理与修复。对需要采取治理与修复措施的污染地块，强化治理与修复工程监管，加强二次污染防治。

5）开展治理与修复效果评估。明确规定治理与修复工程完工后，土地使用权人应当委托第三方机构对治理与修复效果进行评估。

1.1.4 污染地块环境管理过程相关规定

《污染地块土壤环境管理办法》明确提出，实行土壤污染治理与修复终身责任制。所以在污染地块环境管理过程中首先要明确土地使用权人、土壤污染责任人、专业机构及第三方机构等利益相关方的责任。土地使用权人应当负责开展疑似污染地块土壤环境初步调查和污染地块土壤环境详细调查、风险评估、风险管控或治理与修复及其效果评估等活动，并对上述活动的结果负责。按照“谁污染，谁治理”原则，造成土壤污染的单位或者个人应当承担治理与修复的主体责任。受委托从事疑似污染地块和污染地块相关活动的专业机构，或者受委托从事治理与修复效果评估的第三方机构，应对调查、评估报告的真实性、准确性、完整性负责。受委托的机构，弄虚作假造成环境污染和生态破坏，除依照有关法律法规接受处罚外，还应当依法与造成环境污染和生态破坏的其他责任者承担连带责任。

1.1.5 污染地块环境管理原则

（1）环境具有价值原则

环境是资源，资源具有价值，环境管理工作就是管理资源的工作，因而就是经济工作。环境具有价值原则表明环境资源有限，要求环境管理部门实施“谁开发谁保护，谁损害谁负担，受益、使用者付费，保护、建设者得利”的原则。该原则指出了环境应当遵循社会基本规律、有计划按比例发展的规律、价值规律，利用经济手段把环境管理起来，要求把生产中环境资源的投入和服务，计入生产成本和产品价格之中，并逐步修改和完善国民经济核算体系；该原则推动人们在开发和利用资源时，充分考虑资源环境的持续利用问题，自觉制止资源浪费、破坏、大量消耗等；该原则有助于借助各种指标体系将环境管理工作定量化、科学化，有助于环境管理真正落实到各项工作中去。因此，环境具有价值的原则是环境管理的基础和前提。

（2）全局和整体效益最优原则

全局和整体效益最优原则表明了环境管理的生态属性，污染地块环境管理必须遵循生态规律，这可从以下 3 个方面说明：①既把环境问题作为社会经济建设中的一个有机部分，又把环境问题作为一个有机联系的整体，从它本身固有的各个方面、各种联系去考察，揭示环境总体发展趋势和运动规律，正确处理全局与局部、局部与局部的关系，取得最大的全局和整体效益。②在制订环境管理方案和组织实施方案时，要对系统内的组成要素或功能群体进行定性和定量分析，把不同层次的管理工作、各经济部门的关系有机联系和协调起来，避免决策失误。③加强环境规划和区域的综合防治工作，要综合研究区域内的人口、资源、经济结构、自然条件、环境污染和破坏程度等因素，合理安排区域内生产、建设、生活等活动，制定区域环境规划，统筹解决环境问题，利用多种手段（包括行政、经济、技术、法律、宣传教育等）管理环境，实现最佳的整体效益。

（3）综合决策、综合平衡的原则

综合决策、综合平衡的原则表明了环境管理的生态经济属性，污染地块环境管理必须遵循生态经济规律。具体表现在：①保持生态环境的良性循环和控制污染是整个社会大系统中的一个有机组分，应通过把环境保护管理纳入国民经济和社会发展规划来协调和综合平衡社会经济发展与环境保护间的关系，在整个社会发展基础上搞好环境管理。②环境管理要有预见性和长远性，密切关注社会经济发展动向可能对环境保护带来的影响，及时提出对策，防患于未然[1]；要开展环境评价和环境预测工作，尤其要开展经济建设中的环境影响评价工作，使之制度化、规范化。③制定和实施综合、有效的法律法规，强化环境管理。

（4）全过程控制的原则

全过程控制的原则是指对人类社会活动的全过程进行管理控制。无论是人类社会的组织行为、生产行为还是人群的生活行为，其全过程均应受到环境管理的监督控制。而产品是联系人类生产和生活行为的纽带，也是人与环境系统中物质循环的载体，因此，对产品的生命过程（原材料开采→生产加工→运输分配→使用消费→废弃处置）进行监控，是进行环境管理一个极为重要的方面。

（5）绿色可持续修复的原则

绿色可持续修复的原则是污染地块环境管理的基本原则，绿色可持续修复注重修复的环境效益最大化，综合考虑社区情况、经济影响及环境效应，达到“净效益最大化”，应用于修复的全过程，并且应该同时包括短期和长期的影响，使“可持续性”通过适当的经济、技术手段和政府干预得以实现，贯彻到经济发展、社会发展（如人口）、环境资源、社会福利保障等各项立法及重大决策中。绿色可持续性主要分为 3 个方面：环境影响、经济影响和社会影响。环境可持续性的核心任务是减少来自污染的危害风险和修复行为自身的二次影响。经济可持续性主要包括 2 个方面，一方面是修复操作的成本，另一方面是场地修复对区域整体经济的间接影响。社会可持续性包括修复工作人员的健康安全、利益相关方的参与、公众参与及满意度、周边社区环境等各个方面的影响。绿色可持续修复不仅只是用植物或者生态的修复方式来进行环境治理，还需要基于可持续评价来整体界定，例如采取生命周期评价的方法对修复活动涉及的所有材料、能源、设备都进行“摇篮—坟墓”式的评估，全面综合计算修复所获得的“净效益”。用生命周期评价的方法选取最可持续的修复方案，识别修复过程中的热点问题，并进行相应的改进和优化，避免过度修复，减少二次影响。

（6）政府干预和公众参与相结合的原则

政府干预和公众参与相结合是组织实施污染地块环境管理的一条基本原则，修复过程会受到监管部门的压力、业主的压力、咨询设计方的压力、制度的压力、其他修复参与方的压力、间接利益相关方的压力等，污染地块的管理会涉及众多利益相关方。所以污染地块环境管理主要靠政府，政府是环境管理的主体。同时，应当在环境管理中，把政府干预和公众参与结合起来，通过开展环境教育，让公众明白污染修复本身所带来的负面环境影响不仅仅是材料和能源的消耗、废物的产生、制造修复材料和装备过程中的污染物排放，还有最容易被忽视掉的污染修复过程中的二次污染问题，增强公众对环境价值的认识和开展环境保护工作的紧迫感，激发他们自发保护环境的热情，从而有效地督促政府避免决策失误。该原则对污染地块环境管理方案的实施具有重要意义。

1.2 污染地块环境监理

1.2.1 污染地块环境监理的起源与发展现状

我国的建设项目环境监理起步于20世纪80年代，黄河小浪底工程正式引入现代意义上的环境监理。主要经历了起步（1995—2004年）、探索（2004—2010年）和试点（2010年6月18日以后）3个阶段[2]。2002年10月，国家环境保护总局、铁道部等六部委联合下发了《关于在重点建设项目中开展工程环境监理试点的通知》（环发〔2002〕141号），决定在13个国家重点建设项目中开展工程环境监理试点工作。2004年6月，交通部率先提出在行业范畴内开展工程环境监理工作的要求。自环境保护部于2010年6月18日发文同意将辽宁省列为环境监理试点省开始，至2012年1月环境保护部下发《关于进一步推进建设项目环境监理试点工作的通知》（环发〔2012〕5号），首次明确了环境监理的定义、职责及开展试点的建设项目类型等内容后，全国已有14个省份开展了环境监理试点工作。2016年11月国务院审议通过了《建设项目环境保护管理条例》（修订版），环境监理正式纳入建设项目环境管理体系。但污染地块修复开展工程环境监理工作还是近几年的事，此外由于污染地块修复工程具有投资大、施工周期长、环境影响环节多等特点，修复工程环境监理工作相比建设工程项目环境监理，显得尤为重要[3]。

1.2.2 污染地块环境监理的概念

根据2012年12月环境保护部办公厅发布的《关于进一步推进建设项目环境监理试点工作的通知》（环办〔2012〕5号），建设项目环境监理是指建设项目环境监理单位受建设单位委托，依据有关环保法律法规、建设项目环评及其批复文件、环境监理合同等，对建设项目实施专业化的环境保护咨询和技术服务，协助和指导建设单位全面落实建设项目各项环保措施。环境监理的主要功能包括受建设单位委托，承担全面核实设计文件与环评及其批复文件的相符性任务；依据环评及其批复文件，督查项目施工过程中各项环保措施的落实情况；组织建设期环保宣传和培训，指导施工单位落实好施工期各项环保措施，确保环保"三同时"的有效执行，以驻场、旁站或巡查方式实行监理；发挥环境监理单位在环保技术及环境管理方面的业务优势，搭建环保信息交流平台，建立环保沟通、协调、会商机制；协助建设单位配合环保部门的"三同时"监督检查、建设项目环保试生产审查和竣工环保验收工作。

青海省地方标准《建设项目施工期环境监理导则》（DB 63/T 1109—2012）中对环境监理的定义为，社会化、专业化的环境监理单位在接受建设项目建设单位的委托和授权之后，根据有关环境保护、工程建设的法律法规、环境监理合同以及其他工程建设合同、批准的建设项目工程建设文件，针对建设项目进行的为实现建设项目环境保护目标而实施的具体环境监督管理活动。

陕西省地方标准《建设项目环境监理规范》（DB 61/T 571—2013）中对环境监理的定义为，通过跟踪指导和监督建设项目承包商在项目建设期间的环境保护行为，在项目建设期引导和协助项目建设单位全面落实建设项目环境保护措施和要求，对项目建设实行的环境保护监督管理活动。

团队标准《污染地块修复工程环境监理技术指南》（T/CAEPI 22—2019）中对污染地块修复工程环境监理的定义为，环境监理单位受建筑单位的委托，根据污染地块修复有关的环境保护法律法规、环境监理合同，对项目场地治理和修复过程中的环境保护提供监督管理等技术服务，监督指导修复工程实施单位全面落实修复工程项目中各项环境保护措施和要求的活动。

总体来看，污染地块环境监理是指环境监理单位接受项目建设单位委托，依据国家污染地块修复相关的环境保护法律法规、环境监理合同及其他工程建设合同，对地块治理和修复过程中的环境保护提供跟踪指导和监督管理等技术服务，引导项目建设单位、修复施工单位落实环境保护措施和要求的活动[4]。

污染地块环境监理包括如下内容：

1）水土保持监理，包括与水土保持相关的植物措施与工程措施。

2）环境空气监理，对施工区排放的大气污染（废气、粉尘）进行达标监控，使施工区及其影响区域达到规定的环境质量标准。

3）地表水环境监理，对生产废水和生活污水的污染源、水质指标、排放量及配套处理设备的建设情况及处理效果等进行监督管理。

4）噪声监理，对产生强烈噪声或振动的污染源，应当依据项目设计及其环评文件进行防治，并采取相应措施使施工区及其影响区（尤其是靠近生活区的施工行为）的噪声环境质量达到相应标准。

5）固体废物的处置监理，固体废物处置包括生产、生活垃圾和生产废渣，达到保持工程所在现场清洁整齐的要求且不产生二次污染。

6）自然生态环境监理，包括施工过程中不破坏周围植被和山体、不乱占土地等；为保护野生动植物采取的各种迁移、隔离保护、建设动物迁徙通道、改善栖息地环境、人工增殖等方面的措施。

7）人文生态景观监理，主要针对涉及拆迁与安置、征地、文物与古迹保护、通行便利性、施工安全、环境保护宣传教育、文明施工教育、沿线新建建筑等的监督管理。

8）“三同时”监理，对所依据的环境影响评价报告及其批复进行监督，监督各项环保工程有效开展，确保建设项目生产营运期内各项防治污染工程及设备的工艺、能力、规模及施工进度能够按照设计文件的要求得到有效落实，最终确保项目“三同时”在各个阶段落实到位。

1.2.3 污染地块环境监理的法律解析

环境监理是指围绕污染地块修复施工进行的直接为污染地块施工所提供的社会化专业化环境监理服务。环境监理参与方包括业主（建设单位）、项目施工承包方及环保项目参与方（环境监理单位、工程监理单位、工程设计勘察单位、环境管理部门与环境监测单位）。其中各方之间密切良好的协作，直接决定了项目环境监理的工作质量。在环境监理法律关系中，环境监理单位、建设单位和施工单位是 3 个主体[5]，其中，环境监理单位与建设单位的关系属于合同关系，环境监理单位是环境监理的主体，建设项目是环境监理行为的客体。受建设单位的委托，环境监理单位负责对建设项目进行环境监理。环境监理单位与施工单位之间的关系则属于监理与被监理关系，此外，污染地块环境监理单位与工程监理单位之间属于相互协作关系。

1.2.4 污染地块环境监理的必要性

污染地块环境监理制度的引进及实施，有利于解决我国长期以来存在的由于过度重视污染地块修复项目的环评、审批和验收而忽视施工期环境管理的“哑铃现象”问题，弥补“三同时”制度中施工阶段管理的不足，变“缺位”环境管理为“全过程”环境管理，加强了对环保审批阶段和竣工验收阶段之间的建设项目监管[6]。此外，污染地块环境监理作为一项新的环境管理制度，体现建设项目实施全过程控制精神的先进合理性，有利于环境监督、管理的多方主体明确相应责任及权限，相互协作管理，最终确保建设项目配套环保设计及其他环境保护措施得以有效实施，实现对污染地块修复全过程的环境管理[7]。

从初步实践来看，污染地块环境监理对污染地块修复工程进行专业化环境监督管理工作，有助于控制项目全过程的环境影响，保证施工期的污染防治和生态保护措施切实落实，使环境工程质量得到保证，不必因环境问题而产生过多的经济损失，一定程度上减少了污染地块修复过程中存在的环境污染破坏的缓发性和潜在性威胁。另外，污染地块环境监理的有效推行，对强化污染物减排和治理、防范环境风险、加强环境监管的实现有着重要意义，特别是对于生态影响较大的基础污染地块修复项目，环境监理的实施有助于预防早期的环境污染和生态破坏，实现“预防在先，开发有序”[8]。环境监理介入项目越早，环境监管效果越好，越有利于确保污染治理措施落实到位，最终保证施工合同中相关环境保护的合同条款得以切实落实，实现环境经济社会可持续发展。

1.2.5 污染地块修复治理工程环境监理工作的特点、目标和基本原则

1）特点：与其他类工程项目环境监理的基本作用相比，污染地块修复治理工程项目的环境监理，还要起到对修复施工各环节技术参数进行判定和严格把关的作用，特别是对涉及污染土壤的清挖、转移、修复处置等过程的污染地块修复工程，要对操作参数、施工要求进行监督和控制，此环节是保证工程修复效果得以实现的关键[3]。这些都使得该类项目环境监理比其他常规项目环境监理复杂许多，也是该类项目环境监理有别于其他工程环境监理的本质特点[9]。故污染地块修复项目环境监理的专业性更强，是集传统项目环境监理和修复治理施工过程控制于一体的双重作用过程。污染地块修复工程项目与一般建设工程项目环境监理在工作目的、人员配备对象、阶段和内容等方面的异同详见表 1-1。

表 1-1 污染地块修复工程项目与一般建设工程项目环境监理的异同

<table>
<tr><th></th><th>污染地块修复工程项目</th><th>一般建设工程项目</th></tr>
<tr><td rowspan="2">目的</td><td colspan="2">一般定义：规范工程各方的环保行为，最大限度地降低由工程实施而对环境造成的影响，实现经济、社会和环境效益的统一</td></tr>
<tr><td>确保污染地块修复工程项目质量，将修复工程项目对环境影响降至最低</td><td>—</td></tr>
<tr><td>人员配备</td><td>除环境监理专业技术人才外，需配备地块修复监理工程师，为污染地块修复工程环境监理提供专业指导</td><td>环境监理专业技术人员</td></tr>
<tr><td>工程对象</td><td>污染地块，存在特定污染物和可能使用高浓度化学品</td><td>不涉及明显污染物</td></tr>
<tr><td>监理对象</td><td>除一般建设工程项目的监理对象外，还包括污染土壤的开挖、运输全过程：污染土壤治理修复</td><td>—</td></tr>
<tr><td>监理阶段</td><td>1. 准备阶段；2. 修复阶段；3. 验收阶段</td><td>1. 设计阶段；2. 施工阶段；3. 运行（生产）阶段</td></tr>
<tr><td rowspan="2">监理内容</td><td colspan="2">一般定义：监督工程施工过程中环境污染、生态保护是否满足环境保护相关要求，与主体工程配套的环保措施落实情况等，监理协调好工程建设与环境保护、业主单位与各方关系</td></tr>
<tr><td>二次污染防治；基坑清挖质量控制；土壤修复质量控制；修复工程管理，如方案变更审核等，提供专业意见和建议</td><td>按照设计方案和相关文件实施环境监理</td></tr>
</table>

2）目标：污染地块修复施工通常全过程涉及隐蔽工程及专业性较强的工艺参数控制环节，故其环境监理的工作范围、内容及深度等方面均复杂于其他类工程[10]。该类项目中环境监理要介入“施工工艺”控制，确保修复工程达到预期的修复目标；同时要通过对参建各方的环境影响行为的预防、监督和控制，将项目实施过程中潜在的负面环境影响降至最低，最终实现环境效益、社会效益和经济效益的和谐统一。

3）基本原则：污染地块修复工程环境监理单位受建设单位委托，依据相关法律法规、污染地块前期已批复及通过专家评审的相关文件，在公平公正的基础上，协助建设单位对污染地块修复工程施工单位的修复施工全过程开展环保监督指导工作[11]。环境监理单位在环境监理过程中应遵守：①全面性原则，环境监理工作应对修复工程全过程开展全面监理，工作内容包括环保设施监理、二次污染防治监理、生态保护措施监理和环境管理监理等；②适时性原则，即受污染地块修复施工过程中各种因素影响，导致实施方案、施工时序、施工设计发生变更时，应适时调整环境监理相关工作内容；③公正性原则，即环境监理单位以保护生态环境为原则，客观、公正地开展污染地块修复工程环境监理的相关工作。

1.3 污染地块修复效果评估

1.3.1 污染地块修复效果评估的概念

我国实行建设用地土壤污染风险管控和修复名录制度，名录内的污染地块应通过省级生态环境部门组织的评审、达到既定的管控或修复目标并实现风险可控后才能移出风险管控和修复名录，进入土地的开发利用。因此，效果评估在污染地块全过程管理中发挥着举足轻重的作用。2018 年 12 月 29 日，生态环境部发布了《污染地块风险管控与土壤修复效果评估技术导则》（HJ 25.5—2018），作为统一各地效果评估组织实施和技术方法的主要规范性文件。《污染地块风险管控与土壤修复效果评估技术导则》对风险管控与修复效果评估定义为，通过资料回顾与现场踏勘、现场采样和实验室检测，综合评估地块风险管控和修复是否达到预期效果或修复后地块风险是否达到可接受水平。

1.3.2 地块概念模型的概念和表达方式

在地块调查评估阶段，将综合描述地块污染源释放的污染物通过土壤、水、空气等环境介质，进入人体并对地块周边及场地未来居住、工作人群的健康产生影响的关系模型称为地块概念模型。在污染地块修复阶段，由于各地块水文地质条件的差异、修复模式的不同、目标污染物性质的不同等因素，修复过程具有各种类型的不确定性，从而对修复效果产生影响，因此在修复效果评估工作中，应根据资料回顾与现场勘察等工作，建立地块修复概念模型。地块各阶段的概念模型极其重要，在地块调查评估阶段是分析污染来源与污染物分布必不可少的论据；在地块修复方案设计阶段是修复策略确定的依据；在修复实施阶段是修复是否可以按计划实施的关键要素；在修复效果评估阶段也尤为重要，特别是面对逐渐增多的原位修复工程。所以不断完善地块概念模型，有助于科学合理评估地块修复效果。

地块概念模型可用文字、图、表等方式，表达地块地层分布、地下水埋深、流向、污染物空间分布特征、污染物迁移过程、迁移途径、污染物修复过程、污染土壤去向、受体暴露途径等，用于指导地块修复效果评估范围的确定、效果评估指标和标准值的确定、效果评估介入节点等关键问题，便于指导污染地块风险管控与修复效果评估范围的确定、采样介入节点、采样位置等关键问题，一般包括下列信息。

1）地块风险管控与修复概况：修复起始时间、修复范围、修复目标、修复设施设计参数、修复过程运行监测数据、技术调整和运行优化、修复过程中废水和废气排放数据、药剂添加量等情况。

2）关注污染物情况：目标污染物原始浓度、运行过程中的浓度变化、潜在二次污染物和中间产物产生情况、土壤异位修复地块污染源清挖和运输情况、修复技术去除率、污染物空间分布特征的变化，以及潜在二次污染区域等情况。

3）地下水污染特征：污染源、目标污染物浓度、污染范围、污染物迁移途径、非水溶性有机物的分布情况等。

4）地质与水文地质情况：关注地块地质与水文地质条件，以及修复设施运行前后地质和水文地质条件的变化、土壤理化性质变化等，运行过程是否存在优先流路径等。此外，还有地层分布及岩性、地质构造、地下水类型、含水层系统结构、地下水分布条件、地下水流场、地下水动态变化特征、地下水补径排条件等。

5）潜在受体与周边环境情况：结合地块规划用途和建筑结构设计资料，分析修复工程结束后污染介质与受体的相对位置关系、受体的关键暴露途径等；结合地块地下水使用功能和地块规划，分析污染地下水与受体的相对位置关系、受体的关键暴露途径等。

地块概念模型涉及信息及其作用如表1-2所示。

表1-2 地块概念模型涉及信息及其作用

地块概念模型涉及信息	在修复效果评估中的作用
地理位置	了解背景情况
地块历史	了解背景情况
地块调查评估活动	了解背景情况
地块土层分布	确定采样深度
水位变化情况	采样点设置
地块地质与水文地质情况	采样点设置
污染物分布情况	了解地块污染情况
目标污染物、修复目标	明确评估指标和标准
土壤修复范围	确定评估对象和范围
地下水污染羽	确定评估对象和范围
修复方式及工艺	制订效果评估方案
修复实施方案有无变更及变更情况	制订效果评估方案
施工周期与进度	确定效果评估采样节点
异位修复基坑清理范围与深度	采样点设置

地块概念模型涉及信息	在修复效果评估中的作用
异位修复基坑放坡方式、基坑护壁方式	采样点设置
修复后土壤土方量及最终去向	采样点设置、采样节点
修复设施平面布置	采样点设置
修复系统运行监测计划及已有数据	采样点设置、采样节点
目标污染物浓度变化情况	采样点设置、采样节点
地块内监测井位置及建井结构	判断是否可供效果评估采样使用
二次污染排放记录及监测报告	辅助资料
地块修复实施涉及的单位和机构	辅助资料

1.3.3 地块概念模型的更新方法

（1）总体要求

效果评估机构应收集地块风险管控与修复相关资料，开展现场踏勘工作，并通过与地块责任人、施工负责人、监理人员等进行沟通和访谈，了解地块调查评估结论、风险管控与修复工程实施情况、环境保护措施落实情况等，掌握地块地质与水文地质条件、污染物空间分布、污染土壤去向、风险管控与修复设施设置、风险管控与修复过程监测数据等关键信息，更新地块概念模型。

（2）资料回顾

在效果评估工作开展之前，应收集污染地块风险管控与修复相关资料，形成资料回顾清单。资料清单主要包括地块环境调查报告、风险评估报告、风险管控与修复方案、工程实施方案、工程设计资料、施工组织设计资料、工程环境影响评价及其批复、施工与运行过程中监测数据、监理报告和相关资料、工程竣工报告、实施方案变更协议、运输与接收的协议和记录、施工管理文件等。

资料回顾要点主要包括风险管控与修复工程概况和环保措施落实情况。风险管控与修复工程概况回顾主要通过风险管控与修复方案、实施方案以及风险管控与修复过程中的其他文件，了解修复范围、修复目标、修复工程设计、修复工程施工、修复起始时间、运输记录、运行监测数据等，了解风险管控与修复工程实施的具体情况。环保措施落实情况回顾主要通过对风险管控与修复过程中二次污染防治相关数据、资料和报告的梳理，分析风险管控与修复工程可能造成的土壤和地下水二次污染情况等。

（3）现场踏勘

效果评估机构应开展现场踏勘工作，了解污染地块风险管控与修复工程情况、环境保护措施落实情况，包括修复设施运行情况、修复工程施工进度、基坑清理情况、污染土暂存和外运情况、地块内临时道路使用情况、修复施工管理情况等。调查人员可通过照片、视频、录音、文字等方式，记录现场踏勘情况。

（4）人员访谈

效果评估机构应开展人员访谈工作，对地块风险管控与修复工程情况、环境保护措施落实情况进行全面了解。访谈对象包括地块责任单位、地块调查单位、地块修复方案编制单位、监理单位、修复施工单位等单位的参与人员。

1.4 污染地块修复过程存在的问题

随着我国陆续出台了《土壤污染防治行动计划》《污染地块土壤环境管理办法》《中华人民共和国土壤污染防治法》等法律法规，我国对污染地块的修复正在逐步走向制度化、透明化和法制化，但仍存在一些问题。

（1）污染地块的修复存在“赶工期”的问题

我国许多省会城市的共同特征是土地财政依赖度高，由2015—2017年我国部分省会城市的财政收入分析得出，我国省会城市对于土地出让金依赖严重，绝大多数省会城市土地依赖度属于中度依赖（20%～35%）和高度依赖（35%以上）。土地依赖程度最高的城市达到了52%，即土地出让收入占了政府收入的52%。在如此高土地财政依赖度的情况下，地方政府难免存在加速土地转让以充足地方财政的考虑。因此，具有高商业价值的污染地块在开发过程中常常被压缩土壤修复的必要时间，导致修复治理上出现“赶工期”的问题。

这种“赶工”的现象还反映在开发模式上。例如，在已出让的污染地块中，约有44%的污染地块尚未完成修复，仅有30%的污染地块已完成修复，即地方政府先出让污染地块，再修复该地块。但是这种“先出让，后修复”的缺陷在于，土地使用权人出于尽快回收资金的考虑或地块开发工期的压力，可能压缩污染地块必要的修复时间。

（2）“谁污染，谁治理”的原则难以实施

“谁污染，谁治理”的原则在污染地块开发中很难实施[14]。尽管2016年制定的《土壤污染防治行动计划》和2018年通过的《中华人民共和国土壤污染防治法》都明确了污染地块责任认定“谁污染，谁治理”的基本原则，但是在污染地块实际开发过程中，这一原则却很难得到贯彻和执行。由绿色和平组织与南京大学（溧水）生态环境研究院联合发布的《中国城市污染地块开发利用中的问题与对策》，对27个省会城市公布的污染地块名录整理和统计发现，仅有33%的污染地块是由原场地使用者（潜在污染方）承担修复责任，而50%以上的污染地块是由政府或国资委下属的国有企业来承担修复责任，15%的污染地块是由房地产开发商承担修复责任。

尽管由开发商或政府承担污染地块修复责任的模式，在一定程度上有效推动了土地的再利用，节约了土地资源，但是这种由政府或开发商来承担污染地块修复责任的方式，从本质上是用公共财政收入或由购房者来为污染者埋单，并不能体现污染者负责的公平原则。另外，由开发者或者政府来为污染地块的修复埋单，不利于对潜在污染者的污染行为产生威慑，反而让其有恃无恐。

造成目前这种“污染者不承担修复责任”的局面主要有以下两方面原因：第一，缺乏一套土壤治理责任认定的标准和程序。由于土地使用的历史复杂，要认定潜在污染者对土壤的污染程度以及相应需承担的责任并不容易，而由于中国在污染地块治理责任认定的标准和程序上还处于探索阶段，尚缺乏具体的法律法规来说明土壤污染责任认定的程序和办法，最终导致在实际开发过程中，很多污染地块的修复都由政府埋单。例如，在常州毒地的诉讼案中，原告方与被告方主要争议点之一在于污染责任方的认定上，是否政府的收储行为消除了原土壤污染者的修复责任。然而由于目前中国缺乏具体的法律法规来说明如何认定土壤污染责任方，诉讼一度陷入困局。第二，原场地使用者由于破产或经营不善，无力承担修复费用，不得已只能由政府或者房地产开发商来承担。因此，在污染地块开发过程中有必要分清这两类情况，采取相应的措施，而不应该都由纳税人或消费者为污染者埋单。

（3）污染地块的开发利用信息不透明不完整

目前，污染地块的开发利用还存在信息不透明的问题。随着《污染地块土壤环境管理办法》《中华人民共和国土壤污染防治法》的颁布实施，污染地块土壤环境的信息公布迈出了重要的一步，中国 27 个省会城市率先向社会公众公布了第一批污染地块的相关土壤环境信息、治理进度、地块位置等信息。这是中国环境保护史上第一次系统性地向社会公众公布污染地块的相关土壤环境信息。

尽管在污染地块的信息公开上取得了重要的进步，但就目前所公布的情况来看，污染地块信息公开的程度和完整性还有待加强[15]。《中国城市污染地块开发利用中的问题与对策》对 174 块污染地块治理信息的整理发现，仅有 44%的污染地块公布了相关的土壤环境评估、治理修复或验收的信息，而 56%的污染地块未公布以上信息。而从城市角度来看，绝大部分城市均未公布污染地块的土壤环境评估、土壤修复和修复验收等相关信息。从公布信息的完整性角度来看，污染地块的信息透明度仍有待提高。根据整理发现，在已公布相关土壤环境评估、治理修复或验收信息的地块中，仅有 58%的污染地块发布了完整的土壤环境评估、治理修复或验收报告，而高达 42%的污染地块未发布完整的土壤环境信息。

（4）污染地块监管制度缺乏公众参与

此方面，美国和英国积累了许多有益的经验，公众参与也被列为美国和英国在污染地块治理和开发上的核心策略，原因主要有两点：一是公众参与有助于降低公众对污染地块的恐惧；二是公众参与可以在污染地块治理过程中发挥重要的监督作用，在没有监督的情况下，修复责任方本身并没有足够的动力去保质保量地治理污染地块。信息公开和公众意见咨询等方式能提供有效的压力，最终推动污染地块治理的成功完成，鼓励公众参与是美国、英国等国家污染地块监管制度的重要内容。中国污染地块监管制度尚缺乏公众参与的内容，《土壤污染防治行动计划》《污染地块土壤环境管理办法》《中华人民共和国土壤污染防治法》中均未涉及污染地块治理过程中公众参与的内容。

1.5 推动污染地块绿色可持续修复

污染地块造成了巨大的环境和社会风险，但通过现有的修复可持续性评价体系难以对污染地块修复进行全面的分析评价，使我国污染地块修复受阻[16]。因此，亟须构建污染地块绿色可持续修复评估体系，采取最佳的修复方法和模式，提高修复的环境效益、社会效益、经济效益，推进我国污染地块的绿色可持续修复。以下是推动绿色可持续修复的 3 点建议。

（1）增强风险管控的科学认识与管理能力

目前，业界关于修复标准有两种看法，一种认为我国适合采取统一的修复标准而非基于风险评价的修复标准，以避免从业者钻空子，偷工减料；另一种则认为我国需要积极推进基于风险管控的修复方式。基于风险评价的修复是一种必然的趋势，使用统一的修复标准容易造成过度修复，尤其是在忽略二次影响的前提下，有可能出现花费大量人力和物力之后，环境净效益却为负值的情况。为了增强风险管控，除需增强管理部门的专业素养和监管能力、加强对业主和施工方的责任控制外，我们认为还应做到以下两点：一是必须加强有关风险评价的科学研究，用符合我国国情的风险模型和参数来取代目前普遍使用的源自欧美的风险模型和参数；二是需要超越简单的风险评价，考虑全生命周期（包括二次影响），将其和人体健康风险与生态风险评价有机结合来更全面、更综合地评价环境成本与收益，优化修复标准。

（2）通过精细调查与精准修复增强绿色可持续性

我国现行的污染地块修复项目普遍存在轻调查设计、重工程的倾向。很多地块在没有被彻底调查的情况下，就确定了污染和修复的范围。这种现状是违背国际修复界通用做法的。调查不细致容易导致污染物残留，而且由于使用者认为已经修复完全，因而可能增加暴露的风险。另外，调查布点过于稀疏会导致大量的干净土壤被误作为污染土壤而被处理，此外，由于修复的流程往往会使得土壤失去本身的一些功能，这一做法还会导致“健康”的土壤变成不良的土壤。从绿色可持续修复的角度来说，这种做法会大大减少修复所带来的正面效益，并增加修复的负面环境成本，出现修复工作环境净效益小于零的情形，所以要通过精细的调查与精准的修复来增加绿色可持续性。

（3）推动绿色可持续修复评价的决策方法

不同于风险评价，修复的可持续性评价是多目标性的，即具有“三重底线”原则：环境效益、社会效益、经济效益得到平衡。可持续性评价的方法很多，包括指标评价法、过程评价法以及综合评价法。多标准分析评价是典型的指标评价方法，可以通过对环境、社会、经济各项指标的分析，对修复的总体可持续性及其趋势作出判断。生命周期评价是典型的过程评价方法，注重于一个产品或者服务生命周期内的输入和输出，即从原材料的获取到最终废弃物的处置过程中所产生的各类影响（主要是环境方面）[17]。在美国，生命周期评价法是修复领域研究者使用最广的可持续性评价工具。而在英国，人们更倾向于使用多标准分析评价法。过去十多年，各国有关政府部门和机构都陆续发布了各种污染地块修复的可持续性评价导则、技术指南及工具软件，为修复决策提供支撑[18]。

1.6 构建污染地块绿色可持续修复评估体系

传统的污染地块修复集中关注地块的修复目标值，主要围绕特征污染物、水文地质条件、土地利用、受污染介质、人居安全和风险可接受水平等要素开展工作。绿色修复重点关注能源、空气、水资源、材料和固体废物、土地和生态系统五大核心影响要素。发达国家已经构建了完整的技术方法体系，开发了系统的评估工具，国家层面编制了可持续修复行动计划或白皮书，并颁布实施上升为技术导则和行业管理文件，进入场地绿色可持续修复新阶段。但与国际脱节的是，当前我国并没有具体的、可操作的、可实施的相关管理、技术导则。从 2014 年的北京焦化厂修复扰民、2016 年的常州外国语学校土壤修复社会群体事件和 2018 年的河南信阳农药场地修复风波来看，一定要“防止土方工程”。所以在当前阶段，我国构建污染地块绿色可持续修复评估体系最核心在于做好修复过程中的二次污染控制和监控，如修复过程控制不好，将会导致修复效益严重下降、修复工作绿色可持续度低等显性突出问题，并可能带来严重的健康安全隐患。

污染地块绿色可持续修复要遵循：①全面性原则，全面考虑和评估所有可行的修复技术，在分区分级的基础上进行技术的组合与优化，在达到污染地块修复目标的基础上评价所有修复替选方案的环境影响、社会影响、经济影响，选择最优方案，使修复的“净效益”最大化；②全过程动态管理原则，绿色可持续修复的实施应贯穿地块详细调查到修复后的监测管理整个流程，根据高精度的地块污染刻画，实施精准的修复设计，并实现动态精细管理；③效益优化原则，通过采取最佳管理措施，减少修复过程中的二次污染、废物生成、能量和资源消耗以及生态破坏，提高修复带来的正面环境效益、社会效益、经济效益，减少修复全生命周期造成的负面影响；④利益相关方参与及公开透明原则，修复方案的制订与实施应公开透明，并充分考虑污染地块修复利益相关方的诉求。中国环境保护产业协会发布的《污染地块绿色可持续修复通则》中构建了绿色可持续修复实施总体流程，如图 1-1 所示。主要工作包括前瞻式可持续性评价、最佳管理措施和回顾式可持续性评价。在治理与修复工程方案比选与设计阶段，通过前瞻式可持续性评价对污染地块修复造成的影响进行评估，选择环境效益、社会效益、经济效益和综合效益最优的修复技术和设计方案。在修复的全过程中，从污染地块详查阶段到修复后监测管理阶段，实施各阶段适用的最佳管理措施。在治理与修复效果评估阶段，通过回顾式可持续性评价对修复工程的可持续性效果进行跟踪和记录，验证和总结绿色可持续修复实践经验，改进和优化最佳管理措施。

污染地块尺度修复阶段的绿色可持续最为核心，提高修复过程的绿色度和可持续性已经成为驱动土壤修复技术革新的重要力量，涵盖土壤修复技术、装备、监控和实施管理全过程。先进的绿色修复装备、实用的绿色修复材料和一体化的绿色修复技术组合创新应用引领着全球修复行业的主流市场。在我国污染地块修复产业发展的初期，加快绿色可持续修复技术装备研发和评价体系推广，是促进绿色可持续修复的最核心需求。为促进和推广绿色修复实践，欧洲、美国等发达国家及地区先后开发了系列评估导则和工具，构建了各具特色的绿色修复框架，发布了行业白皮书。绿色修复技术的提升和绿色修复评价体系工具的完善，对普及绿色修复理念、促进绿色修复实践发挥了重要作用。据世界银行的初步测算，中国推广绿色可持续修复与风险管理，与传统修复相比，可以使单个地块修复成本降低 40%，修复效益提高 2～3 倍。

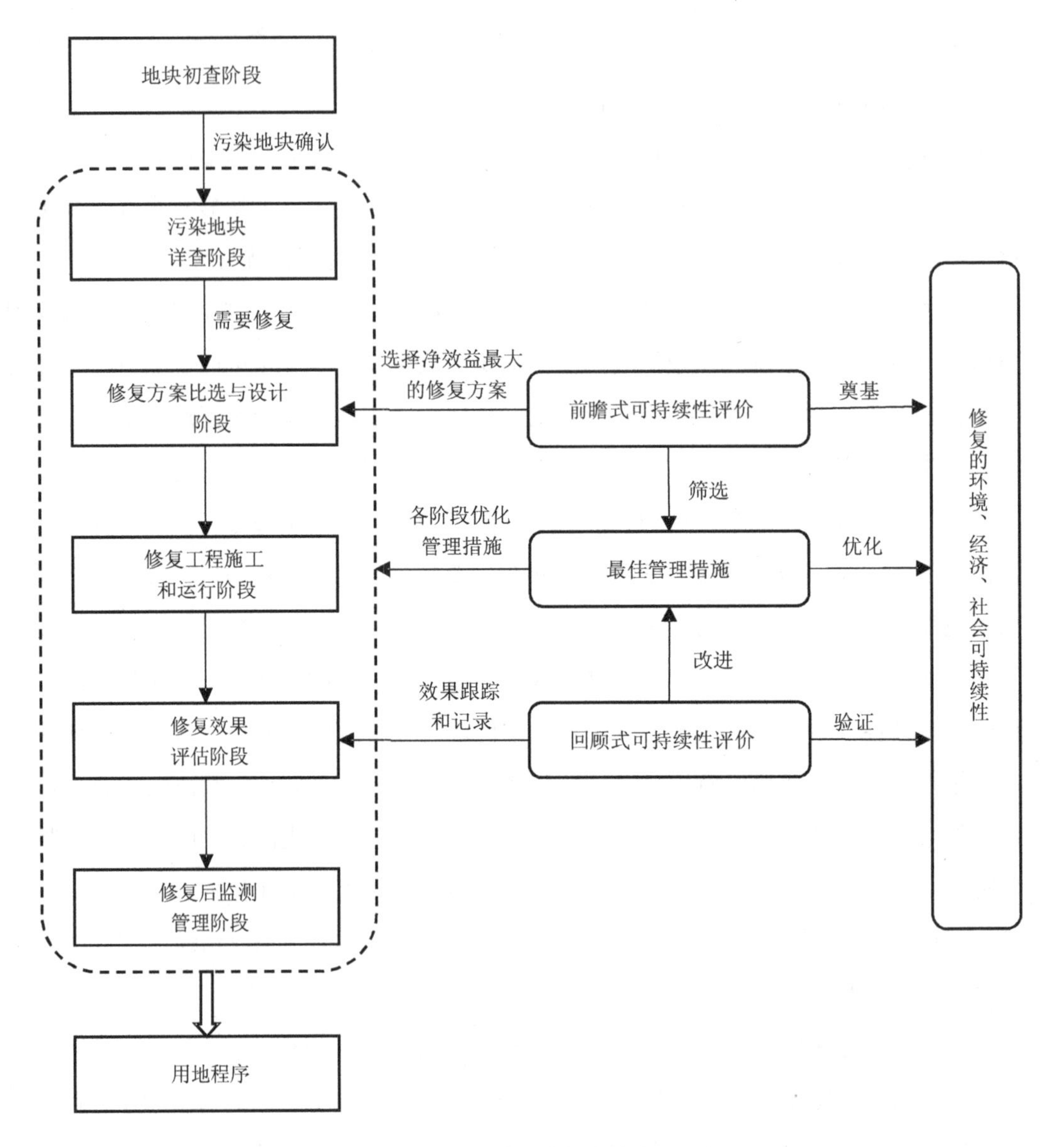

图 1-1　绿色可持续修复实施总体流程

在区域层面做好地块绿色可持续修复与再开发全过程的把控和优化。在传统经济利益驱动和修复技术可达性分析基础上，减少修复活动的负面影响，降低再开发的各方力度，获得额外的水环境和环境空气质量提升效益、减少二氧化碳等温室气体排放，是进一步增强和巩固地块绿色修复效益、提升区域棕地再开发可持续性的重要基础。为了确保“人居安全”和“场地再生”，一些发达国家普遍完成了精细化调查和土地流转动态地图，强化区域层面土壤修复各环节的监控监督、监管，在受污染土壤认证、管理和再利用方面有严格的法规制度和程序管理。做好区域尺度污染地块修复与再开发全过程管理，建立从早期规划阶段，到调查评估—清理修复—效果评估，再到再开发利用全过程的绿色可持续决策支持体系，构建交互式的响应协调机制。从区域尺度修复环境安全监控到区域棕地修复开发社会经济效益综合评估，建立一体化的支撑平台工具、灵活高效的区域监管和长效政策机制。从区域尺度统筹部署、合理布局、强化监管、提高能力和优化决策支撑，不仅是保障污染地块个案绿色修复效益持续增加和顺利实现的最关键环节，也是强化区域土壤环境风险管控、提升区域土壤修复治理成效、推动区域土壤资源可持续安全利用的关键。

在宏观尺度，欧洲、美国、日本等国家及地区都把构建国家层面可持续修复管理框架作为推动和规范修复产业和管理的第一要务，发布了一系列的“白皮书、路线图和战略政策”。创新的地块环境管理政策和灵活的环境管理机制，是实现绿色可持续修复与再开发落地实施的最重要基础保障，构建一套适合中国的绿色可持续修复管理框架和政策体系是当前研究工作的最终落脚点和最根本出发点。

参考文献

[1] 瞿叶娜. 浅析突发性环境污染事故中应急监测的应用[J]. 绿色环保建材，2020（3）：29，32.

[2] 俞年丰，杨俊波，霍秀兵. 关于环境监理在实施过程中的关注点及作用分析与探讨[J]. 环保科技，2019，25（1）：62-64.

[3] 许石豪，胡林潮，陈晶. 污染场地修复工程环境监理现状研究[J]. 环境与发展，2017，29（7）：39-41.

[4] 巫秀玲，毛倩倩，高珊. 污染场地修复工程环境监理研究[J]. 化工设计通讯，2016，42（10）：119.

[5] 王江. 环境监理：形成逻辑、法制缺失与立法构想[J]. 云南社会科学，2013（5）：48，139-143.

[6] 王倩. 环境监测市场化的问题及对策分析[J]. 科技创新与应用，2016（30）：166.

[7] 许伟. 污染场地修复工程环境监理存在的问题及对策[J]. 广州化工，2016，44（9）：98，147-148.

[8] 李波. 浅谈某地块场地污染修复项目的环境监理[J]. 中国资源综合利用，2019，37（11）：112-114.

[9] 康广凤，宁海丽，林云青，等. 环境监理视阈下典型铬污染场地修复的研究与实践[J]. 区域治理，2019（30）：96-98.

[10] 俞年丰，杨俊波，霍秀兵. 污染场地土壤修复工程环境监理实践探讨[J]. 能源与环境，2019（2）：72-73，75.

[11] 叶兴凯，侯玭，范正杰，等. 污染场地修复工程环境监理关键技术要点分析[J]. 广州化工，2018，46（8）：89-92.

[12] 张俊丽，温雪峰，王芳，等. 污染场地分类分级管理思路探讨[J]. 环境保护，2016，44（9）：60-63.

[13] 李发生，张俊丽，姜林，等. 新型城镇化应高度关注污染场地再利用风险管控[J]. 环境保护，2013，41（7）：38-40.

[14] 臧文超，张俊丽，温雪峰，等. 我国工业场地污染防治路线图探讨[J]. 环境保护，2015，43（6）：39-41.

[15] 马妍，董战峰，杜晓明，等. 构建我国土壤污染修复治理长效机制的思考与建议[J]. 环境保护，2015，43（12）：53-56.

[16] 张红振，董璟琦，高胜达，等. 中国土壤修复产业健康发展建议[J]. 环境保护，2017，45（11）：58-61.

[17] 侯德义，李广贺. 污染土壤绿色可持续修复的内涵与发展方向分析[J]. 环境保护，2016，44（20）：16-19.

[18] 谷庆宝，侯德义，伍斌，等. 污染场地绿色可持续修复理念、工程实践及对我国的启示[J]. 环境工程学报，2015，9（8）：4061-4068.

第2章

污染地块修复工程环境管理现状

2.1　发达国家污染地块修复工程环境管理经验

本节收集了美国、加拿大、英国、荷兰、德国、日本等国家环境管理体系的有关资料，研究其环境管理制度、关系定位和组织协调、单位资质和人员管理以及文件管理体系等，对其现有管理框架和管理体系中可以借鉴的部分加以消化吸收。

2.1.1　美国

美国通过多年在污染地块修复领域的探索，积累了许多先进的技术以及成熟的土壤污染治理的法律法规[1]，详见表 2-1。

表 2-1　美国土壤污染治理的主要法律

年份	名称	内容
1976	《资源保护和恢复法案》	旨在预防固体废物、工业废物和危险废物对地下水和土壤的潜在污染，并规范治理已产生的污染问题
1977	《有毒物质控制法》	当确认某一化学品对人体健康或环境构成不合理风险时，美国国家环境保护局有权管控这一化学品，同时强调对化学品的管制不应对技术创新造成不必要的障碍
1980	《综合环境反应、赔偿和责任法》	首次明确定义棕地（brownfield）为不动产，而这些不动产的扩张、重新开发或再利用可能由于有害物质或污染物的存在或潜在存在而变得复杂
1984	《危险和固体废物修正案》	该法已附加很多要求，即使环保部门在法定期限之前未公布条例，这些要求也要在一定日期内生效。其目的是鼓励工业部门协助环保部门更快地颁布条例，并保证环保部门在条例中指出优先考虑的问题
1989	《反倾倒垃圾法案》	禁止用焚烧法处理工业固体废物与一切生活垃圾以及废水处理产生的污泥。还要求制裁那些用船只将固体废物运往世界任何地方去处理的现象
1997	《棕地全国合作行动议程》	通过制订与过去有所不同的可持续发展计划，将经济开发区和社区复兴同环境保护结合起来，由公众部门和私人机构共同解决环境污染问题
2000	《棕地经济振兴计划》	该计划授权各州、社区和各类买下棕色地块的产权所有者协同工作，对棕色地块进行合理的评估、清洁和可持续的再开发利用，并总结了恢复棕色地块经济活力的四项关键行动
2002	《小企业责任减免与棕色地块复兴法》	阐明超级基金的任务，增加对棕色地块环境影响评价的资金投入，加强地方政府对紧急事件的应急措施管理

美国于 1980 年 12 月颁布的《综合环境反应、赔偿和责任法》是污染地块治理方面最著名的法案之一，其颁布和实施对全球污染地块治理产生了重大影响。针对危险废物引发

污染地块的清理责任，该法案建立了一整套“严格、连带和溯及既往”的法律责任制度。在这项制度中，可能的责任主体被称为“潜在责任方”，包括危险废物产生单位的拥有者或经营者、排放或处置废物时的管理者、污染地块的当前业主以及运输危险废物和进行处理处置的机构和个人等，不论是否知情或者是否对地块污染负有实际责任，都必须承担相应的法律责任。根据美国国家环境保护局（USEPA）发布的文件 *Guidance on EPA Oversight of Remedial Designs and Remedial Actions Performed by Potentially Responsible Parties*，修复工程相关利益方包括修复项目经理、监督官员、独立的质量保证团队（由责任方聘用）、有关资格审查负责方[2]。各利益相关方职责和相关关系如图 2-1 所示，具体的职责以及有关资格审查的管理要点如表 2-2 所示。

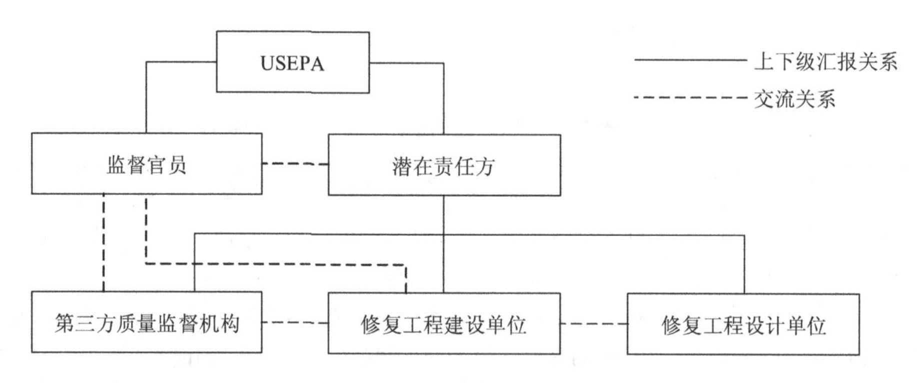

图 2-1　美国场地修复过程中各利益相关方职责和相关关系

表 2-2　具体的职责以及有关资格审查的管理要点

利益相关方	职责/要点
修复项目经理	（1）资格审查与批准（修复设计人员、修复方案制定者及独立的第三方质量保证团队） （2）技术方案与技术报告审核（修复方案、初步及最终设计、施工的质量保证和质量控制计划以及应急计划和项目完成报告） （3）定期组织召开与各责任方的协调会议 （4）确保施工活动不会危害公众健康或环境 （5）监控修复工程质量 （6）协调相关政府机构之间的关系，包括国家和地方市政当局 （7）审核已完成的工作，组织项目竣工验收
EPA、 监督官员	（1）监督官员签订合同或与 EPA 达成协议，并直接向修复项目经理汇报 （2）监督官员是 EPA 的代表，但没有权力批准合同文件中的任何更改或承担制定者的任何责任 （3）职责：审查文件和报告，现场检查、监督 PRP 的质量保证工作 （4）推荐机构：替代修复合同策略（ARCS），美国陆军工程兵团或美国垦务局

利益相关方	职责/要点
独立的质量保证团队（由责任方聘用）	（1）测试和检查机构，管理并执行质量保证检查活动的测试 （2）确定实施质量控制计划 （3）进行独立的现场工作检查以评估其是否符合项目标准 （4）确定设备和测试程序符合测试要求 （5）向责任方和 EPA 报告所有的检查结果
有关资格审查负责方	（1）责任方负责选择修复设计专业人员、修复措施制定人员、质量保证团队时需 EPA 批准 （2）专业及道德声誉 （3）设计公司经理和其他责任成员必须注册专业工程师 （4）要求具备设计、施工或质量保证活动的经验及专业知识 （5）能够在规定的时间内执行要求的工作 （6）确定来自修复措施制定者的质量保证团队是独立自主的 （7）质量保证团队有必要完全独立于修复措施制定人员，保障检查是公正客观的

此外，美国《综合环境应对、赔偿和责任法》和《国家优先控制场地名录》文件中，还规定了污染地块修复管理的一些基本要点。

1）报告编制。场地修复前，要根据获得的污染程度、修复标准、可能的修复技术和修复费用预算等编制可行性研究报告。

2）工程设计与运行维护。场地修复过程中，应进行修复工程的设计和运行维护，确保修复场地达到相应的修复标准，修复方案设计需要通过国家优先控制场地专家组评审。

3）环境、健康和安全问题。初期将管理重点放在健康和安全方面。美国在 1990 年制定的《国家应急计划》中，对员工健康安全做出了明确的规定。在联邦标准的要求下，所有为了确保员工健康安全所采取的应急行动都应遵守危险废物操作和应急响应的规定。另外，《国家应急计划》要求在所有响应场地都制订职业健康安全管理计划，并与《职业安全和健康法》及其他相关的州立职业安全和健康法规保持一致。

4）跟踪监测。修复完工后，为确保“超级基金”响应行动为人体健康和安全提供长期保护，要求执行长期响应行动（Long-Term Response Actions）、操作与维护（Operation and Maintenance）、制度控制（Issues Control）、5 年回顾（Five-Year Reviews）和修复方案优化（Remedy Optimization），确保修复行动稳定达标。

2.1.2　加拿大

加拿大在其发布的《污染地块修复的环境管理指南》（*Environmental Guideline for Contaminated Site Remediation*）中，规定了污染地块修复工程及其环境监管的相关工作流程（图 2-2），其中包括修复过程中对人群及环境的影响评估，与修复工程各相关利益方或管理者（包括业主，市政部门，健康、安全、资源等部门，环保部门等）的交流与沟通，以及修复后的评估等内容。

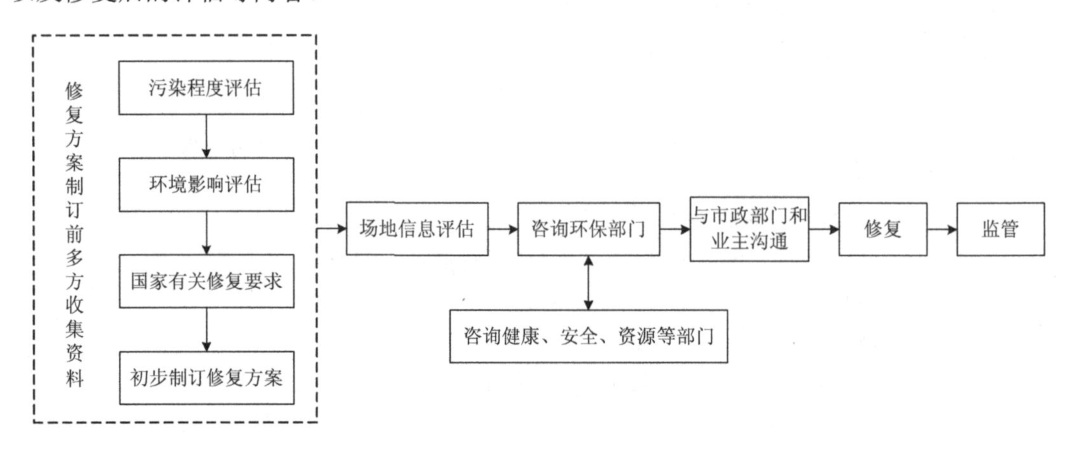

图 2-2 加拿大地块修复工程及其环境监管的相关工作流程

加拿大联邦污染地块行动计划规定要优先解决最高风险的污染地块。一般根据土壤污染对人体健康的影响和给环境带来的风险程度，采取基于风险的管理模式。首先，降低对人体健康的风险，其次，降低生态风险以及地下水污染风险。尽量以低的成本，清理尽可能多的污染地块，促进当地经济和社会发展。基于风险管理的模式可制定不同的土壤管理对策，如对轻微污染区实施可持续管理政策，针对中高浓度污染地块实施修复政策。根据当前及今后土地利用情况（如住宅用地、商业用地、工业用地、农业用地或娱乐设施用地）进行风险评估，并制定相应对策，将风险控制在可接受的范围内，同时将土壤及地下水污染程度维持在较低水平。

此外，在其他一些污染地块管理的文件中，如《国家污染地块修复计划》《加拿大环境保护法》《联邦污染地块管理政策》还对以下几方面进行了规定：①制定修复和风险管理措施；②实施修复和风险管理措施；③确认采样和最终报告；④长期监测。

2.1.3 英国

英国在污染地块管理方面建立了全面的法律框架，其中最重要的是《环境保护法案》。针对土壤污染修复责任认定和资金承担机制做出明确规定，其污染地块调查、识别、修复的责任认定主要由地方授权机构负责，对资金承担机制，按照地块修复各个阶段都给出了明确的来源。部分英国关于土壤修复的技术导则详见表 2-3。

表 2-3　英国污染地块修复的主要技术导则

发布年份	名称
1999	《英国国家标准——场地调查技术规程与指南》
2004	《污染地块的风险评估与管理技术指南》
2006	《修复目标确定原理》
2008	《土壤中污染物的毒性评估原理与指南》
2009	《污染地块风险评估模型技术原理》
2009	《污染地块风险评估模型使用指南》
2010	《修复工程监理指南》

在英国，污染地块修复资金实行等级责任制。英国《环境保护法案》中明确规定，土壤污染清理整治费用主要由“适宜人”承担。责任主体分为两个层级：第一层级是向土地排放污染物的个人或公司，或是在知情的情况下容许污染行为发生的人；第二层级主要是当前土地所有者或业主。原则上由第一层级人承担土壤污染治理责任，如果通过查访后，无从找出原始污染者，则由第二层级人承担污染治理责任。

英国在其发布的《环境保护法案》中规定了以下内容。

1）修复方案。污染地块修复前，管理部门要求相关责任方编制修复方案。一般地，土壤筛选值建立在健康暴露和毒理学计算模型基础上。非阈值污染物（致癌物）的“可接受风险”用生命期增加的致癌风险表示，各国的风险值均在 10^{-6}～10^{-4}。

2）工程设计、实施与核实。修复实施过程中，严格按照工程设计进行实施，并进行有效的核实，即环境监理。

3）环境影响消减。英国管理部门一直在改进修复的工作方法，其中包括在修复过程中衡量和考虑可持续发展。

4）长期监测与维护。要求对修复工程开展必要的长期监测与维护。

2.1.4　荷兰

荷兰是欧盟成员国中最先就土壤保护专门立法的国家之一，其土壤修复标准非常典型。2008 年生效的《荷兰土壤质量法令》中设立了土壤修复目标值和干预值。其中，目标值表示低于或处于这个水平的土壤具备人类、植物和动物生命所需的全部功能特征，土壤质量是可持续的。干预值则表示超过该水平的土壤，其具备的人类、植物和动物生命所需的功能特征已经被严重破坏或受到严重威胁，必须接受强制干预。

荷兰在其发布的《土壤修复暂行法》和《土壤保护法》中，有关修复过程监管主要涉及以下内容。

1）质量控制体系。体系包括多项认证计划和技术性议定书，对地块修复有关的活动进行环境监管。

2）修复过程中人体健康的安全防护。土壤修复过程中的安全措施用以保护工作人员的身体健康，是政府部门工作与健康检查的一个主要内容。

3）修复地块后续监管。

2.1.5 德国

截至 2002 年，德国境内大约有 362 000 处地块被疑是受污染地块，总面积约 128 000 hm^2，严重阻碍了所在地区的经济发展，并增加了投资的环境风险。目前，德国涉及污染地块修复方面的法律法规主要有 1999 年 3 月实施的《联邦土壤保护法案》（*The Federal Soil Conservation Act*）、《区域规划法案》（*Regional Planning Acts*）和《建设条例》（*Building Code*）。《联邦土壤保护法案》提供了土壤污染清除计划和修复条例，《区域规划法案》和《建设条例》则涵盖了土地开发、限制绿色地带（指未被污染、可开发利用的土地）开发方面的法规，并制定了土壤处理细则方面的基本指南。在棕色地块再开发方面，德国政府和环境保护部门也做了不懈努力。1998 年，德国环境署公布了《环境项目草案》（*Draft Environmental Programme*），明确棕色地块再开发的目标为：①对工业场地进行修复，并清除对生物体有害的危险物；②将修整好的土地投入经济运作中；③在 2020 年之前，将土地耗损量由 1998 年的 120 hm^2/d 减少到 30 hm^2/d。此外，许多地方州的相关机构也建立了棕色地块启动计划，如通过建立财富基金（Property Fund）进行棕色地块的再开发。

2.1.6 日本

日本防治污染法律体系的特点是避免立法的“盲区”，强调立法的配套性、系统性和可操作性，突出立法重点，明确部门职责，政策与法律并举，引导公众参与。在污染地块修复方面的法规主要包括《农用地土壤污染防治法》《土壤污染对策法》《污染土壤的运输和处理处置指南》等，主要涉及以下内容。

1）污染修复。对于确定修复区域，政府主管部门要求土地所有者等相关方实施该法所规定的污染去除措施。对于不需要采取污染去除措施的区域，需要向都道府县知事申报计划，在其开发前不要求进行修复；一旦进行开发，土地所有者等相关方必须向主管当局提出申请。

2）土壤运出从业许可制度。在污染土壤的运出及处理方面，为确保运出土壤得到正确处理，修订后的《土壤污染对策法》对指定区域内土壤向其他区域运出进行了限制，需提前 14 日向都道府县知事申报运出土的性状、体积、运出方法、运送者及处理者等信息，计划的变更也需申报，土壤运出处理需使用并保存运出土壤的管理单据，类似我国现行的危险废物转移联单。

3）土壤处理从业许可制度。针对需将土壤运出指定区域处理的情况，从事污染土壤处理行业者，应根据环境省令的规定，就每个用于污染土壤处理的设施取得负责管辖该污染土壤处理设施所在地的都道府县知事的许可。

4）周边环境保护计划。《土壤污染对策实施规则》规定，地下水水质的测定、原位封存、地下水污染扩散防止、土壤污染治理等土壤修复措施实施过程中，必须采取合适的措施防止污染土壤或特定有害物质的扩散、挥发或流出。措施实施者在制订指示措施实施计划时，也需要制订周边环境保护计划。

5）结果公示。在土壤污染被除去后，应将该土地的指定区域身份解除，并予以公示。解除因公示行为而生效，解除的公示应该在收到土壤污染状况调查结果报告和污染治理终结报告后迅速加以确认。

日本的《环境污染控制基本法》中规定了污染防治费用负担原则与财政措施，主要体现在“原因者负担”和“受益者分担”两个原则。按照原因者与受益者共同负担原则，为防止发生公害与实施自然保护而采取的措施所产生的费用，一方面公平分担给相关企业，另一方面由措施实施后的受益者分担一部分，而政府和地方公共团体则相互协作，给予必要的财政支持。

2.2　我国污染地块修复工程环境管理政策法规现状

2.2.1　国家层面的政策法规

随着科学技术水平的提高，我国对污染地块环境监管越来越重视，近几年，针对我国污染地块环境监管的法律规范逐渐增多（表 2-4）。2016 年 5 月，国务院出台了《土壤污染防治行动计划》，在有序开展治理与修复行动计划中指出强化治理与修复工程监管。为加强污染地块环境保护监督管理、防控污染地块环境风险，原环境保护部根据《中华人民共和国环境保护法》等法律法规和国务院发布的《土壤污染防治行动计划》，制定了《污染地块风险管控与土壤修复效果评估技术导则（试行）》[3]，于 2018 年 12 月 29 日起施行。

污染地块经治理与修复，符合相应规划用地土壤环境质量要求后才可以进入用地程序。2019 年 1 月 1 日起施行的《中华人民共和国土壤污染防治法》对土壤污染状况调查和土壤污染风险评估、风险管控、修复、风险管控效果评估、修复效果评估、后期管理等活动也进行了一系列规定。

表 2-4 国家层面环境监管文件

年份	名称	内容
1998	《水环境监测规范》	地下水监测与调查及实验室等质量控制、数据处理与资料整理汇编的主要技术内容、要求与指标
2002	《水污染物排放总量监测技术规范》[4]	规定水污染物排放总量监测方案的制订、监测项目与分析方法、质量保证和总量核定等的要求
2002	《地表水和污水监测技术规范》[5]	规定污染物总量控制监测、建设项目污水处理设施竣工环境保护验收监测、应急监测等基本方法
2002	《城镇污水处理厂污染物排放标准》（GB 18918—2002）[6]	分年限规定了城镇污水处理厂出水、废气和污泥中污染物的控制项目和标准值
2004	《地下水环境监测技术规范》[7]	规定地下水环境监测点网布设与采样监测项目和监测方法、监测数据的处理与上报、地下水环境监测质量保证等工作的要求
2004	《环境监测分析方法标准制订技术导则》[8]	提出方法原理分析步骤、质量保证和控制、特殊情况、注意事项、废弃物的处理等技术规定
2010	《环境监测 分析方法标准制修订技术导则》[9]	规范环境监测分析方法标准制修订工作
2012	《关于保障工业企业场地再开发利用环境安全的通知》（环发〔2012〕140 号）	编制治理修复方案、关键技术环节的专家评审机制、技术资料保存管理等场地修复工程环境管理
2014	《城镇污水处理厂运行监督管理技术规范》[10]	规定污水处理厂运行管理的技术要求
2014	《关于加强工业企业关停、搬迁及原址场地再开发利用过程中污染防治工作的通知》（环发〔2014〕66 号）	加强场地调查评估及治理修复监管
2014	《工业企业场地环境调查评估与修复工作指南（试行）》	对修复方案编制、修复实施与环境监理、修复验收与后期管理进行了详细的技术规定
2015	《关于推广随机抽查规范事中事后监管的通知》（国办发〔2015〕58 号）	要求大力推广随机抽查监管，建立“双随机”抽查机制。建立健全市场主体诚信档案、失信联合惩戒和黑名单制度
2015	《生态环境监测网络建设方案》（国办发〔2015〕56 号）	必须加快推进生态环境监测网络建设，要依法追责，建立生态环境监测与监管联动机制，加强生态环境监测机构监管。建立健全对不同类型生态环境监测机构及环境监测设备运营维护机构的监管制度，制定环境监测数据弄虚作假行为处理办法等规定

年份	名称	内容
2016	《土壤污染防治行动计划》	指出强化治理与修复工程监管；治理与修复工程原则上在原址进行，并采取必要措施防止污染土壤挖掘、堆存等造成二次污染；需要转运污染土壤的，有关责任单位要将运输时间、方式、线路和污染土壤数量、去向、最终处置措施等，提前向所在地和接收地环境保护部门报告
2019	《污染地块地下水修复和风险管控技术导则》[11]	进一步完善污染地块环境管理技术标准体系
2019	《中华人民共和国土壤污染防治法》	对土壤污染状况调查和土壤污染风险评估、风险管控、修复、风险管控效果评估、修复效果评估、后期管理等活动也进行了系列规定

2.2.2 典型城市的政策法规现状

随着工业迅猛发展与科学技术水平不断提高，人们逐渐意识到环境问题带来的不利影响，也开展了许多污染地块土壤及地下水治理修复项目，与此同时，国家以及地方政府、相关部门对污染地块环境监管问题越来越重视。表2-5为我国典型城市环境监管的法律规范。

表2-5 我国典型城市环境监管的法律规范

地区	法律法规	内容
北京	《污染场地修复验收技术规范》（DB 11/T 783—2011）	对修复验收内容的技术要求进行了规定
	《污染场地修复技术方案编制导则》（DB 11/T 1280—2015）	规范修复技术方案编写过程
上海	《关于加强本市工业用地出让管理的若干规定（试行）》（2016年）	治理修复方案编制，治理修复工程施工，环境监理，治理修复工程验收，对从事调查评估、治理修复单位规定了考核评估的管理办法，对污染地块修复方案等环节开展的专家评审工作进行了规定，制定并实施了工业污染地块全过程监管流程
	《上海市工业企业及市政场地再开发利用场地环境调查评估、治理修复单位考核评估管理办法（试行）》（2014年）	
	《上海市工业企业及市政场地环境保护领域专家评审工作管理办法》（2014年）	
	《关于保障工业企业及市政场地再开发利用环境安全的管理办法》（2014年）	
	《关于加强我市工业企业原址污染场地治理修复工作的通知》（2008年）	规定场地开发利用审批与修复过程的限制方面
重庆	《重庆市城区及工业企业原址场地治理修复工作指南》	建立了适用于重庆地区的工业污染地块联合监管机制
	《重庆市工业污染场地评估咨询和治理修复单位名录申报指南》	

地区	法律法规	内容
天津	《天津市工业企业场地调查评估及修复管理程序和要求（暂行）》（2014 年）	对修复方案编制、环境监理、工程验收、修复工程回顾性评估等方面做出规定
江苏	《建设用地土壤污染修复工程环境监理规范》	规定了建设用地土壤污染修复工程环境监理的工作职责和能力、工作内容、工作方法、工作要求、文件资料管理等要求
浙江	《浙江省工业企业关停、搬迁及原址场地再开发利用污染防治监管工作方案》（2014 年）	结合浙江本地，建立工业污染地块全过程监管流程
	《关于加强工业企业污染场地开发利用监督管理的通知》（2016 年）	
武汉	《关于加强工业企业搬迁环境管理工作的通知》（武环办〔2012〕49 号）	对修复过程进行规定
陕西	《建设项目环境监理规范》（DB 61/T 571—2013）	这部标准的出台在全国尚属首例，对全国处于探索阶段的环境监理事业具有示范引领作用。一是该标准的内容渗透了环境监理全过程管理理念；二是该标准的制定促进行业服务水平向先进看齐；三是该地方标准具有全省适用性和强制性

（1）北京市

2009 年有关技术单位起草了《城区工业污染地块环境评估与修复管理办法（试行）》，但未正式发布。在技术方面，2011 年发布的《污染场地修复验收技术规范》（DB 11/T 783—2011），对修复验收内容的技术要求进行了规定；2015 年 1 月，对《污染场地修复技术方案编制导则》（征求意见稿）征求意见。

北京市已初步建立了污染地块修复管理体系和环境管理工作机制。截至 2018 年 3 月 16 日，已发布了《场地环境评价导则》（DB 11/T 656—2009）[12]、《污染场地修复验收技术规范》（DB 11/T 783—2011）[13]、《场地土壤环境风险评价筛选值》（DB 11/T 811—2011）[14]、《重金属污染土壤填埋场建设与运行技术规范》（DB 11/T 810—2011）[15]、《污染场地挥发性有机物调查与风险评估技术导则》（DB 11/T 1278—2015）[16]、《污染场地修复工程环境监理技术导则》（DB 11/T 1279—2015）[17]、《污染场地修复技术方案编制导则》（DB 11/T 1280—2015）[18]、《污染场地修复后土壤再利用环境评估导则》（DB 11/T 1281—2015）[19] 8 项地方标准，涵盖修复过程环境管理计划编制、后期风险管理、污染地块采样等领域的标准和技术规范仍在加紧制定中。

按照《土壤污染防治行动计划》（国发〔2016〕31 号）等的要求，原北京市环境保护局、北京市规划和国土资源管理委员会等部门共同组织编制了《北京市土壤污染治理修复规划》，于 2018 年 3 月 16 日正式发布并开始实施。其中明确提出：

1）开展对工业污染地块的治理修复与环境监管。针对首钢搬迁后的遗留场地，开展污染调查、风险评估和治理修复研究。实施染料厂、焦化厂保障性住房地块，有机化工厂原址，地铁 7 号线（大郊亭站—焦化厂车辆段）等污染地块治理修复工程，促进了焚烧、填埋、常温解吸、热脱附、土壤气相抽提（SVE）等土壤修复技术的工程应用实践。

2）探索建立污染地块土壤治理修复全过程监管机制，形成“北京模式”。各区生态环境局负责本行政区域内的疑似污染地块及其相关活动的监督管理。在疑似污染地块土壤环境初步调查，污染地块详细调查、风险评估，治理修复实施方案，风险管控方案，治理修复过程环境监理与二次污染防治，治理修复效果评估等各环节进行监管，探索建立污染地块土壤治理修复全过程监管机制[20]。同时，在治理修复工程项目立项及实施监管、工程项目实施成效综合评估、技术集成推广、资金筹措等方面不断摸索，逐步形成适合北京市的土壤污染治理与修复的“北京模式”。

（2）上海市

2014 年，上海市发布了《关于保障工业企业及市政场地再开发利用环境安全的管理办法》《上海市工业企业及市政场地再开发利用场地环境调查评估、治理修复单位考核评估管理办法（试行）》《上海市工业企业及市政场地环境保护领域专家评审工作管理办法》。其中涉及修复工程的规定主要有：

1）治理修复方案编制。场地责任方应当委托具有独立承担污染地块治理修复方案编制能力的单位，按照国家和本市相关标准规范要求，编制污染地块治理修复方案。场地责任方将相关材料报送所在地区（县）生态环境局，区（县）生态环境局在收到材料的 15 个工作日内提出意见。2014 年，上海市环保局发布了《上海市污染场地修复方案编制规范（试行）》，其规定了污染地块土壤和地下水修复方案编制的基本原则、程序、内容和技术要求。

2）治理修复工程施工。生态环境主管部门要求场地责任方应委托具有污染地块治理修复工程施工能力的单位按照治理修复方案要求进行治理修复工程施工。

3）环境监理。生态环境主管部门要求场地治理修复过程中，应委托具有相关能力的环境监理单位，对治理修复工程实施全过程环境监理。对修复工程的监理按照《上海市污染场地修复工程环境监理技术规范（试行）》执行。

4）治理修复工程验收。生态环境主管部门要求场地责任方应委托具有污染地块治理修复工程验收能力的监测单位，对治理修复后的场地环境进行验收监测。并要求场地责任方将治理修复工程验收监测报告、环境监理报告、竣工验收报告等相关材料报送所在地区（县）生态环境局。对修复工程的验收按照《上海市污染场地修复工程验收技术规范（试行）》执行。

5）对从事调查评估、治理修复单位规定了考核评估的管理办法。

6）对污染地块修复方案等环节开展的专家评审工作进行了规定。

（3）江苏省

江苏省于2020年12月15日发布了《建设用地土壤污染修复工程环境监理规范》，2021年1月15日开始实施。该标准主要规定了建设用地土壤污染修复工程环境监理的工作职责和能力、工作内容、工作方法、工作要求、文件资料管理等要求。监理方法有核查、现场巡视、旁站、跟踪检查、记录与报告、环境监理会议、信息反馈、专业咨询、环保宣传。施工阶段环境监理包括主体修复工程环境监理、二次污染防治环境监理、污染事故应急措施环境监理。

（4）武汉市

武汉市于2012年发布了《关于加强工业企业搬迁环境管理工作的通知》（武环办〔2012〕49号），其中涉及修复过程的规定主要有：

1）修复方案备案。污染地块修复启动前，环保行政主管部门要求相关责任方提供信息资料，落实治理修复计划、方案和经费等，编制污染地块土壤治理修复方案，并进行备案。

2）环境监理。环保主管行政部门要求对工程实施情况进行环境监理，环境监理单位应具有相应的资质，并要求监理单位提交工程监理报告。

3）二次污染防治。污染地块治理与修复工程实施过程中，环保行政部门应要求施工单位进行二次污染防治，防止污染物扩散。

4）工程验收。污染地块土壤治理与修复完工后，环保行政主管部门应要求污染地块使用权人委托具有相应资质的第三方机构对治理和修复工程进行验收，并将验收报告报环保部门进行备案。

5）行政审批。对于污染地块未修复治理的或修复治理未通过验收的，环保部门将不受理审批该场地再利用建设项目环境影响评价文件。

（5）天津市

天津市于2014年发布了《天津市工业企业场地调查评估及修复管理程序和要求（暂行）》，其中涉及修复过程的规定主要有：

1）修复方案编制。环保主管部门要求场地相关责任人委托专业单位编制污染地块修复技术方案、委托专业单位进行场地修复、委托实施单位编制污染地块修复实施方案，且要求修复工程竣工后，实施单位应当编制污染地块修复工程竣工报告。

2）环境监理。环保主管部门要求场地土地使用权人等相关责任人应当委托专业单位对污染地块修复工程进行环境监理，并提交相关监理方案及监理报告至环保主管部门进行备案。

3）工程验收。环保主管部门要求场地土地使用权人等相关责任人应当委托第三方专业单位对修复工程的修复效果进行验收，并由第三方专业单位提交工程验收报告进行备案。

4）修复工程回顾性评估。需要进行回顾性评估的污染地块修复工程，环保主管部门要求场地土地使用权人等相关责任人应当委托专业单位对修复工程进行回顾性评估，并提交回顾性评估报告。

5）文件技术资料评审。环保主管部门要求场地相关责任人将各环节文件资料上报给市固管中心，由市固管中心组织专家对所报资料的科学性、合理性进行论证评审，并出具技术评审意见。

6）资料备案。环保部门要求对修复过程中各环节所有文件资料及技术评审资料，由场地土地使用权人等相关责任人在各阶段工作完成并由市固管中心出具技术评审意见后，报送市环保部门备案。

（6）陕西省

环境保护部于 2011 年 10 月 17 日在西安组织召开了全国建设项目环境监理工作交流会，2012 年 1 月 10 日，陕西省被列为环境监理试点省。陕西省地方标准《建设项目环境监理规范》于 2013 年 6 月 5 日由陕西省质量技术监督局发布，于 9 月 1 日正式实施。这部标准的出台在全国尚属首例，对全国处于探索阶段的环境监理事业具有示范引领作用。陕西省环境监理工作经过近十年的不懈探索，取得了较大成果，打造了开放的发展环境，形成了良好的发展态势。然而现阶段陕西省环境监理还存在着行业管理尚需规范、监理水平还需提升、社会认识有待增强等问题。此次环境监理地方标准的制定与发布，正是针对上述问题所下的良方，一是该标准的内容渗透了环境监理全过程管理理念，明晰了监理单位管理、监理项目管理的各个要素与环节，建立了行业管理的规范体系；二是该标准的制定，集众人之力，实现陕西环境监理现有技术体系的总结与提升，促进行业服务水平向先进看齐；三是该地方标准具有全省适用性和强制性，可极大提高环境监理的社会认知，通过学习和实施必将进一步提高有关部门和单位在环境影响评价、评估以及执法检查等环节对环境监理的重视，进而为改善环境质量发挥重要作用。

综观国内目前现有的地方法规，可以发现：

1）各地基本都有提到环境监理和验收。

2）各地基本都有提到二次污染防治。污染地块治理与修复工程实施过程中，环保行政部门应要求施工单位进行二次污染防治，防止污染物扩散。

3）各地基本都有提到修复工程回顾性评估。需要进行回顾性评估的污染地块修复工程，环保主管部门要求场地土地使用权人等相关责任人应当委托专业单位对修复工程进行回顾性评估，并提交回顾性评估报告。

4）责任主体和修复程序基本明确。但实际操作步骤仍有待细化。

2.3 我国污染地块修复环境管理现状及问题分析

目前国内已查明的高风险污染地块大多数为国有大型化工企业原厂址，其中部分企业已经破产清算，无力承担修复费用[21]。部分企业改制重组，但改制时并未对地块污染问题进行说明，无法鉴定污染的主体责任。同时，个别企业在地块租期结束后，拒绝承担污染修复责任。责任方情况复杂、权责关系不清、责任追究机制不完善等原因造成我国污染地块修复的责任认定机制面临一定的挑战。

2.3.1 国内修复工程实施的经验

通过调研上述案例修复工程实施及其相应环境监管状况，国内修复工程环境监管主要包括以下几方面的经验。

1）注重修复效果评估。坚持结果验收与过程验收相结合。过程验收主要通过环境监理实现。

2）设有环境监理。项目管理“三结合”，即①管理机构：工程监理与环境监理相结合；②管理手段：旁站、巡视及现场见证取样相结合；③项目管理制度：每周例会、专题协调会相结合。

3）注重全过程的环境监测与防护，积极防治二次污染。监测的对象包括土壤、废水、废气和噪声。监测方式为全过程，依据工程进度，定期抽查[22]。施工过程中采用了扬尘控制、气味控制、大气监测、污水处理、安全防护等措施。场地施工过程环境管理包括尾气处理、防尘（洒水）、场地雨水污水分流、污水处理、土壤运输过程防渗漏等。运输环节施行危险废物转移五联单管理[23]。

4）人员安全防护与文明施工。保障现场工人安全。

5）做好风险交流，避免居民投诉。建立监理—居民—企业—政府的四级联动机制。定期向政府、环保、城管、街道及居委会等单位汇报项目进展，寻求长期支持和持续指导；坚持居民—企业沟通机制，争取他们最大的理解和支持[24]；积极应对媒体，主动解释，客观引导，避免项目恶意操作；协助市土地及财政部门做好治理资金计划，保障治理资金；协助生态环境部门明确项目验收程序等。

2.3.2　修复工程反映出的管理问题

1）已有部分省份（城市）建立相关地方法规，但更多的侧重技术规范，管理流程有待细化和统一。

2）与国家已有相关文件的衔接问题。如地块修复是否达标，如果按照现行政策文件，只是备案，是否需要审查。

3）有些环节管理缺位。如资质管理与审查没有依据，包括环境监理单位资质、修复设计和实施单位资质、人员资质等。

4）有些环节是否需纳入管理尚不能明确。如修复过程是否需要开展环评，如何开展。

5）国家部委之间的沟通与协调问题。如建设项目由国家发展改革委审批，修复工程由政府（生态环境部门）立项，则投资主体和建设主体有待明确。还涉及档案归存问题。目前，档案应进入住房城乡建设部门，但是修复工程不符合住房城乡建设部门流程。

6）金融信贷机制不规范。我国大型金融机构基本为国有，其投资方向受政策约束较强，不规范的风险承担机制决定了国内投资银行对污染地块的风险规避意识不强。

2.3.3　我国污染地块修复环境管理建议

很多发达国家都实施了污染地块环境监管，在取得了丰富的管理经验的同时，也曾犯过代价高昂的错误。虽然我国的土地产权所有制、金融信贷机制、责任追究的法律体系和信息公开机制等与发达国家不同，但其经验和教训仍值得我们充分学习借鉴。

（1）政策建议

完善相关政策标准。尽管我国已有了初步的污染地块管理要求，但其针对性和可操作性仍亟待加强。一是应尽早将重金属、危险化学品及持久性有机污染物等高风险污染物列入《土壤环境质量标准》，完善指标体系，积极预防地块污染；二是应尽快建立完善相关管理制度，明确污染地块管理责任和防治措施，切实做好污染地块风险控制。

合理分摊修复责任。在明确污染者和受益者环境责任的同时，还需合理分摊经济责任，才能做到有效管理并预防新污染的产生。作为土地所有者，政府应建立专门机构负责地块治理资金筹措和使用监督，必要时承担部分经济责任。同时，将土地未来再利用的潜在收益提前到修复阶段预支，减轻财政压力，并促使污染地块的再利用和地区发展。此外，对于无主地块的修复，应合理划分中央和地方的事权、财权，建立共同修复责任制度。

（2）明确优先治理清单

针对关键污染物建立污染地块国家档案，区分不同污染地块的环境风险水平，为风险分级和优先管理奠定基础，使有限的资金得到最有效的利用。建立污染地块数据信息库，根据不同风险等级和技术难度，选择合适的修复技术和管控措施，建立优先治理清单和技术指南。同时，建立完善的数据库系统，也有利于潜在污染地块的预防和监管。

建立基于风险管理的修复目标和方法。首先，基于风险的管理原则，污染地块修复是以“适用性”为目标的，即在已制定通用标准的情况下，其修复目标值应根据未来土地用途而定，而非必须将污染地块修复至可满足任何用途（全面修复）的程度。其次，国际经验表明，全面修复往往过于昂贵，合理的做法是优先对高风险等级的污染地块进行修复，并对不同污染地块采取不同的措施，实现风险可控、技术可行、经济可承受三者的平衡。例如，对于受技术、经济等限制，暂时或长期不能修复的污染地块，可以采用覆盖、封闭等工程控制手段，或土地利用控制、公告等制度控制手段，以及降低污染水平或限制暴露途径等其他措施，及时控制环境污染危害的扩散，降低环境风险和健康风险。

（3）建立污染地块数据库

其中需包括准确的生态信息、客观评估和综合报告，特别要有详尽的优先开发污染地块的说明材料，进行污染地块分类、分级监控、差异治理。对于城市污染地块这类涉及普通市民日常生活的问题，更应该通过广泛而深入的公众参与，征求社会各界意见，使决策更加公正合理。

（4）加强全过程监管

一是完善修复责任认定和突发事故处理机制，以加强污染预防和应急控制。二是建立污染地块产权交易的登记制度，明确必须在工业场地或其他潜在污染地块进行交易前开展环境风险评估。要求确认土地所有者的权限、对污染现状的声明以及会对土地污染承担责任和义务的声明。三是通过建设项目环评和验收监督，控制污染地块修复工程的潜在环境风险及采用控制措施。

（5）加大宣传教育力度

土壤污染情况的不可见性和不可预知性容易造成公众对污染地块数据信息的误读，在个别地区甚至引发群体性事件。通过加大宣传教育力度，引导公众科学认识污染地块的危害，发挥公众参与的监督作用，形成全社会共同参与共同监督的社会氛围。

参考文献

[1] 刘惠，陈奕. 有机污染土壤修复技术及案例研究[J]. 环境工程，2015（S1）：920-923.

[2] US EPA. Guidance for Evaluation of Federal Agency Demonstrations that Remedial Actions are Operating

Properly and Successfully Under CERCLA Section 120（h）（3）[J]. 2019.

[3] 生态环境部. 污染地块风险管控与土壤修复效果评估技术导则：HJ 25.5—2018[S]. 北京：中国环境出版集团，2018.

[4] 国家环境保护总局. 水污染物排放总量监测技术规范：HJ/T 92—2002 [S]. 北京：中国环境科学出版社，2002.

[5] 国家环境保护总局. 地表水和污水监测技术规范：HJ/T 91—2002 [S]. 北京：中国环境科学出版社，2002.

[6] 国家环境保护总局. 城镇污水处理厂污染物排放标准：GB18918—2002[S]. 北京：中国环境科学出版社，2002.

[7] 生态环境部.地下水环境监测技术规范：HJ 164—2020[S].北京：中国环境出版集团，2020.

[8] 生态环境部. 环境监测分析方法标准制定技术导则：HJ 168—2020[S]. 北京：中国环境出版集团，2020.

[9] 环境保护部. 环境监测 分析方法标准制修订技术导则：HJ168—2010[S]. 北京：中国环境科学出版社，2010.

[10] 环境保护部. 城镇污水处理厂运行监督管理技术规范：HJ 2038—2014[S]. 北京：中国环境科学出版社，2014.

[11] 生态环境部.污染地块地下水修复和风险管控技术导则：HJ 25.6—2019[S].北京：中国环境出版集团，2019.

[12] 北京市质量技术监督局. 场地环境评价导则：DB11/T 656—2009[S]. 2009.

[13] 北京市质量技术监督局. 污染场地修复验收技术规范：DB11/T 783—2011[S]. 2011.

[14] 北京市质量技术监督局. 场地土壤环境风险评价筛选值：DB11/T 811—2011[S]. 2011.

[15] 北京市质量技术监督局. 重金属污染土壤填埋场建设与运行技术规范：DB11/T 810—2011[S]. 2011.

[16] 北京市质量技术监督局. 污染场地挥发性有机物调查与风险评估技术导则：DB11T 1278—2015 [S]. 2015.

[17] 北京市质量技术监督局. 污染场地修复工程环境监理技术导则：DB11T 1279—2015[S]. 2015.

[18] 北京市质量技术监督局. 污染场地修复技术方案编制导则：DB11T 1280—2015[S]. 2015.

[19] 北京市质量技术监督局. 污染场地修复后土壤再利用环境评估导则：DB11T 1281—2015[S]. 2015.

[20] 张明辉. 工业污染地块环境监管实践研究[J]. 中国资源综合利用，2018，3.

[21] 李歆琰，古嵩，车轩，等. 污染场地环境风险评估与风险管理[C]//2016 土壤与地下水国际研讨会. 中国环境科学学会，国际影响评估协会，2016.

[22] 张俊丽. 污染场地治理修复中的环境监管建议[C]//污染场地修复产业国际论坛暨重庆市环境科学学会第九届学术年会，2020.

[23] 廖晓勇，崇忠义，阎秀兰，等. 城市工业污染场地：中国环境修复领域的新课题[J]. 环境科学，2011，32（3）：784-794.

[24] 刘锴，宋易南，侯德义. 污染地块修复的社会可持续性与公众知情研究[J]. 环境保护，2018，46（9）：6.

第3章

污染地块修复工程环境管理计划

3.1　污染地块修复工程环境问题识别及环境管理要点分析

3.1.1　异位修复工程的环境影响及环境管理要点

异位土壤修复技术是指将受污染的土壤从场地发生污染的原来位置挖掘出来，转移到其他场所或位置进行治理修复的土壤修复技术，一般分为现场处理和场外处理两种[1]，这类工程往往包括污染土壤开挖、土壤运输、土壤在暂存场的存储、污染土壤的处置（热脱附、化学氧化、固化/稳定化、水泥窑处置、安全填埋等）、修复后土壤的回填或外运等环节。近年来，异位固化/稳定化技术在重金属污染的工业污染地块得到了广泛的应用[2]。异位地下水修复包括土壤挖掘、地下水抽提、地下水地面处理等。每个修复环节的二次污染和人体健康风险都不尽相同，如土壤挖掘环节的二次污染物主要是场地特征污染物，而在土壤治理阶段还要考虑污染物的中间转化产物。此外，由于特征污染物的物理化学性质不同，因此挥发性/异味污染地块和非挥发性污染地块的二次污染和人体健康风险差异较大。例如，在非挥发性污染地块中，含污的粉尘、扬尘、污水等是最常见的二次污染物，但在挥发性/异味污染地块中，二次污染物不仅包括含污的粉尘、扬尘、污水等，也包括挥发性物质（如挥发性有机物、重金属汞等）。

本章在国内多个污染地块修复工程案例调研基础上，分析了不同类型污染地块（挥发性/异味污染地块、非挥发性污染地块）以及异位土壤修复工程的不同环节（挖掘、短驳或运输、土壤暂存、土壤修复、修复后土壤回填或外运等）和异位地下水修复工程的不同环节（土壤挖掘、地下水抽提、地下水地面处理等）可能存在的二次污染和人体健康风险，提出了不同类型污染地块异位土壤和地下水修复工程的不同环节的二次污染及人体健康风险，具体内容见表 3-1。从对修复工程实施中的二次污染及人体健康风险分析来看，污染地块修复工程实施过程中的大气（气味/挥发性物质、粉尘/颗粒物）、水（地表水、地下水）、噪声和土壤环境（如土壤暂存场地）是修复工程实施需要重点关注的环境管理要素。

表 3-1　异位土壤和地下水修复过程中的二次污染及人体健康风险

污染地块类型	修复工程关键环节	可能产生的二次污染或污染物	可能存在的人体健康风险
非挥发性污染地块	挖掘	● 含污粉尘及扬尘 ● PM_{10} 和 $PM_{2.5}$ ● 噪声 ● 固体废物尤其是危险废物 ● 酸碱等废液 ● 土壤的交叉污染 ● 基坑积水	● 含污粉尘/扬尘/细小颗粒物 ● 超过标准规定值的噪声 ● 酸碱等危险物质
	短驳或运输	● 噪声 ● 含污土壤的遗撒 ● 设备使用或清洗过程的交叉污染 ● 交通事故产生的污染土壤逸散 ● 产生于高含水率土壤（如南方）的含污渗滤液	● 污染土壤/粉尘/扬尘 ● 污染的渗滤液 ● 超过标准规定值的噪声
	土壤暂存	● 含污粉尘及扬尘 ● 含污渗滤液 ● 污染暂存场地的土壤	● 含污粉尘及扬尘 ● 含污渗滤液
	土壤修复	● 含污粉尘及扬尘 ● PM_{10} 和 $PM_{2.5}$ ● 含污渗滤液 ● 遗撒的化学药剂 ● 洗土、氧化等过程产生的含污废水	● 含粉尘/扬尘/细小颗粒物 ● 化学药剂 ● 含污废水
	修复后土壤回填或外运	● 粉尘及扬尘 ● PM_{10} 和 $PM_{2.5}$	● 粉尘/扬尘/细小颗粒物
挥发性/异味污染地块	挖掘	● VOCs/气味的逸散 ● 含 VOCs 的粉尘、扬尘，PM_{10} 和 $PM_{2.5}$ ● 含 Hg 污土中的 Hg ● 基坑积水 ● 噪声 ● 固体废物尤其是危险废物 ● 酸碱等废液 ● 土壤的交叉污染	● Hg/VOCs/气味或粉尘 ● 超过标准规定值的噪声 ● 酸碱等危险物质
	短驳或运输	● 噪声 ● Hg/VOCs/气味的逸散 ● 污土的遗撒 ● PM_{10} 和 $PM_{2.5}$ ● 设备使用或清洗过程的交叉污染 ● 交通事故产生的污土遗撒 ● 产生于高含水率土壤（如南方）的含 VOCs 渗滤液	● Hg/VOCs/气味 ● 污染土壤/粉尘/扬尘 ● 污染的渗滤液 ● 超过标准规定值的噪声

污染地块类型	修复工程关键环节	可能产生的二次污染或污染物	可能存在的人体健康风险
挥发性/异味污染地块	土壤暂存	● Hg/VOCs/气味的逸散 ● 含 VOCs 的粉尘及扬尘 ● 含 VOCs 的渗滤液 ● 污染暂存场地的土壤	● 含 Hg/VOCs 的扬尘、粉尘 ● Hg/VOCs
	土壤修复	● Hg/VOCs/气味的逸散 ● 含 Hg/VOCs 的粉尘及扬尘 ● PM_{10} 和 $PM_{2.5}$ ● 由于修复区域地面防渗不到位，产生的污染物的扩散 ● 化学药剂储存区域防雨防渗措施不到位，产生药剂外泄 ● 设备使用或清洗过程的交叉污染	● Hg/VOCs ● 含 Hg/VOCs 的粉尘 ● 化学药剂 ● 化学药剂或清洗废液
	修复后土壤回填或外运	● 粉尘及扬尘 ● PM_{10} 和 $PM_{2.5}$	● 粉尘及扬尘

3.1.2　原位修复工程的环境影响及环境管理要点

原位土壤修复技术是指不经挖掘直接在污染地块就地修复污染土壤的修复技术，具有修复时间短、投资低、效率高、易操作、对周边环境影响小等特点[4]，也是治理土壤和底泥重金属污染的主要方法[3]。原位土壤修复技术主要包括原位淋洗、气相抽提（SVE）、多相抽提（MPVE）、气相喷射（IAS）、生物降解、原位化学氧化（ISCO）、原位化学还原、污染物固定、植物修复等。总的来看，与异位修复工程相比，原位修复工程通过向地下（包气带土壤或地下水）输入药剂或氧气以促进土壤和地下水中污染物的氧化、降解、固定，或通过抽提、热解吸或其组合方式将污染物从污染介质（土壤或地下水）中解吸出来，以此达到修复目标，其修复过程不存在土壤挖掘、运输等环节，但向地下（包气带土壤或地下水）输入的药剂（氧化剂、还原剂、固定剂、钝化剂）可能会造成二次污染[5]。因此，原位修复工程的二次污染和人体健康风险也与异位修复工程大不相同。本节在文献和案例调研基础上，研究了修复工程实施中污染物可能的排放环节，分析了修复工程实施中可能造成的二次污染和人体健康风险，提出了不同原位土壤修复过程中和污染地下水修复工程的二次污染及人体健康风险（表 3-2、表 3-3）。

表 3-2 原位土壤修复过程中的二次污染及人体健康风险

修复技术	可能产生的二次污染或污染物	可能存在的人体健康风险
化学氧化	● 化学药剂 ● VOCs ● 异味 ● 污染物的扩散 ● 二次衍生污染物	● 缺乏封闭的环境有可能导致 VOCs/SVOCs 挥发 ● 现场药剂配制过程中对工作人员的危害
气相抽提	● VOCs ● 气味	● 缺乏封闭的环境有可能导致 VOCs 挥发
热脱附/焚烧	● VOCs 和二次衍生污染物 ● 气味 ● 污染物的扩散	● 缺乏封闭的环境有可能导致 VOCs/SVOCs 挥发
固化/稳定化	● 化学药剂 ● 粉尘	● 化学药剂有腐蚀工作人员的风险
化学淋洗	● 化学药剂 ● 污染物的扩散	● 工作人员接触到含污的废水
生物修复	● 污染物转化的有毒有害中间产物	● 污染物及有毒中间产物

表 3-3 污染地下水修复工程的二次污染及人体健康风险

修复模式	修复的关键环节	可能产生的二次污染或污染物	可能存在的人体健康风险
异位修复	土壤挖掘环节	● VOCs 和气味 ● 含污粉尘及扬尘 ● PM_{10} 和 $PM_{2.5}$ ● 噪声 ● 固体废物尤其是危险废物 ● 酸碱等废液 ● 含 Hg 污土中的 Hg	● 含污粉尘/扬尘/细小颗粒物 ● 超过标准规定值的噪声 ● 酸碱等危险物质
	地下水抽提环节	● 钻井过程产生的污水 ● 钻井过程产生的废土 ● 钻井过程产生的噪声 ● 因封井不当造成污染物从浅水层向承压水层的扩散	● 含污废水、土壤 ● 超过标准规定值的噪声
	地下水地面处理环节	● 设备使用或清洗过程的交叉污染 ● 产生的有机污染气体和气味 ● 产生的废水及其控制 ● 产生的含污污泥	● 化学药剂 ● 含污的废水、污泥 ● 有机污染气体和气味
	修复后地下水排放环节	● 排放管道材质及密封性能 ● 产生的废水及其控制	● 废水

修复模式	修复的关键环节	可能产生的二次污染或污染物	可能存在的人体健康风险
原位修复		● 污染物的扩散（如化学氧化、曝气等处理方式） ● 化学药剂储存区域化学药剂的跑、冒、滴、漏 ● 设备使用或清洗过程的交叉污染 ● 产生的有机污染气体和气味 ● 产生的固体废物（如钻井过程中产生的土壤、废弃活性炭等）	● 化学药剂 ● 有机污染气体和气味 ● 含污的废水、土壤

3.2 污染地块修复工程二次污染防治可用的技术措施

3.2.1 气味和挥发性有机污染物

挥发性有机物（VOCs）为沸点低于 260℃[6]，室温下饱和蒸汽压超过 133.32 Pa，在常温下以蒸汽形式存在于空气中的一类有机物。挥发性有机物污染土壤的修复技术主要包括物理修复技术、化学修复技术以及生物修复技术 3 种[7]。挥发性有机污染物由于较小的分子量、低的沸点和高的蒸汽压，在通常条件下容易气化。往往温度越高，风速越大，其挥发的程度越大。因此针对存在气味和挥发性污染地块应最大限度地减少恶臭/有害物质的暴露表面积，如使用分步修复战略，取代大范围开挖，从而保证相对较少的污染物挥发到空气中。此外，如果可能则可以考虑在较低气温和风速等有利天气条件下开展修复工作。对于在不挖掘活动期间，覆盖暴露的场地（或开挖面）表面，以减少污染物的挥发；对于开挖区域，可以建设封闭工棚并配备相应的挥发性气体收集和处置装置以减少污染物的扩散，不储存有异味的材料。修复工程气味、挥发性有机污染物可能的防治措施见表 3-4。

3.2.2 粉尘/颗粒物

粉尘污染是修复工程中常见的污染物，其污染的程度往往与粉尘的可能来源、粉尘毒性特征、修复区域的范围、修复工作的方法、修复工程与敏感受体的距离等密切相关，如果作业人员长时间处于粉尘污染的环境中，容易造成人体呼吸道感染、支气管炎、气喘、肺炎、肺气肿、尘肺等疾病[8]。具体防治措施如表 3-5 所示。

表 3-4 修复工程气味、挥发性有机污染物可能的防治措施

环境因素	重点关注的要素	可能的防治措施
异味和挥发性物质	● 化学物质的挥发性 ● 化学物质的毒性 ● 典型和预期的大气与气候条件 ● 天然存在的挥发物（如硫化氢） ● 异味阈值 ● 可能受影响地区的位置和范围 ● 与敏感受体的距离 ● 潜在的暴露时间 ● 修复过程中挥发源的地下迁移 ● 环境和职业健康要求 ● 在工作区域监测空气中的污染物	● 最大限度地减少污染场地的暴露表面积（例如，使用分步修复战略，而不是大范围地开挖） ● 在有利的天气条件下开展工作（如气温较低、较低的风速） ● 隔夜或在不挖掘活动期间，覆盖暴露的表面 ● 不储存异味材料 ● 完全覆盖开挖区域（如封闭工棚） ● 立即去除有强烈气味的物质 ● 异位修复在封闭的大棚内进行，并采取相应的防治异味/VOCs 扩散措施

表 3-5 修复工程粉尘/颗粒物可能的防治措施

环境因素	重点关注的要素	可能的防治措施
粉尘/颗粒物	● 粉尘的可能来源 ● 粉尘毒性特征 ● 修复区域的范围 ● 修复工作的方法和工作分期 ● 与敏感受体的距离	● 减少交通量和限制运输车辆在暴露土壤上的速度 ● 修复过程中最大限度地减少工作区域的暴露 ● 喷水使土壤潮湿但并不浸透它，以免饱和土壤中的污染径流进入相邻的场地、雨水系统或当地排水沟 ● 喷洒黏合剂 ● 用地膜/粗砂/白云石连续覆盖地面 ● 滚压场地（特别是当土壤湿润时） ● 建造围墙/挡板

3.2.3 地表水

地表水污染防治重点关注的要素包括：①场地地形；②当地的天气和预期的径流的方向和途径；③受影响区域的位置和程度；④周围环境和临近河道的敏感度；⑤修复工作方法；⑥地表水可能的污染源。针对以上重点关注的要素，其可能的防治措施如表 3-6 所示。

表 3-6　修复工程需关注的地表水环境因素及可能的防治措施

环境因素	重点关注的要素	可能的防治措施
地表水	● 场地地形 ● 当地的天气和预期的径流的方向和途径 ● 受影响区域的位置和程度 ● 周围环境和临近河道的敏感度 ● 修复工作方法 ● 地表水可能的污染源	● 在土壤堆场周围设置临时围堰，或者将土壤堆放在具有防水功能的材料上 ● 将修复区域面积最小化，减少地表径流 ● 开挖排水或径流引水沟渠 ● 设收集或处理径流的池塘 ● 回收地表径流的措施应当与其他管理措施配合展开。可能的回收措施包括： √ 将污水泼洒至挖掘土壤的堆场表面，防止粉尘产生 √ 利用收集到的地表水润湿干燥的土壤，以免产生灰尘 √ 将雨水引流至景观区 √ 将收集到的地表水送到附近的污水处理厂或现场进行处理等 ● 收集污染径流，进行现场处理

3.2.4　地下水

地下水重点关注的要素包括：①地质学；②水文地质学（含水层系统的数量和类型，地下水的深度、流向和速度）；③土壤类型和有机质含量；④渗水量（取决于诸如降水、场地积水和土壤特性）；⑤背景条件和可能的场外污染源位置；⑥污染物和分解副产物的水平和垂直分布；⑦污染物的物理性质（如密度、黏性和溶解度）；⑧污染源的大小；⑨抽水影响区；⑩抽水的处理、再利用或处置；⑪附近使用地下水引起的污染物迁移的可能性。

针对上述重点关注的要素，可能的防治措施一共包括四点，如表 3-7 所示。

表 3-7　修复工程需关注的地下水环境因素及可能的防治措施

环境因素	重点关注的要素	可能的防治措施
地下水	● 地质学 ● 水文地质学（含水层系统的数量和类型，地下水的深度、流向和速度） ● 土壤类型和有机质含量 ● 渗水量（取决于诸如降水、场地积水和土壤特性） ● 背景条件和可能的场外污染源的位置 ● 污染物和分解副产物的水平和垂直分布 ● 污染物的物理性质（如密度、黏性和溶解度） ● 污染源的大小 ● 抽水影响区 ● 抽水的处理、再利用或处置 ● 附近使用地下水引起的污染物迁移的可能性	● 使用污染物的迁移转化模型，了解地下水污染可能的运动和潜在的变化 ● 确保污染土壤得到恰当的处置 ● 抽出水的处理、再利用或处置方案要合理 ● 识别潜在的场外污染源

3.2.5 土壤

重点关注的要素包括：①交叉污染的可能来源；②化学物质和副产物的类型和浓度；③修复区域的范围；④修复工程的持续时间和时机；⑤修复技术的选择；⑥修复工作的方法和工作分期；⑦周围环境敏感点。

针对以上重点关注的要素，可能的土壤污染防治措施如表 3-8 所示。

表 3-8 修复工程需关注的土壤环境因素及可能的防治措施

环境因素	重点关注的要素	可能的防治措施
土壤	● 交叉污染的可能来源 ● 化学物质和副产物的类型和浓度 ● 修复区域的范围 ● 修复工程的持续时间和时机 ● 修复技术的选择 ● 修复工作的方法和工作分期 ● 周围环境敏感点	● 严格管理受污染的土壤，防止其扩散 ● 清洗运输车辆的车轮，并处理和处置车轮清洗废水 ● 覆盖土壤，防止风或水的侵蚀 ● 设计有效的地表水控制措施 ● 隔离处理和验收的区域，确保已验收的区域不被污染 ● 防范暂存/处理区域的土壤受到污染

3.2.6 噪声

社会生活的噪声污染主要是人们进行日常生活和社会活动中产生的污染[9]。工业噪声是指在进行生产过程中利用机器高速运转设备、加工机床等发出的噪声。噪声环境重点关注的要素和可能采取的措施如表 3-9 所示。

表 3-9 修复工程需关注的噪声环境因素及可能的防治措施

环境因素	重点关注的要素	可能的防治措施
噪声	● 噪声可能的源 ● 与最近受体的距离 ● 噪声建模和监控等	● 在靠近居民区的地方，规划好作业时间，限制重型机械设备在夜间使用 ● 在居民区和施工区之间，设置隔声屏障等

3.3 环境风险防范及应急预案

环境风险是修复工程实施过程中的突发事故对人体健康及环境的危害程度。环境风险防范主要包括参与地块修复工程实施的施工人员的劳动保护、人员防护以及突发环境事故的应急处理两方面。国家和各级政府已制定并颁布了一系列的环境应急和劳动保护法规、标准。表 3-10 列出了与劳动保护、人员防护及环境应急相关的法规、标准，可参照国家和地方环境应急相关法律法规、标准规范等，针对周边的人群健康和环境编制环境应急预案。

表 3-10　与劳动保护、人员防护及环境应急相关的法规、标准

科目	相关法规、标准
劳动保护及人员防护	●《中华人民共和国职业病防治法》（2016 年修订） ●《使用有毒物品作业场所劳动保护条例》（中华人民共和国国务院令第 352 号） ●《职业病危害项目申报办法》（国家安全生产监督管理总局令第 48 号） ●《职业病危害因素分类目录》（2019） ●《个体防护装备选用规范》（GB/T 11651—2008） ●《以噪声污染为主的工业企业卫生防护距离标准》（GB 18083—2000） ●《职业安全卫生术语》（GB/T 15236—2008） ●《呼吸防护用品的选择、使用与维护》（GB/T 18664—2002） ●《工作场所职业病危害警示标识》（GBZ 158—2003） ●《工作场所空气中有毒物质监测的采样规范》（GBZ 159—2004） ●《工作场所空气有毒物质测定》（GBZ/T 160—2004） ●《职业健康监护技术规范》（GBZ 188—2014） ●《工作场所空气中粉尘测定　第 1 部分：总粉尘浓度》（GBZ 192.1—2007） ●《高毒物品作业岗位职业病危害告知规范》（GBZ/T 203—2007） ●《工业企业设计卫生标准》（GBZ 1—2010）
环境应急	●《国家突发环境事件应急预案》（国办函〔2014〕119 号） ●《突发环境事件应急监测技术规范》（HJ 589—2021）

针对修复施工过程污染物排放可能对人体健康产生的影响，应采取相应的措施，制定周密的场地修复工程劳动保护与个人防护措施。个人防护措施应包括劳动保护和个人防护的相关内容、劳动保护与个人防护设备和用品、使用要求和方法，以及相应制度和措施等内容。对修复工程实施过程中可能遇到的潜在物理和化学危险，应进行专项防护。

针对修复过程中的以下情景均应建立应急预案，包括恶劣天气（如暴雨、大风、低温、降雪/水、雾霾等）条件下的施工、突发环境事件（如爆炸、火灾、污染物泄漏等）、交通运输过程中的污染物泄漏/遗撒、修复过程中的污染物扩散等。应急预案应该包括应急组织机构设置、应急人员的责任、应急响应等内容，明确应急组织形式、负责人员及构成部门的职责，可用结构图的形式表示。应急响应包括现场污染处置方案、转移安置人员方案、医学救援方案、应急监测计划等。

3.4 污染地块修复工程环境监测内容与方法研究

3.4.1 环境监测依据及方法

环境监测质量控制作为对采样及监测过程质量保障的重要手段[10]，在修复过程的二次污染和环境风险识别结果基础上，对大气、水体、土壤、噪声等进行监测，以判定能否达到国家或地方相关标准的要求。其主要方式包括人员能力、设备适用性、样品采集和处理、方法适用性和有效性、环境条件满足程度以及测试过程步骤完整性的保障[11]，监测人员更需要充分了解相关资料，严格按照规定进行操作。环境监测计划应包括施工过程的环境监测、修复设施的污染源监测及环境应急监测。与布点监测相关的国家或地方标准见表 3-11。

表 3-11 与布点监测相关的国家或地方标准

监测类型	介质	布点及监测依据
施工过程和修复设施	大气	《大气污染物无组织排放监测技术导则》（HJ/T 55—2000）
	水	《地表水和污水监测技术规范》（HJ/T 91—2019） 《地下水环境监测技术规范》（HJ/T 164—2002）
	土壤	《土壤环境监测技术规范》（HJ/T 166—2004） 《场地环境监测技术导则》（HJ 25.2）
	噪声	《建筑施工场界环境噪声排放标准》（GB 12523—2011）
环境应急		《突发环境事件应急监测技术规范》（HJ 589—2021）

考虑目前国家和行业有关废水、废气的标准中的相关指标较少，而污染地块中的特征污染物数量较多。因此，对于国家标准中没有的特征污染物指标，可参照国外或国际组织制定的相关标准，并按有关监测技术标准建立监测的质量控制和保证程序。

3.4.2 施工过程中环境监测的其他要求

大气监测应在污染源的上风向（对照点）、下风向（污染扩散点）环境空气敏感区布设监测点；有异味污染源的修复工程应对居民区等敏感点布设异味监测点。具体应根据《大气污染物综合排放标准》（DB 11/ 501—2017）的相关规定和要求进行监测。

地表水和地下水监测应在受影响的受纳水体设置控制监测断面，并在影响区域上游设置对照监测断面，应在受影响或可能受影响的区域设置地下水监测井。具体参照《地表水和污水监测技术规范》（HJ/T 91—2019）和《地下水环境监测技术规范》（HJ 164—2020）。

土壤监测应在受影响或可能受影响的区域（如污染土壤暂存场）设置土壤监测点[12]，具体参照《场地环境监测技术导则》（HJ 25.2—2004）。噪声监测应在施工场界和噪声敏感区布设监测点，具体参照《建筑施工场界环境噪声排放标准》（GB 12523—2011）。

3.4.3　修复设施污染源监测的其他要求

修复设施污染源的污染物排放属于有组织排放。因此，对于有组织排放修复设施应在排放口设置监测点，对于施工和堆放储存等面源污染应在污染产生区布设监测点，对于异位热解吸、焚烧等土壤修复设施的大气有组织排放口应安装在线监测系统。

3.4.4　环境应急监测

环境保护部已颁布了《突发环境事件应急监测技术规范》（HJ 589—2021），此标准详细规定了环境应急监测的工作程序、工作内容及要求。因此，地块修复工程环境应急监测可参照该规范的有关规定进行方案编制和监测。

3.5　地块修复后可能存在的环境问题及应对措施研究

3.5.1　地块修复后可能存在的环境问题分析

地块修复工程所采用的修复技术不同，其修复的时间尺度往往差别很大。对于采用水泥窑处置、化学氧化、热解吸等修复技术的修复工程来说，修复所需的时间往往比较短，并且污染处置较为彻底，后续的环境问题较少。尽管如此，对于采用阻隔、填埋、固化/稳定化、渗透反应墙、自然衰减等修复技术的修复工程来说，其修复时间往往可达数年之久。此外，在修复工程达到预期修复目标后，随着时间的增加，污染物可能会解吸出来（如固化/稳定化）；由于主体工程的失效，污染物可能迁移扩散（如阻隔、填埋、固化/稳定化、渗透反应墙）；或者由于微生物不再起作用，污染物有扩散的可能（如自然衰减）。因此，对于采用阻隔、填埋、固化/稳定化、渗透反应墙、自然衰减等修复技术的修复工程，应制订相应的长期（跟踪）监测计划。地块修复工程可能存在的长期环境问题及监测指标见表 3-12。

表 3-12 地块修复工程可能存在的长期环境问题及监测指标

技术类型	修复技术	可能存在的长期环境问题	监测指标
污染物降解/消减类	自然衰减	● 污染羽有扩大趋势 ● 微生物不再起作用	● 特征污染物含量 ● 中间降解产物含量及毒性 ● 电子受体（氧气、硝酸根、硫酸根等）的含量 ● 微生物类型及数量
	气相抽提	● 污染物浓度反弹	● 特征污染物含量
	渗透反应墙	● 反应墙材料的失效导致污染物扩散	● 判定反应墙材料是否依然有效的指标 ● 反应墙外侧地下水中污染物的含量
污染物存在方式转变类	固化	● 特征污染浸出	● 污染物浸出含量
	稳定化	● 稳定化材料的失效导致污染物浸出	● 污染物浸出含量
	填埋	● 主体工程失效导致污染物迁移/扩散	● 判定主体工程是否依然有效的指标 ● 填埋场地附近地下水中污染物的含量
	阻隔	● 主体工程失效导致污染物迁移/扩散	● 判定主体工程是否依然有效的指标 ● 阻隔工程外围土壤/地下水中污染物的含量

3.5.2 应对措施及长期环境管理计划

对于采用阻隔、填埋、固化/稳定化、渗透反应墙、自然衰减等修复技术的修复工程来说，长期的环境问题主要表现为特征污染物的反弹（如气相抽提）、特征污染物的浸出（如固化/稳定化）、污染物的迁移扩散（如阻隔、填埋）等。因此，长期环境管理计划应确定环境管理机构，明确修复工程各参与方的职责，制订日常沟通和报告计划等。针对地块特征污染物及选用的修复技术等，应明确监测布点方案、监测指标（特征污染物、主体工程有效性的判定指标等）、监测频率、监测方法和监测时间。

3.6 案例示范一：某有机污染地块修复工程环境管理计划

3.6.1 修复工程介绍

（1）基本情况

自 1939 年建厂以来，该场地的土地一直作为工业用地使用，2010 年年底全部停产。根据市规函〔2006〕1642 号，该用地规划为多功能用地、住宅及配套托幼用地和城市绿化用地，并增加城市支路。根据《场地环境评价报告》，该场区部分土壤受到污染，主要污染物包括二苯呋喃、咔唑、萘、2-甲基萘、二氢苊、苊、芴、菲、蒽、荧蒽、芘、苯并[*a*]蒽、䓛、苯并[*b*]荧蒽、苯并[*k*]荧蒽、苯并[*a*]芘、茚并[1,2,3-cd]芘、二苯并[*a*,*h*]蒽、苯并[*g*,*h*,*i*]苝、TPH C_{10}～C_{12}、TPH C_{16}～C_{21}。

（2）土壤修复目标

根据《场地环境评价报告》的调查结果，该场地土壤污染物修复目标如表 3-13 所示。

表 3-13　场地土壤污染物修复目标　单位：mg/kg

目标污染物	最终修复目标值	目标污染物	最终修复目标值
二苯呋喃	174	苯并[*a*]蒽	0.41
咔唑	15	䓛	41
萘	50	苯并[*b*]荧蒽	0.40
2-甲基萘	196	苯并[*k*]荧蒽	4
二氢苊	3 030	苯并[*a*]芘	0.2
苊	3 000	茚并[1,2,3-*cd*]芘	0.41
芴	1 980	二苯并[*a*,*h*]蒽	0.04
菲	1 500	苯并[*g*,*h*,*i*]苝	1 450
蒽	14 800	TPH C_{10}～C_{12}	1 600
荧蒽	1 980	TPH C_{16}～C_{21}	1 600
芘	1 480	—	—

（3）土壤修复范围

根据《场地环境评价报告》的调查结果，确定最终的修复范围。场地土壤修复信息如表 3-14 所示。

表 3-14　场地土壤修复信息

层数	修复深度/m	特征污染物	面积/m^2	体积/m^3
第 1 层	0～2	PAHs、TPH	2 901.5	5 803
第 2 层	2～4	PAHs 污染	2 311	4 622
第 3 层	4～6	PAHs 污染	2 368.5	4 737
第 4 层	6～8	PAHs 污染	199.4	398.8
第 5 层	8～11	PAHs 污染	99.5	298.5
第 6 层	11～14	PAHs 污染	199	597
修复土壤体积合计				16 456.3

（4）修复技术及工艺流程

污染土壤异位修复主要包括以下内容。

① 污染土壤清挖

对场区内需要修复的土壤进行清挖，运送到污染土壤处置地进行暂存。

② 污染土壤修复

使用高温热脱附技术对污染土壤进行处理。

③ 基坑积水及地下水处理

对挖掘区土壤清理时抽提的地下水以及基坑积水，现场处理达标后，排入可接纳管网或水体；对非挖掘区地下水进行制度控制，严格控制场地区内地下水的饮用和使用。

污染土壤处置区域包括污染土壤暂存场、封闭大棚预处理作业区及热脱附处理生产线 3 个区域。该暂存场面积为 2.55 万 m^2，库容为 3.5 万 m^3。暂存期间完成大棚基础、结构施工以及热脱附处理生产线的安装。大棚建设完成后，污染土壤由暂存场分批倒运至充气膜大棚中进行破碎筛分预处理，进一步去除较大异物，保证热脱附系统进料要求，作业过程中避免二次扬尘。预处理后的污染土壤由全密闭带式输送机输送至热脱附处理生产线，污染土壤处置方案整体工艺路线如图 3-1 所示。

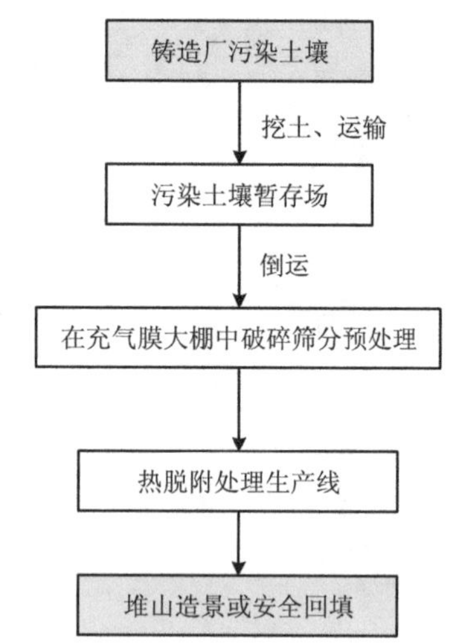

图 3-1 污染土壤处置方案整体工艺路线

3.6.2 主要环境问题

根据土壤修复工艺和技术路线，修复过程主要包括污染土壤的清挖、运输、暂存、处理等环节（图 3-2）。修复过程中的二次污染包括废水、噪声、废气、废渣等。

（1）污染土壤清挖阶段

污染地块修复过程产生的气味对周边居民影响较小。其主要环境问题包括污染土壤挖掘过程中，机械的运作产生机械噪声；土壤挖掘会形成扬尘。根据《环境影响评价技术导则 大气环境》（HJ 2.2—2018），对场地修复过程中产生的气味对周边居民可能造成的影响进行分析。在分析过程中，采用生态环境部环境工程评估中心环境质量模拟重点实验室发布的大气环境防护距离标准计算程序（Ver1.2）对大气环境防护距离进行计算（图 3-3）。

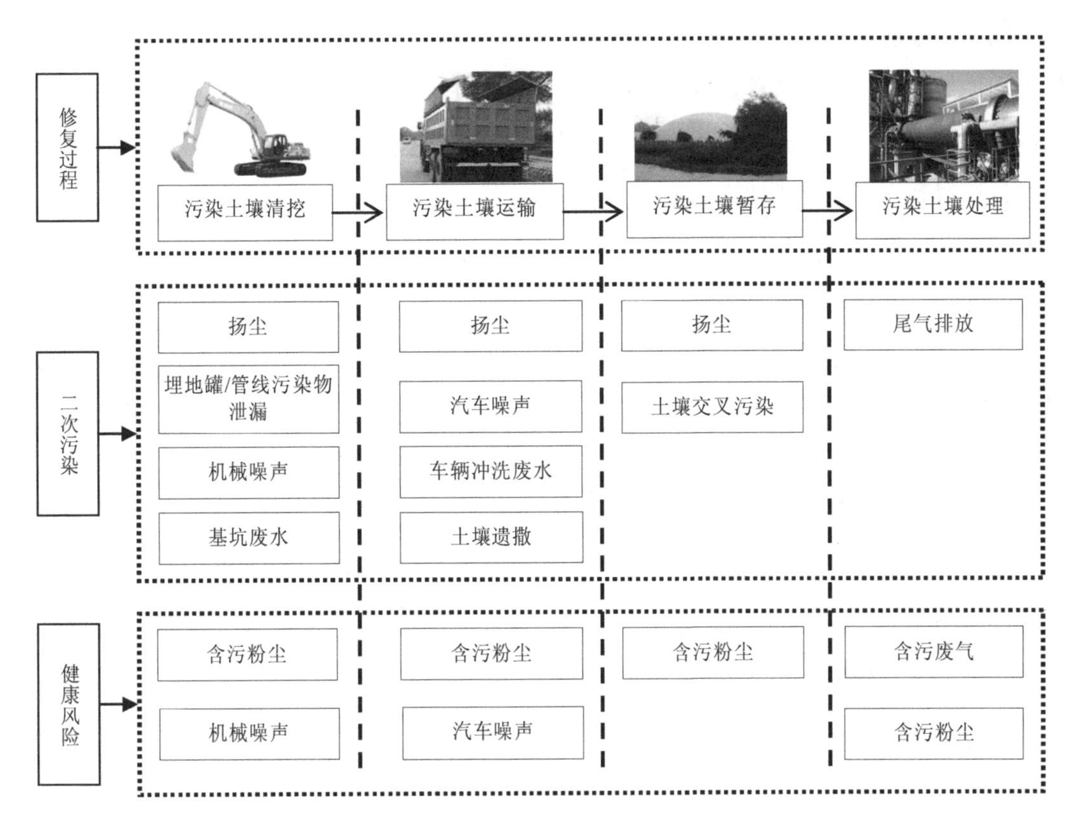

图 3-2　修复工程的二次污染及环境风险

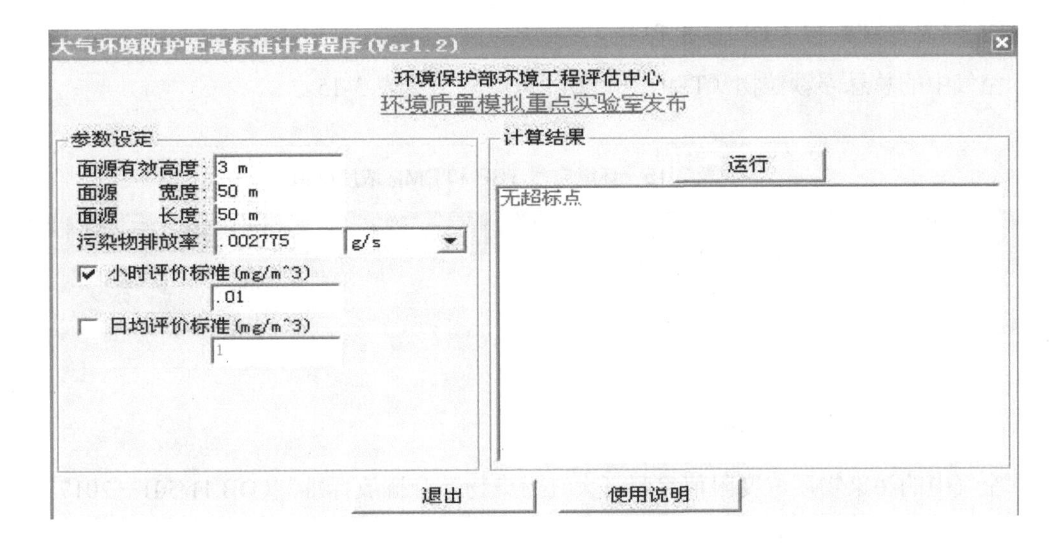

图 3-3　大气环境防护距离标准计算程序

在计算分析过程中，将污染区域概化为 50 m×50 m 的正方形无组织排放面源，面源有效高度为 3m。计算过程中选用嗅阈值比较低的萘作为代表性污染物进行防护距离计算。

污染物的排放速率根据该场地健康风险计算过程中的室外空气暴露点浓度进行概化计算。根据场地健康风险计算过程，场地中室外空气中萘的暴露质量浓度为 3.7×10^{-4} mg/m³，影响区域范围为 50 m×50 m×3 m，将该区域内的污染物概化为污染土壤中污染物的排放速率，通过计算得到污染物的排放率为 0.002 775 g/s。萘在标准状况下的嗅阈值为 0.01 mg/m³。由此判断，污染地块修复过程产生的气味对周边居民影响较小。

（2）污染土壤运输阶段

在污染土壤运输过程中，若不按照规定时间和规定路线对污染土壤进行运输，车辆噪声会对周边居民造成影响；若不对车辆采取必要的防护措施，会造成扬尘，污染土壤遗撒会对环境造成不利影响。

（3）污染土壤暂存阶段

在污染土壤存储场所，土壤中有机物的挥发会造成空气污染，需对暂存土壤进行覆盖，以免形成扬尘。

（4）污染土壤处理阶段

在处理过程中，污染土壤中的污染物可能会随尾气排放掉。

3.6.3 环境管理目标

（1）二次污染控制目标

① 总悬浮颗粒物（TSP）和 PM_{10}

空气中的总悬浮颗粒物（TSP）和 PM_{10} 浓度限值见表 3-15。

表 3-15 环境空气 TSP 和 PM_{10} 浓度限值

污染物	平均时间/h	质量浓度限制/（μg/m³）
TSP	24	300
PM_{10}	24	150

② 空气中的特征污染物

空气中的污染物质浓度限值参照《大气污染物综合排放标准》（DB 11/501—2017）的规定，浓度限值如表 3-16 所示。

表 3-16　环境空气污染物浓度限值

污染物	无组织排放监控点浓度限值
苯	0.10 mg/m^3
甲苯	0.20 mg/m^3
苯并[*a*]芘	0.002 5 μg/m^3

③ 废水排放标准

本项目无生产废水外排，生活污水经过处理后回用，回用水质达到《城市污水再生利用　城市杂用水水质》（GB/T 18920—2020）的有关规定。

④ 噪声控制标准

厂内的噪声治理应符合《工业企业厂界环境噪声排放标准》（GB 12348—2008）中的 2 类标准，即等效声级昼间为 60 dB（A）、夜间为 50 dB（A）。对建筑物的直达声源噪声控制，应符合《工业企业噪声控制设计规范》（GB/T 50087—2013）的有关规定。

⑤ 土壤热脱附烟气排放标准

各项土壤热脱附烟气排放标准及限值参照《大气污染物综合排放标准》（DB 11/501—2017），见表 3-17。

表 3-17　热脱附烟气排放标准及限值

序号	污染物名称	单位	《大气污染物综合排放标准》（DB 11/501—2017）	本项目设计值
1	苯	mg/m^3（标况）	8.00	8.00
2	二甲苯	mg/Nm^3	40.00	40.00
3	非甲烷总烃	mg/Nm^3	80.00	80.00
4	苯并[*a*]芘	μg/Nm^3	0.30	0.30
5	烟尘	mg/Nm^3	20.00	20.00
6	HCl	mg/Nm^3	30.00	30.00
7	SO_2	mg/Nm^3	200.00	50.00
8	NO_x	mg/Nm^3	200.00	200.00
9	CO	mg/Nm^3	200.00	200.00
10	Hg	mg/Nm^3	0.01	0.01
11	Cd	mg/Nm^3	0.50	0.50

序号	污染物名称	单位	《大气污染物综合排放标准》（DB 11/501—2017）	本项目设计值
12	As+Ni	mg/Nm^3	1.00	1.00
13	Pb	mg/Nm^3	0.50	0.50
14	其他重金属	mg/Nm^3	5.00	5.00
15	烟气黑度	林格曼黑度级数	1.00	1.00
16	二噁英类	$ng\ TEQ/Nm^3$	0.50	0.50

（2）环境风险防范及应急目标

根据具体的施工过程制订详细的安全和环境事故应急计划。各类应急准备应充分，应急物资和设备完好，及时响应，开展自救与互救，有效控制事态发展，防止事故扩大，尽量减少事故对人员、周边环境和相关方的影响，避免救援措施不当对人员造成二次伤害和对环境造成二次污染，将事故损失降到最低。

① 环境突发事故应急目标：采取有效措施积极处理环境突发事故，杜绝环境污染现象的再次发生。

② 触电事故应急目标：及时救护触电人员，同时避免救护人员伤害和二次伤害，尽快恢复正常供电，恢复正常生产。

③ 物体打击事故应急目标：在最短的时间内有效地抢救因高空坠落、物体打击的伤员，避免伤员伤情进一步恶化，尽快恢复身体和心理健康。

④ 火灾事故应急目标：火灾发生后应按照先确保人身安全、再保护财产的优先顺序进行，及时进行有效的自救与外部救援，杜绝二次事故和救援过程中对环境的二次污染。

⑤ 交通事故应急目标：协助交警疏通事发现场道路，保证救援工作顺利进行，做好各项善后工作。

⑥ 污染中毒应急目标：中毒人员应及时送往医院治疗；采取苫盖或应急排风等措施，减少由污染物挥发引起局部空间瞬间的高浓度污染；加强日常安全防护用品的规范使用管理；加强人员职业健康安全培训，增强人员职业健康意识。

⑦ 食物中毒及传染病应急目标：若发现人员食物中毒应及时展开自救，从而尽可能降低对人体的危害；若发现人员存在传染病情况，应采取必要防护措施，防治传染病蔓延，并及时将人员送往医院治疗。

⑧ 自然灾害应急目标：把汛期带来的灾害影响和损失降到最低，以保障修复工程的顺利进行和人民的生命财产安全。

3.6.4　二次污染防治措施

以“预防为主，防治结合”的原则为指导，在施工的各个环节切实做好污染土壤的二次污染防治工作。施工组织遵照《环境管理体系要求及使用指南》（GB/T 24001—2016）和《工作场所有害因素职业接触限值化学有害因素》（GBZ 2.1—2019）中的相关规定，建立并持续改进环境管理体系。环境管理遵循以下原则。

① 全员参与和全过程管理原则：在施工全过程中强化对全体施工人员的环境知识教育，不断提高全员环境意识，切实做到作业前未进行环保交底不施工、环境设施未验收合格不施工、作业人员无有效操作证不施工、发现环境隐患未消除不施工、出现事故未按“四不放过”处理不施工。

② 现场环境与周围环境并重原则：该修复工程土壤污染物主要为 PAHs 和 TPH，在做好现场环境管理的同时，通过自检与相关部门检测相结合，对施工现场及周围环境质量进行监测。

（1）污染土壤挖掘阶段

① 气味及扬尘

污染土壤修复过程中大气污染主要来自污染土壤挖掘、装载、运输等过程中污染土壤扬尘及污染土壤暂存产生的挥发性气体以及污染土壤处理过程中产生的尾气。为防止修复过程中的异味扩散对周边居民造成影响，建议采取如下措施。

- 搭建充气膜大棚、采取密封方式作业或对暴露土壤进行苫布覆盖。
- 设置围挡墙、防尘网等进行有效的防尘，防止颗粒物逸散。
- 控制开挖作业面，尽量减少污染土壤的暴露面积。在施工过程中，根据施工进度要求合理安排开挖作业面，尽量减少暴露面积。污染土壤清挖时，采用小作业面，边挖、边退、边覆盖的方式进行作业。一个作业面清挖完成后，及时采用 PVC 膜或者无污染的黏土覆盖，设备后退进行下一作业面开挖作业，以这种作业方式严格控制暴露在空气中的作业面积，达到控制土壤中有机物挥发扩散的目的。
- 针对场地中可能挥发的 VOCs，采用抑制 VOCs 气体散发的挥发抑制剂。在施工过程中，对施工人员的工作区域及下风向场界处进行空气质量监测管理，采用光离子化检测仪（PID）对空气中的 VOCs 含量进行现场实时监测；若监测值超过《工作场所有害因素职业接触限值　第 1 部分：化学有害因素（GBZ 2.1—2019）》规定则暂停挖掘，将气味抑制剂喷洒在开挖的污染土壤作业面上。
- 在现场施工开挖过程中，若遇到严重污染或大风极端天气，则需暂停施工。

- 严禁在施工现场焚烧废弃物，防止烟尘和有毒气体产生。
- 作业面出现扬尘时，应采用洒水车进行定期洒水作业。

② 噪声环境

施工过程中控制的具体措施如下。

- 严格遵守相关法律法规的要求，文明施工，并配合相关部门做好对周围居民的协调、解释工作。
- 要求工地合理安排施工工期，尽量避免夜间施工，确需进行夜间施工的需严格按照有关规定，施工时间不得超过夜间 24 时。
- 工地应加强现场管理，尽量减少人为原因引起的噪声污染。
- 运输车辆进出口应尽量避开居民敏感点，且应慢速行车，严禁鸣扬声器。
- 尽量选用低噪声或备有消声降噪设备的施工机械。
- 加强机械设备的日常保养和维修，保证机械设备在良好的状态下运行。
- 物料进场装卸过程中必须做到轻卸、轻放，严禁野蛮施工。
- 施工现场应设置隔音装置，减少噪声污染。

③ 水环境

在污染土壤挖掘与装载过程中，需要在施工现场设置洗车池（冲洗槽）和沉淀池。在污染土壤运输出场前，将运输车外侧的泥土、车轮上的污染土壤清洗干净，防止将污染物带出施工现场。车辆行驶出场时对车身进行清洗和清理施工设备产生的废水在沉淀池收集沉淀后，上清液回流至洗车池循环使用。清洗后的泥沙和污染土壤一起运出场地进行处置。

基坑内的积水若存在明显的异味或颜色，则需要进行取样检测，若检测结果超过《水污染物综合排放标准》（DB 11/307—2013）中排入城镇污水处理厂的水污染物排放限值中的二类限值标准，需要将基坑内积水抽出，经罐车运至首钢废水处理厂或附近的废水处理厂进行处置；反之，可将基坑内积水直接排放至附近的污水管网。

④ 生产生活垃圾

为项目现场配备垃圾桶，收集办公区产生的生活垃圾及生产过程中产生的少量生产垃圾，所有生产生活垃圾均临时存放于垃圾桶中，不得随处堆放，定期派人对垃圾桶进行清理；严格按指定地点弃渣，杜绝随意堆放的现象。

（2）污染土壤运输阶段

为防止机械行驶与车辆运输过程中土壤的二次污染问题，机械行驶与污染土壤运输的安全管理措施如下。

① 设计统一指定的机械行驶、车辆运输路线，路线便道平整压实，设置简易护栏、

标识牌和警示牌。

② 运输司机证件由项目部备案，并接受项目部安全教育，注意行驶安全，车辆行驶速度不超过 15 km/h，一般情况下禁止快速行驶与突然快速启动或制动。

③ 运输便道管理应有专人负责，运输便道易发生凹陷情况，应及时组织用砂石填充压实，防止运输车辆颠簸及污染土壤散落；如发现运输过程污染土壤散落，应组织人员清理与收集，防止污染土壤的二次污染；另外，运输便道易扬尘，应注意洒水，防止扬尘污染。

④ 设置车辆清洗装置，保持上路行驶的车辆清洁，对渣土进行密闭运输。

⑤ 对车辆在运输过程中可能发生的事故制订相应的紧急行动预案。

⑥ 装载时禁止超载，装土量应低于槽帮 50 cm，禁止满载。污染土壤装载后用苫布苫盖，防止污染土壤散落。

（3）污染土壤暂存阶段

使用封闭的大棚对污染土壤进行暂存。

（4）污染土壤处理阶段

应在封闭的大棚中进行土壤的热脱附工作。具体措施如下。

① 废气治理措施

土壤经热脱附后产生的烟气中主要污染物为粉尘、石油烃及半挥发性有机物、氮氧化物、二噁英及呋喃类（PCDD/PCDF）。本热脱附工艺烟气净化系统采用旋风除尘+急冷+干法脱酸+袋式除尘器相结合的烟气净化工艺，并辅以活性炭和干性脱酸药剂喷射系统，净化后的烟气经烟囱排至大气，配有自动控制及在线检测等装置，用于控制污染物排放，使烟气中污染物排放达到北京市及国家标准。

- 挥发性、半挥发性有机污染物治理措施：土壤中的挥发性、半挥发性有机污染物在热处理过程中，当热脱附温度达到其沸点时，以气态形式存在于烟气中，烟气从旋风除尘器进入二燃室，二燃室的尺寸能保证烟气在 850℃的温度下滞留 2 s 以上，石油烃及半挥发性有机物被彻底焚烧和分解。

- 烟尘的治理措施：土壤在热脱附过程中，部分小颗粒物质在热气流携带作用下，与燃烧产生的高温气体一起排出，形成了烟气中的颗粒物，颗粒物粒径为 10～200 μm。本工艺采用旋风除尘器+高效袋式除尘器，其具有烟尘净化效率高、维修方便、净化效率不受颗粒物比电阻和原始排放浓度的影响等优点，同时对有机污染物和重金属均有良好的处理效果，除尘效率大于 99%。烟尘经高效袋式除尘器拦截后，可以做到达标排放。

- NO_x 的治理措施：有机物在焚烧过程中产生的烟气，含有一定量的 NO_x，这主要是含氮无机物及有机物在焚烧过程中形成的，燃烧空气中的 N_2 对其贡献较少。因此，本项目处理物为污染土壤，含氮无机物及有机物总量很少，对于热脱附装置，在不加脱 NO_x 系统时，通过对焚烧炉内温度及含氧量等参数的控制，可使烟气中的 NO_x 质量浓度控制在 200 mg/m^3（标况）以下，该浓度已满足国家标准要求，因此不考虑增加脱硝工艺。

● CO 的治理措施：CO 是由垃圾中有机可燃物不完全燃烧产生的。本工艺中热脱附的脱附温度、过量空气量及烟气与污染土壤在窑内二燃室的滞留时间，足可保证有机物完全燃烧，可使产生的废气中的 CO 符合排放标准，不必经过特殊处理。

② 二噁英防治措施

二噁英污染控制单元技术包括过程控制、烟气骤冷、添加抑制剂、物理吸附以及催化分解。

● 过程控制：过程控制主要为优化热脱附过程，从而有效降低飞灰中的残碳量和前驱体的含量，避免二噁英的大量合成。焚烧中多采用“3T+E”的原则来实现。日本某垃圾焚烧厂采用该技术，使焚烧炉出口二噁英质量浓度从 33.1 ng TEQ/m^3 降到 6.1 ng TEQ/m^3，效果十分明显。目前，关于温度、烟气停留时间以及过剩空气系数等焚烧要素，国内外已做了大量细致、深入的研究工作，各国家或地区也已颁布了相应的标准或规范，本书不再赘述。

热脱附处理生产线过程控制主要包括两点。

a. 回转窑热脱附阶段控制温度＞500℃，尽量避开二噁英从头生成低温区间（250～350℃）以及二噁英重新生成的峰值区间（300～470℃）。

b. 参考“3T+E”原则，二燃室设计温度≥850℃，烟气停留时间＞2 s。

● 骤冷：所谓骤冷，即以水为介质，使烟气快速通过二噁英的合成温度区间。烟气降温速率的控制是该技术的关键，降温速率越高，对二噁英的合成抑制效果越明显。有研究者认为降温速率控制在 200～500℃/s 时可有效地抑制二噁英的合成；也有研究者认为降温速率控制在 750～1 000℃/s 时，二噁英的生成总量可降低 50%左右。从热交换、设备磨损以及抑制效果等方面综合考虑，降温速率控制在 500～750℃/s 比较合理。

● 添加抑制剂：二噁英的合成需要 3 个最基本的条件，即氯源、催化剂和适宜的温度。添加抑制剂即从降低氯源含量和毒化催化剂的角度出发，切断二噁英的合成途径，进而降低其生成总量。抑制剂包括有机添加剂和无机添加剂，有机添加剂有 2-氨基乙醇、三乙胺、尿素、3-氨基乙醇、氰胺以及乙二醇等，无机添加剂主要有硫氧化物、碱性吸附剂（如石灰）等。采用氨系物质作为抑制剂，除药剂的消耗量较高外，还存在运输、储存、尾气氨易超标等问题；硫氧化物作为抑制剂，在不同的试验条件下，可以得出完全不同的试验结果，目前对其抑制机制尚不十分清楚，因此不宜采用；碱性吸附剂——石灰，价廉易得，而且在作为抑制剂的同时，还可去除其他酸性气体污染物，可作为抑制剂的首选。

本项目在烟气骤冷工艺环节后、袋式除尘器之前采用干法除酸净化工艺，喷射石灰粉，同时压缩空气、输送活性炭到除尘器前的管道中，当烟气通过活性炭喷射装置和袋式除尘器的滤袋时，由于其滤袋上黏附石灰粉层以及比表面积非常大的活性炭粉末，反应生成的二噁英和重金属将被吸附，并逐渐聚集于该粉尘层上，二噁英和重金属便从烟气中去除。石灰粉末在去除酸性气体污染物的同时，也作为碱性二噁英抑制剂。

● 物理吸附：目前，物理吸附一般而言是指活性炭吸附。具体来说，包括固定床、移动床、活性炭喷射3种工艺，就捕集效率而言，三者难分伯仲。但固定床和移动床一般位于布袋除尘器之后，运行过程中易出现活性炭颗粒磨损从而导致尾气粉尘超标的问题，同时设备投资也较高；活性炭喷射工艺即在布袋除尘器入口前将活性炭粉末分散于烟气中，吸附二噁英后被布袋除尘器捕集。该工艺克服了固定床和移动床的缺点，但活性炭的消耗量相对较高。综合来看，活性炭喷射仍然是物理吸附工艺的最佳选择。

本项目采用活性炭+袋式除尘器工艺去除烟气中的重金属及二噁英。活性炭从反应塔后、袋式除尘器前的烟道混合器中喷入。为了尽可能地延长活性炭同烟气接触的时间以及混合效果，本系统设置了特殊的烟气管道混合器，使活性炭粉末和烟气充分混合，在相对干燥、洁净的烟气中，活性炭的微孔不易被堵塞，可以提高它的吸附净化效果。在活性炭仓的设计中，为了防止仓内壁搭桥，在活性炭仓下部设置了流化风机等装置，使物料能够顺利流畅地出料，并防止物料结块。活性炭的用量是根据热脱附线的烟气量进行控制的，也可设置为一定量喷入。

③ 固体废物的治理措施

污染土经过回转窑加热脱附后，烟气排出时夹带了一定量土壤中的细小颗粒物。这部分固体物中较大颗粒先经过旋风除尘器去除，烟气随后进入二燃室将有机物彻底焚烧，再经过热交换、骤冷、喷射石灰及活性炭后，烟气进入布袋除尘器，高效去除烟气中的粉尘等浮游物质，保证烟气达标排放。在上述各工艺环节中，旋风除尘器、二燃室、热交换器、急冷塔、布袋除尘器下部由于除尘或重力沉降，均有灰渣产生，因此考虑分别排出。

旋风除尘器主要是收集烟气中夹带的粒径＞15 μm的土壤颗粒，由于未经二燃室高温焚烧加热，该部分收集的灰渣需重新入窑进行热脱附。

二燃室、热交换器、急冷塔、布袋除尘器收集的灰渣中绝大多数石油烃、半挥发性有机污染物已被二燃室 850℃高温分解，又经过热交换、急冷+干式脱酸（石灰）+活性炭吸附+布袋除尘工艺。该部分灰渣按国家相关标准检测其有机污染物及二噁英残留，如检测达标则可与热脱附处理后的土壤一并作安全回填或堆山造景绿化使用；如污染物超标，作为危险废物送至北京金隅红树林等具有危险废物处理资质的企业处置。

④ 噪声治理技术措施

● 在满足使用功能的情况下，优先选择低转速、低噪声设备，从源头上降低噪声。

● 工艺布置上做到静闹分开，将噪声较高的工艺设备布置在单独的房间，如水泵间、压缩空气间等，而将需安静的办公室、化验室、值班室等远离高噪声源。

● 对噪声级较高的设备分不同情况采取隔声、消声、减振及吸声等综合控制措施。如一、二次风机及引风机均设有消声器并加减振装置。一方面降低室内的混响声级，改善工人的工作环境；另一方面降低设备噪声对周围的辐射强度，防止对周围环境造成污染。

● 对可能产生噪声的管道，特别是与泵和风机出口连接的管道采取柔性连接措施。

● 中水泵间、空压机间、汽机间等采用隔声窗，并在出入口处设置声锁结构。

● 运输车辆行驶时对道路附近噪声环境有一定影响。因此应控制污染土运输车行驶车速，改善路面状况，尽量避免在夜间运输垃圾。

采取上述噪声治理技术措施后，车间噪声水平符合《工业企业设计卫生标准》（GBZ 1—2010）规定的限值。再经过厂房建筑的隔声、空气的吸收以及噪声传播过程中的衰减，热脱附处理生产线运行时噪声满足《工业企业厂界环境噪声排放标准》（GB 12348—2008）中的2类标准，即厂界噪声值白天≤60 dB（A）、夜间≤50 dB（A），对环境不会产生大的影响。

3.6.5 环境风险防范及应急预案

（1）劳动保护

① 劳动保护保障措施

● 健全制度，严格执行劳动安全卫生的法律法规和技术标准、规则。项目经理部对易产生职业危害的工点、工序、项目，如挖掘现场、运输便道、夏季施工等重点项目列出重点检查内容和规定日期。

● 对现场人员进行劳动安全卫生知识培训。普及劳动安全卫生知识，增强职工的自我防护意识和能力。

● 做好劳动保护工作，确保施工人员身体健康。根据劳动强度等级，合理安排施工人员。充分做好生产物资、生活资料供应准备。劳动保护用品和生活物资采购供应由专人负责，采购供应要严把质量关，注意审核产品的“生产许可证”“产品合格证”和“安全鉴定”等有关资料。

● 制定劳动防护用品发放标准及管理办法。根据施工需要配备劳动保护用品。并按规定配发、穿戴和使用。对使用中的劳动防护用品要定期检查，做到有效防护、安全使用。建立防护用品收发台账，指定专人管理，建立职工个人劳动防护用品登记卡（册）。

● 加强施工机械化程度，减轻作业人员劳动强度。

● 对在开挖区等高风险区域作业的人员定期开展身体检查。

● 对在高噪声环境工作人员，采取必要的劳动保护措施，如戴耳罩、防声头盔、耳塞、塞耳棉等。安排间隔施工的方法，确保劳动者的健康。

② 卫生保障措施

● 保持驻地环境整洁，定期消毒、杀虫和灭鼠，归类处理生活垃圾，做到卫生工作经常化。树立职工责任心，建立卫生检查评比制度。

● 严格执行《中华人民共和国传染病防治法》《中华人民共和国食品卫生法》和有关卫生法律法规、规章，建立健全的各项卫生管理制度，配置具备相应卫生知识的专职（兼）人员定期向食品卫生监督部门报告。

● 严格实行食品卫生监督和管理，接受上级和地方管理。

● 严禁饮用不洁净生水。

③ 职业病、传染疾病防治措施

● 项目经理部职业健康安全保障领导小组，除自身坚持不懈地努力搞好防尘防毒工作外，还应当经常保持和当地防疫部门、卫生部门、劳动部门的联系，以便取得当地权威部门的支持和帮助。

● 配合施工队不断改进设备的选型和施工工艺、施工方法，通力合作，使作业点的尘浓度、毒浓度达到国家卫生标准以下。

● 采取合理措施，避免因施工方法不当而引起尘污染、毒污染，并防止噪声和其他原因造成对作业人员的伤害。

● 加强机械设备的保养和正常操作，尽量使机械噪声维持其最低级水平。严防油品泄漏。

● 对污染处理区域采取喷洒水幕的措施，防止粉尘飞扬。

● 超前地质探测，做好监测和处理，减少有害气体的排放。工程垃圾、生活垃圾按有关规定排放、处理。

● 做好疾病和突发性传染病的预防工作，一旦发生，及时与专科医院取得联系，抓紧采取措施进行治疗。按规定发放防暑降温用品，配备齐全的隧道施工和粉尘施工的保护用品。

④ 保证劳动物品发放

按规定发放各类劳动保护用品，并正确使用。保证所有施工的员工在工作场所根据不同工作性质戴安全帽、系安全带、戴护目镜等。特种作业人员必须接受培训，合格后持证上岗。

（2）个人防护措施

① 一般防护

在污染区域施工时，施工人员佩戴半面式防尘面具（由于不存在有机污染物的风险，可以考虑使用防尘滤毒盒），同时戴护目镜、手套及穿长袖工服，避免皮肤直接接触重金属导致皮肤疾病。在处置区内作业的人员及人工清挖土壤的人员均为直接接触人员，必须严格按照要求佩戴个人防护用品。

- 直接接触人员的安全防护

参加污染区域开挖施工和污染土壤处置场内修复作业，并直接暴露于污染环境下的人员应提前对本区域污染物的性质进行充分的了解，并学习施工安全手册。

在施工过程中，所有人员尽可能在高处和上风处进行作业。施工前根据污染物的性质和污染程度选择适当的防护用品，防止施工过程中发生中毒等事故。当进行人工清挖污染土壤作业时，操作人员必须佩戴防毒面具，配高效滤盒。在滤盒被穿透前更换滤盒，即当员工感到吸入阻力开始增加或化学指示特性开始穿透时，更换滤盒。为了避免皮肤受到损伤，直接接触人员需穿长袖、长裤工作服工作，为了避免脚扎伤，现场直接接触人员还应穿防穿刺的劳保鞋。为了保护手不受损伤，直接接触人员需戴劳保手套。在施工作业时，为了避免扬尘进入眼睛，直接接触人员需佩戴护目镜。

- 间接接触人员的安全防护

对于在基坑和污染土壤处置场内作业，但由于操作机械等不直接接触污染物的人员应注意事项包括：为保证施工安全，进入施工作业区须佩戴折叠式防尘口罩；为了避免皮肤受到损伤，间接接触人员需穿长袖、长裤保护皮肤；为保护手不受损伤，作业时须佩戴劳保手套。

② 专项防护

在施工过程中，需要识别和评估在项目的完成过程中可能遇到的潜在物理和化学风险，并针对这些风险进行专项防护。

- 物理危害风险及人员防护

在项目工作中可能出现的物理风险包括噪声、车辆交通和控制、电气危险、临边支护以及可能的不良天气条件等。此外，员工必须清楚穿戴防护器材可能会限制其灵活性和视野，增加其实施某些任务的难度。使用动力工具和原料加工设备等项目活动会产生超过一定分贝范围［85 dB（A）］的噪声。当噪声等级超过 85 dB（A）时，需要使用噪声降低等级至少为 20 dB（A）的听力防护。员工或需进入该区域的来访者需配备听力防护装置（如耳塞/耳罩）。在正常谈话距离难以听清他人讲话时，噪声等级即接近或超过 85 dB（A），听力防护就是必需的。

可能暴露于车辆交通中的施工人员应采取以下安全措施：在施工现场一律穿戴高可见度安全背心；车辆运行路线上规定人车分流。任何员工不允许在电力线路的任何部位上操作，除非电路断开并接地，得到防电击保护或确保其上锁并标记隔离。所有带电电线或仪器均应有人看护。施工过程中，为防止人员或者设备坠落到基坑内，必须在边沿做硬质围挡并拉设警示线。项目现场负责人应根据目前或未来天气条件决定继续或暂停工作。如遇有雷阵雨或强风天气应该要求暂停工作和疏散场地。

- 化学危害风险及人员防护

现场活动中相关的化学风险包括在现场活动中（如污染土壤挖掘、装载及运输等）场地污染物的潜在暴露，以及设备去污所使用的产品以及燃油等辅助产品的危害。这些物质在日常使用中的潜在暴露途径为气体/灰尘吸入、直接接触或原料吸收。本项目施工过程中的土壤中含有的重金属、PAHs 污染物可能对人体健康产生伤害。因此，在工程开工前，请相关安全人员对全体员工进行安全教育，在施工过程中加强劳动保护，所有进入施工现场的人员必须配戴防毒面具、安全防护眼镜，工作现场禁止吸烟、进食和饮水。

（3）应急计划

① 应急准备

- 组织和人员准备

项目部成立生产安全、环境和社会事故应急小组，构建统一指挥、反应灵敏、协调有序、运转高效的应急管理机制，建立项目各级施工人员应急预案生产责任制，项目经理部与各施工单位负责人签订应急预案生产责任状，做到层层负责、横向到边、纵向到底、一环不漏。

- 物资和设备准备

应急物资设备分两部分准备，一部分储备在施工现场，另一部分从场外相关单位获得援助。储备在施工现场的应急物资设备为应急救援专用常备物资，非特殊情况，不得动用，并应定期检查，随时补充。场外相关单位的援助应急物资设备为非专用物资，应经常与相关方保持联系，确认物资设备的现状，尤其是在分项工程施工期间，确保能随时调配，必要时，应与多家相关方建立联系。

场内应配备的应急物资和设备主要有以下几种。

常用药品：消毒用品、急救物品及常用各种担架、止血袋、氧气袋等。

抢险工具：铁锹、撬棍、气割工具、消防斧、灭火桶、电工常用工具等。

应急器材：砂石、安全帽、应急灯、发电机、水泵、灭火器、消防水池。

相关单位需援助的应急物资和设备主要有挖掘机、推土机、自卸汽车、平板货车、液压汽车吊、发电机、机动翻斗车、救护车、消防车等。

发生紧急情况后，发现者应及时将信息传递到项目部应急机构，并采取相应措施，及时控制事态发展。

② 应急预案

应急预案是指面对突发事件如自然灾害、重特大事故、环境公害及人为破坏的应急管理、指挥、救援计划等。该污染土壤修复现场应急预案主要包括安全事故应急预案、环境安全应急预案等，如图 3-4 所示。若发生相应的安全或环境事故，则应立即启动应急预案，尽量减小事故造成的影响。

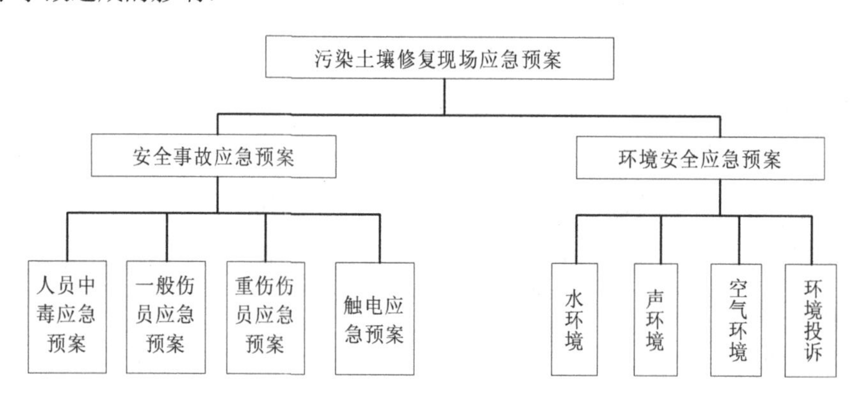

图 3-4　应急预案框架

3.6.6　环境监测方案

本工程土壤中污染物为有机污染物，施工涉及污染土的挖运、装载、运输及处理处置，涉及的环境监测项目包括二次污染监测、环境监测和应急监测 3 部分内容。

（1）污染土壤挖掘和运输阶段

本项目污染土壤中的 SVOCs 污染物有一定的挥发性和毒性，施工过程中可能对周边环境造成污染风险。因此需要对施工现场进行严密监测，保障施工安全，不对周边环境造成污染。施工现场采用光离子化检测器（PID）实时监控和空气采样分析相结合的方式进行场地空气质量监测。施工过程中全程配备专业人员在现场对基坑开挖过程进行实时监测。如有超标情况或有明显异味，立刻汇报相关主管部门并查找原因。

环境监测包括气象监测、空气环境监测、噪声监测、废水监测。

① 气象监测

在施工区域内设立小型气象站，以指示现场风速、风向、大气湿度及气温等基本天气信息，保证施工人员尽量站在上风向进行施工作业。

② 空气环境监测

施工过程扬尘等会对空气环境造成污染，为保护处置现场工人短期接触的职业健康安全和周边社区居民健康安全，需要对施工环境的空气质量进行定期监测。根据《大气污染物无组织排放监测技术导则》（HJ/T 55—2000）、《场地环境监测技术导则》（HJ 25.2—2014）的规定，结合本项目实际情况，在施工区域的边界以及周围敏感点处布设采样点。建议该场地修复过程中空气监控点可以设置 3 个，参考点设置 1 个，其中参考点位于场地上风向位置。每个采样点每次采样 1 h，1 h 内连续采集 3 次（20 min 1 次），1 h 内共采集空气样品 1 L，计算 1 h 内空气的平均污染物浓度。现场检测频次为每月 1 次。

③ 噪声监测

现场施工过程中来自施工车辆、机械及施工人员的噪声。

施工过程中的噪声环境控制按照《建筑施工场界环境噪声排放标准》（GB 12523—2011）中的规定执行，根据施工场地周围噪声敏感建筑物位置和声源位置的布局，监测点设在对噪声敏感建筑物影响较大，且距离较近的位置。一般设在施工场界外 1 m、高度 1.2 m 以上的位置。若场界处筑有围墙，则设在距施工场界外 1 m、高于围墙 0.5 m 处，而位于施工噪声影响的声照射区域。施工期间，测量连续 20 min 的等效声级，夜间同时测量最大声级。

现场修复施工期间，每个月监测 1 次。采用积分声级计采样，采样时间间隔不大于 1 s。白天以 20 min 的等效 A 声级表征该点的昼间噪声值，夜间以 8 h 的等效 A 声级表征该点的夜间噪声值。测量时间分为白天和夜间两部分。白天测量选在 8:00—12:00 或 14:00—18:00，夜间测量选在 22:00—5:00。

④ 废水监测

对收集处理的废水进行定期监测。根据相关要求，在废水排点进行取样检测。废水排放标准为《水污染物综合排放标准》（DB 11/307—2013）中排入城镇污水处理厂的水污染物排放限值中的二类限值标准。

（2）热脱附处理过程烟气在线监测

根据 2014 年出台的《北京大气污染防治条例》第三十五条，向大气排放污染物的单位应当按照规定自行监测大气污染物排放情况，记录监测数据，并按照规定在网站或者其他对外公开场所向社会公开。监测数据的保存时间不得低于 5 年。向大气排放污染物的单位，应当按照有关规定设置监测点位和采样监测平台并保持正常使用，接受环境保护行政主管部门或者其他监督管理部门的监督性监测。第三十六条，列入本市自动监控计划的向大气排放污染物的单位应当配备大气污染物排放自动监控设备，并纳入环境保护行政主管部门的统一监控系统。前一条规定的向大气排放污染物的单位，负责维护自动监控设备，保持稳定运行和监测数据准确的要求，本热脱附工艺尾气排放应设置烟气在线监测系统，对主要污染物进行自动监测及记录数据。

① 在线监测系统遵循的相关文件

《北京大气污染防治条例》

《固定污染源烟气（CO_2、NO_x、颗粒物）排放连续监测技术要求及检测方法》（HJ/T 76—2007）

《固定污染源排气中颗粒物测定与气态污染物采样方法》（GB/T 16157—1996）

《烟气采样器技术条件》（HJ/T 47—1999）

《烟尘采样器技术条件》（HJ/T 48—1999）

《固定污染源排气中二氧化硫的测定　碘量法》（HJ/T 56—2000）

《固定污染源排气中二氧化硫的测定　定电位电解法》（HJ/T 57—2000）

《固定污染源排气中氮氧化物的测定　紫外分光光度法》（HJ/T 42—1999）

《固定污染源排气中氮氧化物的测定　盐酸萘乙二胺分光光度法》（HJ/T 43—1999）

《工业控制用软件评定准则》（GB/T 13423—1992）

《工业自动化仪表盘、柜、台、箱》（GB/T 7353—1999）

《工业自动化系统与集成规范》（GB/T 16656—1999）

《工业自动化系统集成制造系统安全的基本要求》（GB 16655—1996）

② 在线监测基本参数

项目所测参数为烟尘、非甲烷总烃、CO、CO_2、SO_2、NO_x、H_2O、O_2、流量、压力、温度和湿度等。

（3）热脱附处理过程作业区环境监测

修复施工过程中，组织专业人员对现场作业面、厂区边界、环境敏感点等区域的无组织排放进行便携式有机气体检测仪（PID）监测，主要监测指标是 TVOC，监测频率为 5 次/d，每日监测后的数据报送监理，监测数据每日进行公示，接受群众监督。此外，每个月有 2 次分别委托具有专业资质的监测技术有限公司进行取样检测，监测指标为苯、苯并芘和非甲烷总烃。

（4）应急监测

应急监测是指若出现环境突发事故，杜绝环境污染现象再次发生时，针对突发事件地点开展相关监测。

3.7　案例示范二：某有机污染地块修复工程环境管理计划

3.7.1　修复工程介绍

（1）基本情况

目标地块在 1965 年前为农用地，1965 年该地块的一部分建成了农药厂，1985 年农药厂改制成立精细化工实业有限公司，1992 年该地块主要用于制造产品包装容器以及产品包装等，2011 年该地块停产。根据《场地环境评价报告》，该地块南部原辅料及煤油储罐区超过风险筛选值的污染物为苯、乙苯、间/对二甲苯、二氯甲烷、1,2-二氯乙烷、三氯乙烯、四氯乙烯、氯苯、1,4-二氯苯、1,2-二氯苯、氯仿、石油烃（C_{10}～C_{36}）、对氯邻甲苯胺；污染物浓度较高，污染深度为 0～14 m，淤泥层底部污染较重，单环芳烃主要集中在 0～5 m 的表层土壤中，卤代芳烃在埋深 10 m 附近的检测浓度最大。场地北部农药生产区超过风险筛选值的污染物为苯、氯苯、1,4-二氯苯、石油烃（C_{10}～C_{36}）、二氯甲烷、三氯乙烯、四氯乙烯、对氯邻甲苯胺。该区域污染物浓度较低，污染深度为 0～5 m。

（2）土壤修复目标

根据《场地环境评价报告》，本地块土壤污染物修复目标值见表 3-18。

表 3-18　土壤污染物修复目标值　　单位：mg/kg

序号	污染物	土壤修复目标值	
		0～5 m	5～14 m
1	苯	1.41	1.41
2	1,2-二氯乙烷	0.24	0.24
3	氯苯	45.62	45.62
4	1,2-二氯苯	286.03	286.03
5	1,4-二氯苯	2.94	2.94
6	氯仿	0.24	0.24
7	C_{10}～C_{16}	298.26	—
8	C_{17}～C_{36}	308.61	—
9	对氯邻甲苯胺	2.36	—

（3）土壤修复工程量

根据《场地环境评价报告》，该污染地块需要修复的污染土壤总体积为 40 382.8 m^3，其中表层土壤（0～5 m）总修复土方量为 12 160.6 m^3，下层土壤（5～14 m）总修复土方量为 28 222.2 m^3。污染场地修复土方量见表 3-19。

表 3-19 污染地块各层修复方量

土地类型	污染类型	污染深度/m	污染面积/m^2	修复土方量/m^3
表层土壤（0～5 m）	石油烃污染	0.5～2.4	356.1	676.6
	有机污染	0～5.0	2 296.8	11 484.0
下层土壤（5～14 m）	有机污染	5.0～14.0	3 135.8	28 222.2
合计	—	—	—	40 382.8

（4）修复技术

本项目共需完成 40 382.8 m^3 污染土壤的修复工作。其中浅层土壤（0～5 m）采用异位化学氧化的方法进行修复，深层土壤（5～14 m）采用原位化学氧化的方法进行修复。

3.7.2 主要环境问题

（1）土壤

根据地块土壤污染特征及其修复工艺，本地块修复过程可能产生的土壤二次污染影响主要包括以下两个方面。

① 污染土壤遗撒影响：在污染土壤清挖、运输过程中，可能会产生污染土壤的遗撒，造成场地非污染区的污染；

② 污染土壤堆存影响：在污染土壤处置过程中污染土壤的存放会因降水导致土壤中污染物的水平扩散和下渗，以及气态污染物和扬尘的干湿沉降，造成堆场、修复场及其周边土壤的二次污染。

（2）大气

本场地土壤中的污染物主要为挥发性有机污染物（VOCs）和总石油烃（TPH），沸点低，蒸汽压大，在常温下易于挥发。特别是在污染土壤的修复过程中，因土壤的强烈扰动，更易从土壤中逸出，产生大气环境影响。其影响主要包括大气污染物排放和粉尘排放两个方面。

（3）废水

废水主要来自两个方面：一方面是修复过程中的废水排放，主要来自污染土壤清挖基坑的积水、污染土壤暂存场的地面径流等；另一方面是施工工作人员排放的生活污水。

（4）地下水

在治理修复污染土壤过程中，大气降水通过淋溶作用可能对地下水有一定的影响，因此在开挖过程中需要对厂区地下水做好监测和污染防治。针对土壤填埋区域，污染土壤在雨水作用下会造成地下水污染，需要做好防控。在污染土壤修复过程中，须对地下水做定期监测。

（5）噪声

在施工期间，对周围声学环境的影响主要来自各种机械（挖泥作业机械、推土机等）作业产生的噪声及振动，以及运输工具产生的噪声。根据类比资料，项目拟采用的部分施工机械设备和将产生的噪声值及相应的噪声限值见表 3-20。

表 3-20 机械噪声值及相应限值表 单位：dB（A）

机械名称	距声源 10 m 处		距声源 30 m 处		施工场界噪声限值	
	噪声值	平均值	噪声值	平均值	昼间	夜间
挖土机、推土机、压缩机等	80～98	87	74～80	76	75	55

注：噪声限值系根据《建筑施工场界环境噪声排放标准》（GB 12523—2011）确定。

由表 3-20 可以看出，即使距声源 30 m 处，许多施工机械的噪声值仍超过相应的建筑施工场界噪声限值，对施工现场周围环境产生较大的噪声影响。因此，建设项目施工期间应严格执行建筑施工噪声申报登记制度，在工程开工前 15 d 内向所在地辖区环保局提出申报，填写《建筑施工场地噪声管理审批表》，经批准后方可开工。对施工机械设备要采取有效的降噪减振措施，如加弹性垫、包覆和隔声罩等办法，机动车辆进出施工场地应禁止鸣笛，22:00 至 6:00 严禁使用各种高噪声设备。在施工的各阶段均应严格执行《建筑施工场界环境噪声排放标准》（GB 12523—2011）中的各项规定，将施工噪声控制在限值以内。

（6）固体废物

施工期间所产生的固体废物主要有清挖污染土壤产生的垃圾、污染土壤；场地平整施工所挖掘的渣土、碎石等；施工中的包装材料及修复车间尾气处理后的废活性炭等；施工人员的生活垃圾等。这些固体废物应集中堆放，土石应及时回填，垃圾应及时清运（须办理准运证），包装材料、废活性炭等需交有关部门进行相关处理，才不会对周围环境产生不良影响。

3.7.3 环境管理目标

在本项目实施中，对施工环境的空气、水和噪声及其他必要方面等进行全过程环境管理，保证污染土壤的清挖、运输、暂存、修复处理、回填以及土壤原位处置过程中不造成二次污染，并保证施工人员安全和周边居民健康。

3.7.4 二次污染防治措施

为有效控制场地污染土壤修复过程中的二次污染，减少环境影响，本场地污染土壤的修复过程应采取有效的环境保护措施。

（1）土壤二次污染的防治

① 在污染土壤的清挖过程中，应尽量减少污染土壤的临时存放，严禁堆放于非污染区，应严格限制清挖机械的活动范围，防止将污染土壤带离污染区域。

② 在污染土壤处置与暂存过程中，堆放场周边应设置排水和集水设施，底部应设防渗层，顶部应加盖防雨、防扬尘膜，减少雨水冲刷、污染物下渗和扬尘。

（2）大气污染的防治

① 挖掘过程气味控制

由于本项目污染土壤中存在苯系物类、氯代芳烃类等VOCs/SVOCs污染物，在挖掘过程中，刺激性气味易散发出来，随气流扩散，影响周边大气环境治理。本项目采用美国Rusmar公司生产的AC-645气味抑制剂，该产品使用时能够产生厚、长效、具有黏合力及可自然降解的泡沫隔层，可以迅速控制灰尘、气味及挥发性有机物。AC-645获得了美国国家环境保护局和美国陆军工程兵团（USACE）的认可，并且在美国和加拿大污染场地的修复项目得到了应用。

② 修复过程气味控制

修复过程封闭施工，无污染气体散发。修复在密闭车间内进行，抽提出来的污染气体由车间尾气处理装置清除。减小在治理修复过程中气味对周边居民的健康影响，需要建设负压式充气大棚。充气大棚建设：在本项目施工中，考虑在有机污染土壤治理区域新建“密闭大棚”，土壤修复作业在密闭条件下进行，尾气经收集净化处理后安全排放。

本项目根据国内同类型项目经验，预计采用占地面积约为4 500 m^2（两个面积为75 m×30 m）的钢结构覆膜大棚，均高为10 m，拱顶最高为15 m。修复车间所在场地需在平整后进行大棚的建设，保证周边交通运输便利，水电接入条件齐备。由于该大棚是临时工程，治理完成后需将所有建构筑物及设备拆除，因此，水电接入使用临时设施，临时建筑均采用结构简单的可拆卸的临时建筑（轻钢结构），以此降低建设成本循环使用材料。

表 3-21　通风管路及尾气处理系统主要设备及参数

序号	名称	数量	单位	规格型号	功能或作用	备注
1	风管	40	m	ϕ250 mm	收集车间内排出的空气	通风管路，镀锌铁板材料
		120	m	ϕ200 mm		
		320	m	ϕ150 mm		
2	风口	24	个	单个 2 500 m^3/h	除去尾气中的粉尘	
3	除尘器	2	套	单套 3.0 万 m^3/h	除去尾气中的粉尘	
4	活性炭吸附器	2	套	单套含炭量 3 t	吸附污染的 VOCs 气体	吸附污染的 VOCs 气体
5	风机	2	台	单台 3.0 万 m^3/h	车间负压条件下的通风操作	车间负压条件下的通风操作
6	烟囱	2	座	高度 8 m	达标后空气排放	带防雨帽和避雷设备

大棚设置 2 个旋转门作为人员进出通道，便于施工人员进入。同时设置 2 个卷帘门结构作为车辆进出通道。同时大棚的通风系统直接外接尾气处理系统，尾气处理系统采用活性炭物质进行污染物的吸附，确保排放空气达标。

③ 尾气收集和处理

● 土壤修复车间的除尘、强制通风

场地内有机污染土壤清挖后直接运入修复处置车间进行修复处置。由于土壤中挥发性污染物的解吸和挥发作用，修复车间空间内产生大量含有氯苯类污染物的废气。因此，通风置换出的废气不可直接排入大气，需进行处理达标后再排放。对于有机污染土壤的化学氧化处理阶段需要对修复车间进行除尘、通风，对尾气进行处理。车间内通过强制通风抽出的污染气体，在引风机负压作用下，进入尾气处理系统进行处理。修复车间产生的尾气经收集系统收集后，进入除尘系统，经除尘处理后的尾气，进入活性炭吸附系统，最后经风机排入烟囱，最终进入大气。经过尾气处理系统达标后排放到大气中的尾气，不会对周边环境造成二次污染问题。尾气处理系统现场照片如图 3-5 所示。

● 活性炭吸附工艺技术方案

活性炭吸附工艺是利用活性炭吸附剂巨大的内表面积将污染气体中的一种或数种组分浓集于固体表面。解吸车间产生的尾气经收集系统收集后，先进入旋风除尘器，后进入脉冲袋式除尘器。经除尘处理后的尾气，进入活性炭吸附系统，最后经风机排入烟囱，最终进入大气。

图 3-5　尾气处理系统现场照片

- 土壤修复车间尾气收集和处理

本项目有机污染土壤修复过程产生的尾气主要为氯、苯等半挥发性有机污染物，因此，必须采用废气收集和处理技术处置车间内产生的 VOCs 气体和粉尘。尾气处理采用吸附表面积大、吸附效率高的活性炭作为吸附材料，活性炭吸附装置前端设置袋式除尘器，在引风机负压作用下尾气经除尘后进入活性炭吸附装置进行处置。最终，尾气中的污染物被去除，实现尾气的清洁排放。

- 土壤修复车间空气监测

本项目重度有机污染土壤治理所采用的化学氧化修复工艺，部分污染物主要以气态存在，需在污染土壤处置期间对修复车间内、车间尾气处理系统排气口、车间的上风向口和下风向口，以及周边环境的空气质量进行监测，确保达到环保要求。检测项目为空气中的 VOCs 含量（PID 检测）。

④ 大气重污染防治措施

在修复施工过程中，可能会遇到大风天气、局部土壤重污染区域或开挖过程异味较严重的情况等，以上各种情况的发生，可能在一定程度上加剧大气污染，造成重污染。为防止上述情况出现，在施工过程中，应采取以下相关措施。

遇到大风天气，应尽量对暴露土壤进行苫布覆盖，对清挖工作区、污染土暂存区等区域进行苫盖，同时尽量减少扬尘及有机类污染物向空气中挥发；在污染土开挖过程中尽量减少作业面积，减少对区域土壤的扰动；散装材料应集中堆放和必要时覆盖，注意使用方法适当，避免粉尘飞扬；在进行场地清理作业时，应在作业前、作业中对清挖区、暂存区等区域进行洒水防尘；严禁在施工现场焚烧废弃物，防止烟尘和有毒气体产生。当作业面出现扬尘时，应采用洒水车进行定期洒水作业。

当局部开挖区域土壤污染较严重或开挖过程中异味较严重的情况发生时，开挖过程中应尽量减少作业面积，尽量减少重污染土壤在清挖工作区堆存时间，合理调配清运工作，尽快将清挖出的重污染土壤送至异位修复处置大棚内；同时在开挖作业面及污染土堆存区喷洒泡沫气味抑制剂，尽量减少挥发性有机污染物向大气中扩散。

（3）水污染的防治

① 废水排放

场地废水集中收集，转运至抽出处理区，经处理达标后排放，不应随意排放；污染土壤堆场应设置排水沟和集水池，防止雨水冲刷堆场；收集的地面径流应有效处理，达标后进行排放。排放水应符合国家水污染物排放相关标准。场地废水采用集水明排法收集，从集水井抽出到厂区内建设的水泥池进行处理。

② 生活污水排放

施工人员产生的生活污水应集中收集后排入市政污水管网，不得随意排放。

（4）噪声的污染防治

① 减少设备噪声

污染土壤的清挖、运输、暂存和修复过程的施工机械、运转设备等都会产生噪声。为防止其噪声污染，应选用低噪声设备、加强设备维护、采取噪声隔离措施、减少设备运行时间，特别是夜间的使用频率。对场界噪声应定期监测，应采取设置绿化隔离带等措施减小噪声对周围环境的影响。

② 控制作业时间

严格按照国家规定，控制作业时间；特殊情况需连续作业（或夜间作业）时，须采取有效的降噪措施，并事先做好当地居民的工作。

（5）固体废物的污染防治

项目修复过程中产生的所有的生活垃圾应经分类收集后，由当地环卫部门统一外运做进一步处置。

（6）地下水污染防治

① 项目区污染土壤淋溶控制

为了降低污染土壤在雨水淋溶作用下对地下水污染的影响，在基坑四周设置排洪沟，收集废水、经处理达标后排入市政管网。或者施工过程中，在下雨前，在基坑上部布置遮雨装置，同时周边布置排洪沟，阻止污染雨水流入基坑中。

② 污染土壤处置区

对于污染土壤处置区，要做好防渗，防止污染土在堆放过程中对无污染区域造成污染。

3.7.5 环境风险防范及应急预案

（1）劳动保护

① 化学危害风险

现场活动中相关的化学危害包括在现场活动中（如挖掘、污染土壤处理等）场地污染物的潜在暴露，以及设备去污所使用的产品以及燃油等辅助产品的危害。这些物质在日常使用中的潜在暴露途径为气体/灰尘吸入、直接接触。根据本项目工作范围确定的任务，有可能遇到的相关化学危害物质主要为重金属和有机物。

● 化学危害控制：对场地污染物的潜在暴露应采取如下控制方法。

a. 如发现中毒现象，将病人及时送往就近医院进行救治，并组织人员及时排查险情，消除健康隐患。

b. 采取扬尘控制措施，例如在邻近区域洒水降尘。

c. 在已知的污染物浓度可能超过特定行动等级的区域采用适当的呼吸防护措施。

● 皮肤接触和污染物吸收：可使用适当的个人防护器材和正确的清洁步骤来控制化学品与皮肤的接触。当预料到会接触潜在的有害介质或原料时，应穿戴适当的个人防护器材（如防护服、手套等）。

在场地工作区域任何时间都不允许吸烟、喝水（包括酒、饮料）或进食。在离开工作区域时，应该迅速洗手、洗脸。

● 危险性沟通：需要在工作中操作或使用危险原料的人员必须接受培训和教育。培训应包括化学物品的安全使用说明、危险原料的操作步骤、如何阅读和获取材料安全数据表（MSDS）以及正确标识的要求。

对于现场中使用的化学品，项目人员应有合适的材料安全数据表。在所有受控工作区，尤其是重污染区域内个人不得单独工作，需两人以上方可作业。

② 物理危害风险

在项目工作中可能出现的物理危险包括基坑临边防护、近距离接触大型设备、噪声、车辆交通以及其他可能的不良天气条件等。此外，员工必须清楚穿戴防护器材可能会限制其灵活性和视野，可能会增加其实施某些任务的难度。

● 噪声：使用动力工具和原料加工设备等项目活动会产生超过一定分贝范围[85 dB（A）]的噪声。当噪声等级超过 85 dB（A）时，需要使用噪声降低等级至少为 20 dB（A）的听力防护。员工或需要进入该区域的来访者需配备听力防护装置（如耳塞/耳罩），如图 3-6 所示。

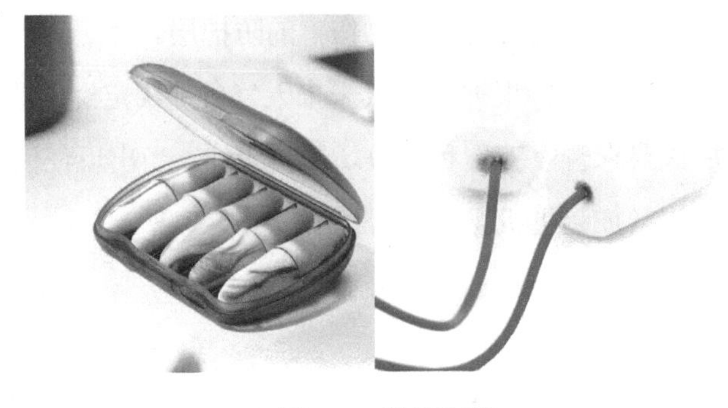

图 3-6　防护耳塞

在正常谈话距离难以听清他人讲话时，噪声等级即接近或超过 85 dB（A），听力防护就是必需的。

● 车辆交通和控制：可能暴露于车辆交通中的施工人员应采取以下安全措施。

a. 在施工现场一律穿戴高可见度安全背心，如图 3-7 所示。

b. 车辆运行路线上应规定人车分流。

c. 必要时采用安置适当的标牌以提示路面/停车场使用者等任何其他必要的控制方法来保护公众和现场施工的员工。

● 电气危险：任何员工不允许在电力线路的任何部位上操作，除非电路断开并接地得到防电击保护或确保其上锁并标记隔离，如图 3-8 所示。所有带电电线或仪器均应有人看护，以保护其他人员或物体免受伤害。

图 3-7　反光安全背心

图 3-8　触电警示牌

● 临边防护：在施工过程中，当基坑施工深度超过 2 m 时，为防止人员或者设备坠落到基坑内，必须在边沿处设立两道防护栏杆，用密目网封闭，并在防护网上设置反光的醒目警示牌。作业人员上下应有专用梯道。现场的马道两侧采用钢管搭设防护栏杆，与基坑四周的防护栏杆连接，形成封闭围护设施。当深基坑施工中形成立体交叉作业时，应合理布局基位、人员、运输通道，并设置防止落物伤害的防护层。

● 不良天气条件：项目经理应根据目前或未来天气条件决定继续或暂停工作。如遇有雷阵雨或强风天气，应该要求暂停工作和疏散场地。此外，当出现任何形式的雷阵雨或强风时，不允许在高架结构（如起重机操作台等）上工作。

（2）个人防护

① 防护等级

配备个人防护器材的目的是遮蔽或隔离员工，使其免于受到施工活动中遇到的化学品和物理危险。如果任务需要，项目现场应有以下种类的个人防护器材：安全帽、防护眼镜（带永久固定的侧护板）、护目镜、面罩、铁头橡胶靴、手套（腈、棉、皮、异丁橡胶、氯丁橡胶）、带有机气体和颗粒物滤盒的全面防尘防毒面罩、氧气瓶、防护服（麦克斯轻便连体服 L/AMN 428E）、耳塞、耳罩、反光安全背心等。

② 防护器材使用原则

为达到个人防护器材的最佳使用效果，所有使用个人防护器材的现场人员应遵守以下步骤：a. 当使用一次性连体工作服时，在每次休息后或每次轮班开始前穿上一件干净的新工作服。b. 在使用前和使用时，检查所有衣服、手套和靴子是否存在接缝瑕疵、不均匀涂层、撕裂、无法正常工作的封口。c. 在使用前和使用时，检查可重复使用的工作服、手套和靴子是否存在化学渗透的明显痕迹、膨胀、褪色、变硬、变脆、裂缝、任何刺穿的痕迹、任何磨损的痕迹。如果存在以上特征，则可重复使用的手套、靴子或连体工作服也应被抛弃。在已知或怀疑存在高浓度化学品的区域工作时，不应重复使用个人防护器材。

（3）土壤治理过程中的个人安全防护

由于风险评估结果表明场地中的污染物质会对现场施工人员健康造成危害，建议施工人员在污染区域施工时，戴半面式防尘面具，阻止施工人员直接吸入带有污染物的土壤颗粒或异味导致身体不适，同时戴护目镜、手套及穿长袖工服，避免皮肤直接接触污染土壤导致皮肤疾病。在处置区作业的人员为直接接触人员，必须严格按照表 3-22 中的要求佩戴个人防护用品。

在滤盒被穿透前应至少每天更换滤盒。当员工感到吸入阻力开始增加或化学指示特性开始穿透时，也应更换滤盒。呼吸器和其他非一次性器材应被彻底清洁后置于洁净的存储区域。每天至少清洁 1 次呼吸器。将面罩拆卸下来，扔掉滤盒，将所有其他部件置于清洗液中。在浸泡适当的时间后，取出部件再放入自来水中。面罩可自然风干，然后置于无菌袋内，存放于洁净区域。

表 3-22　个人防护用品要求

序号	防护用品	说明	直接接触人员	非直接接触人员
1	防毒面具	3M®752 硅质半面具或等效产品	☑	
2	高效滤尘盒	3M®793 或等效产品与 752 配套	☑	
3	护目镜	防化学护目镜，可防水、泥浆喷溅，防雾气	☑	☑
4	折叠式防尘口罩	3M®91A 或等效产品		☑
5	工作服	长袖、长裤，具有短时间防水功能	☑	☑
6	劳保手套	丁腈涂层，手背无涂层，可透气	☑	☑
7	劳保鞋	铁头，大底、双密度 PU，防穿刺	☑	☑
8	防水靴	能防护常见化学品	☑	☑

① 直接接触人员的安全防护

参加高浓度污染区域开挖施工和临时处置场内修复作业，并直接暴露于污染条件下的人员应提前对本区域污染物的性质进行充分的了解，并组织学习施工安全手册。施工过程中，所有人员尽可能在高处和上风处进行作业，并严禁单独行动。施工前根据污染物的性质和污染程度选择适当的防护用品，防止施工过程中发生中毒或伤亡等事故。

- 呼吸系统防护：在高浓度污染区域作业时，操作人员必须佩戴防护面具，佩戴相配套的护目镜等相关防护用具。
- 身体防护：为了避免皮肤受到损伤，可以穿面罩式胶布防毒衣、连衣式胶布防毒衣、橡胶工作服、防毒物渗透工作服。
- 手防护：为了保护手不受损伤，可以戴橡胶手套、乳胶手套、耐酸碱手套、防化学品手套等。
- 工作时间的安排：按国家规定，操作人员每天工作 8 h，中间休息 1 h。

② 间接接触人员安全防护

对于在基坑和临时处置场内作业，但由于操作机械等不直接接触污染物的人员应注意以下事项。

- 呼吸系统防护：为保证施工安全，进入施工作业区须佩戴防尘面具或是一次性防尘口罩。
- 身体防护：穿长袖、长裤，戴工帽和护目镜，可短时间防尘、防水溅。
- 手防护：为保护手不受损伤，作业时须戴配套的防化学品手套。
- 工作时间的安排：按国家规定，操作人员每天工作 8 h，中间休息 1 h。
- 其他防范措施：随身携带步话机等通信设备，作业时严禁 1 人单独作业。

（4）污染事故应急预案

① 现场原位搅拌安全生产事故应急预案

● 事故发生时，现场应急小组应迅速赶赴现场，初步判断事件的危害程度，判断污染原因，确定污染程度和范围，并采取相应措施。

● 由现场应急小组向上级部门通报。事故处理人员未经批准，任何人不得接受媒体采访或对外传播和发布相关信息，以免造成不良后果和影响。

② 施工现场污染事故应急预案

当施工现场处置过程中发生重大污染事故时，应立即向现场应急小组报告，现场应急小组接到报告，详细记录事件发生时间、地点、原因、污染源、主要污染物质、污染范围、人员伤亡情况以及报告联系人、联系方式等基本情况。当发生有机污染物异味扩散及扬尘时，采用专用的气味抑制剂，通过药剂喷淋设备，减少气味对周围环境的影响。施工过程中，在原位搅拌设备周围配置药剂喷淋设备，一旦出现异味，用拖挂式雾炮喷洒，控制异味扩散以防止二次污染。

③ 修复处置现场重大污染事故应急预案

当现场场地清挖过程中有机污染土壤大量散发气味时，现场操作人员应暂停施工，迅速向上风向撤离现场，并立即向现场应急小组报告。现场应急小组接到报告，详细记录事件发生时间、地点、原因、污染源、主要污染物质、污染范围、人员伤亡情况以及报告联系人、联系方式等基本情况；现场应急小组应迅速赶赴现场，初步判断事件的危害程度，采取相应措施；当气味较轻、无人员伤亡时，应迅速用事先预备的苫布将扰动土苫严，并设置警告标志。在确认现场无异常气味后，可继续施工。当气味散发严重，人员身体出现明显不适时，应立即组织抢救，同时向生态环境主管部门报告。

3.7.6 环境监测方案

（1）总体要求

在项目施工过程中，对所涉及区域内的土壤、空气、水和噪声环境进行监测，然后将监测结果与相关标准规范或施工前的环境质量进行对比评价，并采取相应管理措施，保证项目施工过程中不产生二次污染及确保相关人员身体健康，并为现场环境管理提供依据。全过程的监测方案在监理单位监督下执行，由施工方进行采样，并委托具有相应检测资质（CMA 认证）的第三方单位进行检测分析（图 3-9）。

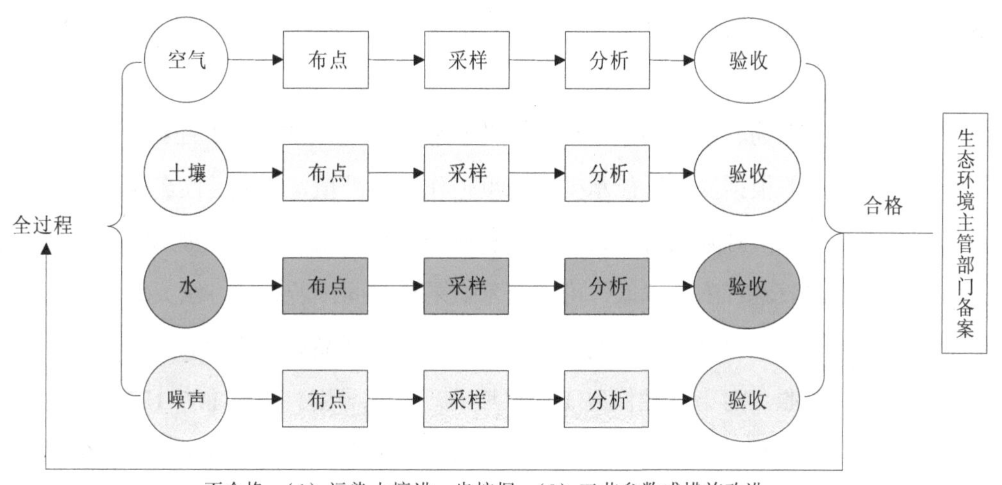

图 3-9　全过程环境管理流程

（2）大气监测

按国家相关规定，本场地污染土壤的修复过程应对大气污染排放及其环境影响进行监测，主要包括污染物排放及其环境影响监测、修复设施尾气排放检测、修复大棚环境影响监测 3 个部分。

布点方案：参照《环境影响评价技术导则　大气环境》（HJ 2.2—2018）和《场地环境监测技术导则》（HJ 25.2—2014），在场地内各个修复大棚内共计布设 3 个监测点（场地北部修复大棚内 1 个、场地南部 2 个修复大棚内各布设 1 个）、场地南部密闭大棚尾气处理系统的排放筒各设置 1 个监测点；场地四周边界设置 4 个监测点；场地上风向 250 m 处的居民敏感点设置 1 个监测点，下风向 550 m 处的居民敏感点设置 1 个监测点；场地下风向居民敏感点设置 3 个监测点。

监测指标：包括大气污染物排放检测指标和环境空气质量检测指标两类。结合国家相关标准及场地土壤中的特征污染物，确定本场地大气污染物排放检测指标为苯、氯苯类、颗粒物、非甲烷总烃、臭气浓度。环境空气质量检测指标为苯、1,2-二氯乙烷、氯苯、1,2-二氯苯、1,4-二氯苯、氯仿、TSP、PM_{10}。

执行标准：环境空气质量检测指标执行《空气环境质量标准》（GB 3095—2012）二级标准，无环境质量标志的指标根据受体所能承受的浓度值作为标准值（根据吸入及皮肤接触的暴露途径，按照危害指数小于 1，致癌风险小于 1%，利用 RFC、IUR 等毒理参数计算风险控制值）；排气筒大气污染物排放检测指标执行《大气污染物排放限值》（DB 44/27—2001）第二时段二级标准，厂界大气污染物排放检测指标执行《大气污染物排放限值》

（DB 44/27—2001）第二时段无组织排放监控浓度以及《恶臭污染物排放标准》（GB 14554—93）二级标准。

采样方法：颗粒物、TSP、PM_{10}、苯按照国家相关规定进行样品的采集。场地内特征污染物无相关标准的根据受体所能承受的浓度值作为标准值，利用活性炭吸附方法进行样品采集。采样过程应同时采集目标大气样品和质控样品，记录采样流量，同步观测气象参数，填写大气采样表。若浓度偏低，可适当延长采样时间；若分析方法灵敏度高，仅需用短时间采集样品时，应实行等时间间隔采样，采集 4 个样品计平均值。

采样频率：参照《污染场地修复工程环境监理技术导则》（DB 11/T 1279—2015），施工阶段处理场地内每两周监测大气指标 1 次，周边敏感点每两周监测 1 次，直至现场施工结束。大气污染物排放采用连续 1 h 采样计平均值。

分析方法：参照我国相关规定执行。

（3）废水排放监测

废水排放监测包括基坑积水、污染场地地表径流废水排放的监测。检测指标包括苯、氯苯、1,4-二氯苯、1,2-二氯苯、石油类、氯仿、1,2-二氯乙烷、苯胺类、COD、BOD_5、pH。

布点方案：根据场地施工布局，在废水排放口设置 1 个监测点。

采样方法：参照《污水综合排放标准》（GB 8978—1996）相关要求。

监测频率：与降雨频率相同。

监测指标：根据《污水综合排放标准》（GB 8978—1996）及场地土壤中的特征污染物，确定本场地修复过程中废水排放污染物的监测指标。

分析方法：参照国家相关标准。

评价标准：苯、氯苯、1,4-二氯苯、1,2-二氯苯、石油类、氯仿、苯胺类、COD、BOD_5、pH 执行《水污染物排放限值》（DB 44/26—2001）中的三级标准，1,2-二氯乙烷执行《水污染物综合排放标准》（DB 11/307—2013）。

（4）地下水监测

布点方案：地下水监测点位沿地下水流向布设（本次修复场地地下水流向为自东北向西南），在地下水流向上游、地下水可能污染较严重区域和地下水流向下游分别布设监测点位。一般情况下，在监测井水面下 0.5 m 以下进行取样监测。

监测指标：苯、1,2-二氯乙烷、氯苯、1,2-二氯苯、1,4-二氯苯、氯仿、石油烃、硫酸盐。

监测频率：每 15 d 对地下水监测井进行一次采样检测与不定期采样检测相结合，同时在现场修复工程施工前与施工过程中对监测井进行取样检测，施工结束后进行长期取样监测。

跟踪监测：修复后的场地内及场地周边地下水进行长期常态化监测，采样点设在场地内及场地所在区域地下水水流上游、下游监控井处，每年按枯水期、平水期、丰水期进行监测，每期 1 次，根据风险评估的目标污染物确定检测指标为苯、1,2-二氯乙烷、氯苯、1,4-二氯苯、1,2-二氯苯、氯仿等。

评价标准：由于当地地下水为非饮用水水源，参照标准为Ⅴ类水标准，因此本次评价标准选取《场地环境调查及风险评估报告》给出的修复目标值进行评价。施工过程中检测结果同施工前进行对比，看施工修复过程药剂添加是否对地下水造成影响。

（5）噪声监测

参照《建筑施工场界环境噪声排放标准》（GB 12523—2011），对场地土壤修复中原厂址场地场界噪声进行监测。

布点方案及评价标准：根据国家相关要求，本项目分别在场地四周场界外 1 m 处各设置 1 个噪声监测点，监测点执行《建筑施工场界环境噪声排放标准》（GB 12523—2011），白天不超过 70 dB（A）、夜间不超过 55 dB（A），夜间噪声最大声级超过限值的幅度不得高于 15 dB（A）。敏感点监测点执行《声环境质量标准》（GB 3096—2008），昼间不得超过 60 dB（A）、夜间不得超过 50 dB（A），最大声级超过环境噪声限值的幅度不得高于 15 dB（A）。

监测方法：根据国家规定，在本场地施工期间，测量连续 20 min 的等效声级，夜间同时测量最大声级。

监测频率：每日监测 2 次。

参考文献

[1] 杜晓濛，苗旭峰，张少彬. 土壤污染异位修复技术应用及研究进展[J]. 环境与发展，2018，30（11）：4，82.

[2] 周昱，保嶽，徐晓晶. 工业场地重金属污染土壤异位稳定化修复工程[J]. 工业安全与环保，2015，41（3）：24-26.

[3] 何光俊，李俊飞，谷丽萍. 河流底泥的重金属污染现状及治理进展[J]. 水利渔业，2007（5）：60-62.

[4] 曹心德，魏晓欣，代革联，等. 土壤重金属复合污染及其化学钝化修复技术研究进展[J]. 环境工程学报，2011，5（7）：1441-1453.

[5] 徐慧婷，张炜文，沈旭阳，等. 重金属污染土壤原位化学固定修复研究进展[J]. 湖北农业科学，2019，58（1）：10-14.

[6] 邓忆凯，韩彪，黄世友，等. 挥发性有机物污染土壤修复技术研究[J]. 科技创新与应用，2020（28）：

163-164.

[7] 梁照东. 污染土壤修复技术研究现状与趋势[J]. 环境与发展，2020，32（2）：79-80.

[8] 端木天望，刘志鸽. 露天采矿粉尘污染及其治理对策措施[J]. 环境与发展，2017，29（6）：92-93.

[9] 吴锦标. 浅谈城市环境噪声现状及噪声污染控制途径[J]. 广东化工，2018，45（8）：192，208.

[10] 阎占强. 环境监测质量控制关键因素及策略分析[J]. 绿色科技，2019（18）：159-160.

[11] 范娜. 试论环境监测全过程质量管理提升环境监测水平[J]. 科技风，2019（34）：131.

[12] 周飞. 污染场地环境调查土壤监测布点布设及监测质量的提升[J]. 区域治理，2019（34）：109-111.

第4章

污染地块修复工程环境监理

4.1　国内外污染地块修复工程环境监理概况

4.1.1　国外污染地块修复工程环境监理概况

（1）美国

美国于 1990 年制定了《国家应急计划》（*National Emergency Plan*），该计划对员工健康安全做出了明确的规定。2009 年美国环保局出台了“超级基金绿色修复战略”，并于 2010 年更新。该战略作为超级基金的管理工具，明确地提出了在进行场地评估和修复或采取紧急清除行动时，如何最大限度地使用可再生能源、减少温室气体的排放和其他负面环境影响。

美国纽约州的修复规范规定对场地修复需要制订详细的运行、监测、维护手册及正式的监测计划，修复设计与施工须依据联邦和州政府法规。方案通过审批后，具备场地准入及施工许可后进行施工，同时需要制订保障施工人员与周围居民的健康和安全计划。在施工过程中要有详细的记录，应尽量防止污染物在环境介质中转移。

（2）加拿大

加拿大于 1997 年发布了《污染场地管理导则》（*Guidance Document on the Management of Contaminated Sites*），该导则详细描述了污染场地修复过程工程质量控制、二次污染防控和职业健康危害防护的内容和方法。2004 年，加拿大标准协会发布了《加拿大环境管理标准》（*Canadian Standard for Environmental Management Systems*）。

（3）澳大利亚

澳大利亚环保局于 2008 年发布了《现场修复环境管理导则》（*EPA Guidelines for Environmental Management of on-site Remediation*），该导则提出了污染场地修复过程中的大气、噪声、地表水、土壤、地下水等介质的二次污染防范方法，并描述了施工过程的安全健康保护措施。

（4）丹麦

丹麦要求在场地修复过程中进行项目运行及修复效应的评估，主要是检查特定修复技术的修复效果。在评估之前先确定评估所需测定的参数。

从国外的污染地块修复过程管理规范、导则和报告的特点来看，发达国家主要侧重于工程质量控制、修复过程的二次污染防控和施工人员的健康危害防护 3 个方面。

4.1.2 国内污染地块修复工程环境监理概况

虽然建设项目环境监理已开展试点和推广，但污染地块修复工程的环境监理尚处于探索阶段。污染地块修复工程不同于建设项目[1]，处理、处置的对象多是具有健康危害的污染物，具有较强专业性、前沿性、高风险性、修复技术多样、过程复杂等特点。这些特点决定了污染地块修复工程需要制定具有针对性的工程环境监理程序和方法。过去的 10 多年里，我国多个省份均开展了诸多的污染地块修复工作，在修复工程实施过程中，各地在借鉴国内建设项目环境监理经验的基础上，结合污染地块修复工程的特点，对修复工程环境监理的程序和方法进行了探索性的工作，并积累了一定的经验。2014 年，环境保护部正式发布污染地块 5 项系列导则。其中，《污染场地土壤修复技术导则》（HJ 25.4—2014）中在修复工程环境检测计划部分提到了修复工程环境监理的要求，但仅从宏观上对环境监理工作进行了整体性的描述以及配套间接费用的安排，并未对环境监理工作的程序与方法进行详细和明确的规定。2014 年，由环境保护部污染防治司组织，北京市环境科学研究院等单位编制的《工业企业污染场地调查与修复管理技术指南（试行）》，提出了修复工程环境监理的工作程序、内容和相关技术要点，为我国和地方省份的相关技术导则和规范的制定提供了一定的参考。2015 年 6 月，上海市环境保护局发布了《上海市污染场地修复工程环境监理技术规范（试行）》，这是我国首个地方层面专门针对污染地块修复工程的环境监理技术规范。该规范基于上海市污染场地环境监管实际需求，制定了环境监理的工作程序和方法，主要包括施工准备阶段、工程实施阶段、竣工验收阶段的环境监理工作。

为了解国内污染地块修复工程环境监理现状，我们选择武汉、重庆、上海、北京 4 个城市 6 个场地，通过修复工程案例现场调研和调查问卷相结合的方式，了解修复工程环境监理相关的工作内容和工作方法。调查问卷中环境监理相关的内容共有 13 个相关的问题，包括环境监理的定位、工作流程、工作内容、工作方法等，附录 I 基于 6 个场地的调查问卷，总结国内修复工程环境监理的现状。

污染地块修复工程环境监理有 3 种工作模式，分别为以工程监理为主导，以环境监理为主导、环境监理与工程监理并行。从表 4-1 中可知，3 种工作模式在国内污染地块修复工程环境监理过程中都有应用案例。总体来看，以工程监理为主导的模式采用的频率最高，其次为环境监理与工程监理并行模式，以环境监理为主导的模式仅有一个场地采用。不同工作模式直接影响环境监理的工作内容与范围。以工程监理为主导的模式，工程监理同时肩负环境监理职责。以环境监理为主导，环境监理工程师需要同时肩负工程监理的职责。环境监理与工程监理并行时，环境监理与工程监理各司其职，环境监理侧重修复过程环境污染防治和风险方案相关的内容，工程监理侧重于工程进度、质量、投资等方面的内容。

表 4-1　污染地块修复工程环境监理的工作模式　单位：个

选 项	武汉 E 地综合治理工程	武汉染料厂	重庆	北京焦化厂	北京化工二厂	上海	小计
以工程监理为主导	1	1	0	0	1	0	3
以环境监理为主导	0	0	0	0	0	1	1
环境监理与工程监理并行	0	0	1	1	0	0	2

从环境监理人员配置（表 4-2）来看，6 个案例地块中，5 个地块配备了环境监理项目总监，所有地块都配备了专门的环境监理技术人员。其中 4 个地块的环境监理人员同时负责工程监理工作。大部分地块都要求环境监理的从业人员需要有相关的从业经历，但是只有 3 个地块要求从业资格证书。为了提高从业人员的执业水平，大部分地块都要求从业人员参加环境监理能力的培训。对从业资格证书要求较少，可能与目前国内缺乏环境监理的从业资格认证考试有关。环境监理在国内尚处于摸索阶段，相关的规章制度还不够完善。

表 4-2　环境监理人员职责及资质要求　单位：个

选项	武汉 E 地综合治理工程	武汉染料厂	重庆	北京焦化厂	北京化工二厂	上海	小计
环境监理项目总监	1	0	1	1	1	1	5
环境监理技术人员	1	1	1	1	1	1	6
环境监理人员同时负责工程监理	1	0	1	0	1	1	4
从业资格证书	0	1	1	0	1	0	3
相关从业经历	1	0	1	1	1	1	5
环境监理能力培训	1	0	1	1	1	0	4

从表 4-3 中可知，修复工程环境监理方案编制的依据主要包括国家和地方有关法律法规、国家有关环境保护标准、环境影响风险评价报告、环境保护行政主管部门的批复意见、修复技术方案、修复工程设计文件、工程监理合同及工程承包合同等。部分地块还参考了其他相关资料，如地块环境风险评价报告、地块验收方案、相关的技术规范和国内外项目经验等。其中，有 3 个地块依据环境影响风险评估报告编制修复工程监理方案，并开展了修复工程的环境影响评价。关于地块修复工程环境监理方案的论证与备份，地块间差异较

大；同时进行专家论证和审批备案的地块有 2 个，分别为重庆和上海的案例地块。进行了方案专家论证但没有审批备案的地块有 1 个，为武汉 E 地综合治理工程。进行了方案审批备案，但没有进行方案专家论证的地块有 1 个，为北京化工二厂。武汉染料厂既没有进行方案专家论证也没有进行方案审批备案。不同城市间的做法不一致，即使同一城市的不同地块在具体操作时也存在差异，表明环境监理方案的监督管理程序还不成熟。

表 4-3 修复工程环境监理方案编制依据及论证备案情况 单位：个

选项	武汉 E 地综合治理工程	武汉染料厂	重庆	北京焦化厂	北京化工二厂	上海	小计
国家和地方有关法律法规	1	1	1	1	1	1	6
国家有关环境保护标准	1	1	1	1	1	1	6
环境影响风险评估报告	0	1	1	0	1	0	3
环境保护行政主管部门的批复意见	1	1	1	1	1	1	6
修复技术方案	1	1	1	1	1	1	6
修复工程设计文件	1	1	1	1	1	1	6
工程监理合同及工程承包合同	1	1	1	1	1	1	6
其他资料	0	0	1	0	1	1	3
方案专家论证	1	0	1	0	0	1	3
方案审批备案	0	0	1	0	1	1	3

修复工程环境监理方法主要借鉴工程监理和建设项目环境监理所采用的方法，包括核查、监督、报告、咨询、宣传与培训、验收等。不同场地调查结果（表 4-4）显示，上述方法在环境监理过程中都得到了应用。总体来看，环境监理的工作方法比较成熟，在制定污染地块修复工程环境监理技术导则时，结合污染地块修复工程环境监理的实际需求，直接或间接借鉴工程监理和建设项目环境监理的方法即可。

表 4-4 污染场地修复工程环境监理的方法 单位：个

选项	武汉 E 地综合治理工程	武汉染料厂	重庆	北京焦化厂	北京化工二厂	上海	小计
核查	1	1	1	1	1	1	6
监督	1	1	1	1	1	1	6
报告	1	1	1	1	1	1	6
咨询	1	1	1	1	1	1	6
宣传与培训	1	1	1	1	1	1	6
验收	1	0	0	1	1	0	3

环境监理的工作制度是环境监理工作顺利进行的重要保障。从调查结果（表 4-5）来看，案例地块都建立了环境监理相关的工作制度，但是不同地块的工作制度存在明显的差异。其中，协调、修复工程的环保措施、污染物排放（现场监测）、修复工程人员安全防护的工作制度，6 个地块都监理了。但质量控制、进度控制、投资控制、合同管理、信息管理、修复工程环境影响、修复工程环境风险控制等工作制度只有部分地块建立了。不同地块工作制度的差异，主要是由环境监理工作模式的差异导致的。部分地块环境监理同时肩负工程监理的职责，因此要建立与工程监理工作内容相关的工作制度。案例地块的工作制度基本上都是借鉴建设项目工程监理的相关经验，在制定污染地块修复工程环境监理技术导则时，可以参考借鉴相关的内容。

表 4-5　污染地块修复工程环境监理的工作制度　单位：个

选项	武汉 E 地综合治理工程	武汉染料厂	重庆	北京焦化厂	北京化工二厂	上海	小计
质量控制	1	0	1	0	1	1	4
进度控制	1	0	1	0	1	1	4
投资控制	1	0	1	1	1	0	4
合同管理	1	0	1	0	1	0	3
信息管理	1	0	1	1	1	1	5
协调	1	1	1	1	1	1	6
修复工程的环保措施	1	1	1	1	1	1	6
污染物排放（现场监测）	1	1	1	1	1	1	6
修复工程环境影响	1	1	1	1	1	0	5
修复工程环境风险控制	1	1	1	1	1	0	5
修复工程人员安全防护	1	1	1	1	1	1	6

4.2　环境监理的工作程序与工作内容

4.2.1　环境监理的工作程序

修复工程通常包括工程设计、施工准备、施工、试生产（运行）、竣工验收等阶段。调查的 4 个城市中，修复工程环境监理都包括了施工准备阶段和施工阶段两个环节。针对工程设计阶段，只有北京市要求开展环境监理工作。针对竣工验收阶段，除北京市外，其他 3 个城市都要求开展环境监理工作。现有修复工程环境监理工作大多借鉴了建设项目环境监理的经验。因此，我们将各省份建设项目环境监理的流程进行了总结。建设项目的基本程序与修复工程相同，通常包括工程设计、施工准备、施工、试生产（运行）、竣工验收等阶段。从表 4-6 可知，有 13 个省（区、市）开展了施工阶段的环境监理，有 6 个省（区、市）开展了工程设计阶段的环境监理，施工准备阶段和竣工验收阶段均开展了环境监理的只有 3 个省（区、市）。开展环境监理工作都需要编制环境监理方案及实施细则，但关于环境监理方案的审批及备案情况，各地做法不尽相同。江苏省和安徽省要求环境监理方案需要进行技术评估，论证通过后需要报相关部门备案，方能实施。辽宁省规定环境敏感目标的重大项目或特殊项目环境监理方案应当组织专家进行评审。其他省份对技术方案评审和备案没有明确的规定。

表 4-6　国内修复工程及建设项目环境监理的工作流程

城市	工程设计	施工准备	施工	试生产（运行）	竣工验收	类型	来源
北京市	Y	Y	Y	N	N	修复工程	案例及规范
上海市	N	Y	Y	N	Y	修复工程	技术规范
重庆市	N	Y	Y	N	Y	修复工程	技术规范
武汉市	N	Y	Y	N	Y	修复工程	案例
辽宁省	Y	N	Y	Y	N	建设项目	管理办法
陕西省	N	Y	Y	N	N	建设项目	技术规范
青海省	N	Y	Y	N	N	建设项目	技术规范
江苏省	Y	N	Y	Y	N	建设项目	技术规范
浙江省	Y	N	Y	Y	Y	建设项目	管理办法
安徽省	Y	N	Y	Y	N	建设项目	技术规范
江西省	Y	N	Y	N	N	建设项目	技术规范
湖南省	Y	N	Y	Y	Y	建设项目	技术规范
深圳市	N	N	Y	N	N	建设项目	技术规范

污染地块修复工程作为一项环保工程，具有较强的专业性，从设计阶段到竣工验收阶段的全过程监督管理可以有效提高工程质量和控制二次污染产生及扩散。根据国内外已有污染地块修复工程环境监理工作程序，参考建设项目环境监理工作流程，结合修复工程特点，可将污染地块修复工程环境监理工作分为 3 个阶段，即施工准备阶段、施工阶段和竣工验收阶段，如图 4-1 所示。

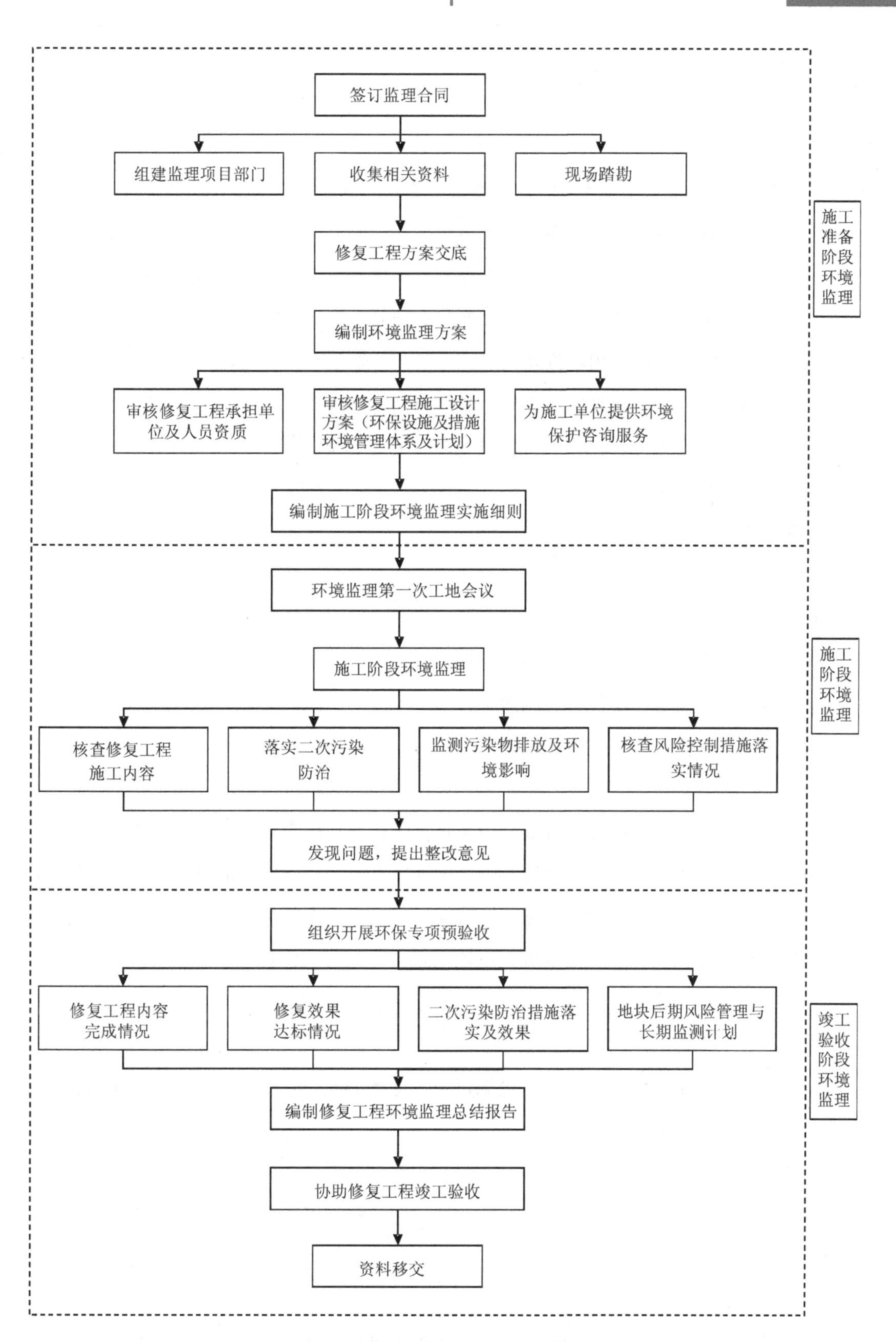

图 4-1　修复工程环境监理的工作流程

4.2.2 环境监理的工作内容

（1）施工准备阶段

接受建设单位委托后，环境监理单位根据合同要求以及污染地块修复工程规模和特点，组建环境监理项目部门，收集污染地块修复工程相关的资料，并进行现场踏勘，参与修复工程方案交底，编制污染地块修复工程环境监理方案。审核修复施工设计方案包括施工方案与修复方案的相符性、配套环保设施与措施的合理性、环境管理体系和管理计划的完整性等，审核修复工程承担单位及人员的资质，为施工单位提供环境保护咨询服务。编制修复工程施工过程环境监理实施细则，具体包括以下内容。

①组建环境监理机构，包括人员、设备、相关管理制度等；

②资料收集与现场踏勘；

③修复工程方案交底；

④编制环境监理方案；

⑤审核修复工程施工设计方案；

⑥审核修复工程承担单位及人员的资质；

⑦为施工单位提供环境保护咨询服务；

⑧编制施工阶段环境监理实施细则。

（2）施工阶段

根据环境监理实施细则逐步开展环境监理工作，重点核查修复工程施工内容、落实二次污染防治、监测污染物排放及环境影响、核查风险控制措施落实情况，开展污染物排放及环境影响监测，监督风险控制措施落实情况，同时为建设单位提供技术咨询，针对发现的问题提出整改意见，并告知修复施工单位或建设单位。具体包括以下内容。

①环境监理第一次工地会议；

②核查修复工程施工内容；

③落实二次污染防治，包括环保设施建设与运行情况、环保措施的落实情况等；

④监测污染物排放及环境影响；

⑤核查风险控制措施落实情况；

⑥公众参与，协助修复工程施工单位做好与受工程施工影响的单位和个人的沟通，发现问题，并提出整改意见。

（3）竣工验收阶段

组织开展修复工程环保专项预验收，具体工作包括修复工程内容的完成情况、修复效果达标情况、二次污染防治措施落实及效果和场地后期风险管理与长期监测计划。总结修复工程环境监理的工作内容，编制修复工程环境监理总结报告。协助建设单位开展修复工程竣工验收，并移交环境监理报告及工程相关档案文件等资料。

4.3　修复工程环境监理的工作方式

4.3.1　环境监理的工作模式

从建设项目环境监理的实践经验来看，环境监理主要有 3 种工作模式[2]，每种模式都有其优势，同时也存在一些不足。在修复工程实践过程中，应结合污染地块修复工程的规模、复杂程度、环境影响程度、当地环境管理需求等因素，确定最适宜的模式。

（1）模式一：包容式监理模式。工程监理单位全权负责，内部设环境监理部门，由工程监理人员实施。

优点：制度保障性好，执行力强。

缺点：工程监理人员缺少环保专业知识，专业性较差。

（2）模式二：组合式监理模式。工程监理全权负责，内部设环境监理部门和专职环保人员，由环境监理人员独立开展工作。

优点：制度保障性和专业性兼顾，执行力强，效率高。

缺点：环境监理独立性会受到一定影响。

（3）模式三：独立式监理模式。环境监理全权负责。

优点：专业性和执行力强。

缺点：制度保障性和约束力较差；人员多，工作易交叉，影响效率。

4.3.2　环境监理的工作方法

建设项目工程监理已经形成了完备的技术体系，相关的建立方法也比较成熟。近年来，建设项目环境监理工作稳步推进，对环境影响较大的建设项目已开展了环境监理工作，部分省市已制定建设项目环境监理的管理办法和技术规范。环境监理的方法主要借鉴工程监理取得的经验。鉴于修复工程环境监理与建设项目环境监理只是监理对象存在差异，目标是基本一致的。因此，修复工程的环境监理方法往往直接借鉴建设项目环境监理的方法。

（1）核查

依照相关管理文件和技术文件，在修复工程各个阶段对修复工程的实施及二次污染措施的落实情况进行核实和检查。

（2）巡视

环境监理机构对修复工程施工现场进行的定期或不定期的检查活动。

（3）旁站

环境监理机构对修复工程的关键部位或关键工序的施工质量进行的监督活动。

（4）环境监理会议

环境监理机构定期或不定期召开的环境监理会议，包括环境监理例会、专题会议和现场协调会等。会议由环境监理总监或其授权的环境监理工程师主持，修复工程相关单位派员参加。

（5）监测

为掌握日常施工造成的二次污染情况，环境监理单位通过便携式环境监测仪器进行现场环境监测，辅助环境监理工作。较复杂的环境监测内容可建议建设单位另行委托有资质的单位开展。

（6）培训

环境监理机构对修复工程实施单位及其管理和施工人员进行的污染地块修复工程专业知识及技能培训。

（7）记录

包括环境监理日志、环境监理巡视记录和环境监理旁站记录。

（8）文件

环境监理机构采用环境监理联系单、环境监理整改通知单、环境监理停工通知单以及环境问题返工或复工指令单等文件形式进行主体工程实施情况和二次污染控制措施落实情况的管理。

（9）跟踪检查

环境监理机构对其发出文件的执行情况进行检查落实，监督施工单位严格执行的过程。

（10）报告

包括环境监理定期报告、专题报告、阶段报告和环境监理总结报告。报告应报送建设单位。

4.3.3 环境监理的工作制度

修复工程环境监理的工作制度直接借鉴建设项目环境监理的工作制度。

(1) 工作记录制度

环境监理记录是修复工程信息汇总的重要渠道，是项目环境监理机构做出决定的重要基础性资料。其内容主要包括环境监理日志、现场巡视和旁站记录、会议记录以及监测记录等，记录形式包括文字、数据、图表和影像等。

①环境监理日志：环境监理人员应针对每日的修复工程概况进行记录，并形成环境监理日志。环境监理人员应逐项认真填写，重点记录现场施工状况、二次污染控制状况、往来信息、环境事故、存在问题及相应处理措施等工作情况。

②现场巡视和旁站记录：环境监理应记录巡视和旁站检查的情况，包括施工现场状况、二次污染控制状况、发现的问题、发出的环境监理指令和建议等。

③会议记录：会议记录应重点记录参会单位和人员、讨论和研究的问题、协商一致的意见及其他相关要求等。

④监测记录：环境监理对修复过程开展的监督性监测和二次污染控制监测进行了详细记录，包括采样、监测、监测结果和分析记录等。

(2) 文件审核制度

文件审核制度是环境监理单位对施工单位编制的与污染地块修复相关的工程措施和工程设施的组织设计进行审核的规定。施工单位编制的施工组织设计和施工措施计划等均应经环境监理单位审核。

(3) 报告制度

环境监理单位应结合会议制度和工作记录制度实施环境监理报告制度。环境监理报告包括定期报告、专题报告和阶段报告。

- 环境监理定期报告：环境监理单位应根据修复工程进度，按实际情况编写环境监理工作月报、季报或年报等定期报告。定期报告应主要包括主体修复工程概况、二次污染控制措施执行情况、环境污染事故隐患、存在的问题及建议等内容。

- 环境监理专题报告：当发生突发性环境污染事故时，环境监理单位应根据实际情况编制专题报告，报告应包括事故发生的原因、影响范围和程度以及应急处理措施及结果，并提出整改意见。

- 环境监理阶段报告：环境监理阶段报告应对已经完成的修复工作进行总结，反映修复工程中存在的问题并提出建议。环境监理单位应根据下列修复工程节点编制环境监理阶段报告。

a. 污染地块修复工程涉及多地块时，单独地块完成修复工作时；

b. 污染地块修复工程采用连续性技术组合时，单独一项修复技术实施完毕时；

c. 其他修复工程重要节点。

（4）函件往来制度

环境监理工程师在施工现场检查过程中发现的问题，应通过下发环境监理通知单等形式，通知建设单位采取纠正或处理措施。环境监理工程师对施工方某些方面的规定或要求，必须通过书面形式通知。当情况紧急需口头通知时，随后必须以书面函件形式予以确认。建设单位及施工方对施工现场问题处理结果的答复以及其他方面的问题，应致函给环境监理机构。

（5）会议制度

① 第一次环境监理工地会议

环境监理单位组织建设单位和施工单位召开第一次环境监理工地会议，会议参加人员包括建设单位和施工单位负责人及相关人员，环境监理单位的环境监理人员也应全部参加。

● 建设单位或代表就实施修复工程期间的工程管理职能机构、职责范围及主要成员名单进行说明，对施工期管理的重要事项进行说明；

● 环境监理总监介绍修复工程环境监理工作计划，就环境监理组织机构、人员、工作职责和环境监理程序进行说明；

● 施工单位对本单位施工期间管理机构、人员、职责进行说明；

● 施工单位介绍施工期管理计划，主要包括主体修复工程计划和二次污染控制措施，并对所存在的问题与建议等进行说明。

② 工程例会

在修复工程施工过程中，环境监理总监应定期主持召开修复工程例会，并由环境监理单位负责起草会议纪要，经与会各方代表会签。修复工程例会应包括以下工作内容。

● 检查上次例会讨论施工事项的落实情况，分析未完事项原因；

● 检查分析修复施工进度计划完成情况，提出下一个阶段施工的进度目标、落实措施；

● 检查分析主体修复工程质量和二次污染控制情况，针对存在的问题提出改进措施；

● 解决需要协调的有关事项；

● 其他相关事宜。

③ 专题会议

环境监理总监或环境监理工程师应根据需要及时组织专题会议，如环境污染事故专题会议、月工作计划总结会、二次污染控制专项会议等。

④ 现场协调会

环境监理总监或环境监理工程师可根据修复工程情况不定期召开不同层次的施工现场协调会。会议对具体施工活动进行协调和落实，对发现的问题及时予以纠正。

（6）人员培训制度

开展环境监理现场培训工作，对建设单位管理人员和工程施工单位人员制度化地实施与污染地块修复相关的培训工作。

（7）质量保证制度

为保证和控制环境监理的工作质量，环境监理应严格按照国家及地方有关规定开展工作。环境监理从业人员应按规定持证上岗。环境监理应严格按照监理方案及实施细则进行，并对工程期间发生的各种情况进行详细记录。环境监理相关报告应执行内部多级审核制度。

（8）应急报告及处理制度

应急报告及处理制度是指环境监理单位在现场发生环境紧急事件应采取的报告和处理的规定。环境监理单位针对环境监理范围内可能出现的环境风险，制定环境紧急事件报告和处理措施应急预案。应急预案中应明确需要及时报告项目建设单位以及环境保护、公安、卫生等行政主管部门的事项，并明确需要采取的应急措施。

（9）档案管理制度

环境监理应结合工程实际建立环保信息管理体系，制定文件管理制度，对文件分类、归档等方面予以规定，对环保信息进行及时梳理和分析，指导和规范现场工作。

4.3.4　修复工程施工阶段环境监理的要点识别

修复工程施工阶段环境监理的内容包括修复工程施工内容核查、二次污染控制环境监理污染物排放及环境影响监测、环境风险防范措施监理等内容。

（1）修复工程施工内容核查

污染地块修复工程施工内容与污染介质、污染物类型、修复方式、修复技术等密切相关。污染介质包括土壤和地下水。修复方式包括异位修复和原位修复。土壤和地下水修复技术很多。我们基于污染介质、修复方式对其进行分类，结合修复方式，建立污染地块可能的修复情景，分析主体修复工程环境监理的要点。表 4-7 总结了修复工程施工内容环境监理要点。

表 4-7 修复工程施工内容环境监理要点

工程内容		监理要点
土壤修复	异位	• 现场清挖：清挖边界和清挖深度、污染土的场内运输线路和临时堆放设置等 • 污染土外运：运量、运次及出场登记、运输线路监控、运输车辆苫盖、安全运输情况等 • 污染土暂存与修复：污染土壤入场登记；暂存场、修复设施和尾气处理装置的建设、运行出土等情况；修复的工艺、方法、药剂及其用量、施工顺序等情况；修复后土壤待检场的建设、运行情况；修复效果监测过程及其修复效果情况等 • 修复后土回填/再利用：外运与回填方案、外运土方量、去向、回填场防渗、回填过程等
	原位	• 修复过程：修复边界的确定；修复工艺、药剂、用量、注入方式等的核查 • 修复效果监测：采样点的位置、采样方法、样品数量、样品保存与流转情况等的监控
地下水修复	异位	• 地下水抽出：修复边界确定；抽水井位置和建井过程、抽出过程等的核查 • 地下水处理：处理场和水处理设施的建设情况、处理设施的运行和处理效果情况等 • 修复效果监测：监测井的定位、建井、洗井情况、地下水样品的采样和保存情况等
	原位	• 修复过程：修复的工艺、药剂和注入情况；注入孔位置和建设情况；施工设备运行情况等 • 修复效果监测：监测井的布点和建井、洗井情况、地下水样品的采样和保存情况、长期监测情况等

（2）二次污染控制环境监理

二次污染控制环境监理主要是指根据修复工程特点，对修复实施过程中的环保设施运行情况和环保措施落实情况进行监督核查，对修复过程污染物达标排放情况进行现场监测。二次污染控制环境监理要点如表 4-8 所示。

表 4-8 二次污染控制环境监理要点

工程内容		监理要点
土壤修复	异位	• 现场清挖：基坑、污染土临时堆放场、道路等的防渗、防尘、防气味扩散、防土壤二次污染的控制措施等 • 污染土外运：运输车辆苫盖、防遗撒措施等 • 污染土暂存与修复：暂存场的防雨、防尘、防渗、防气味扩散措施；修复设施的密闭情况、尾气处理装置的运行情况及其除尘、尾气处理的效果及其排放情况 • 修复后土待检、回填/再利用：待检场防渗、防尘、防气味扩散措施；土壤外运、回填/再利用过程防尘、防遗撒措施等
	原位	• 修复过程：钻探碎屑、其他固体废物等的收集和处理情况；土壤二次污染的控制措施等
地下水修复	异位	• 地下水抽出：污染的地下水防漏措施；污染的地下水暂存设施的防泄漏、防气体扩散措施和地面防渗措施等 • 地下水处理：处理场的防渗、处理设施的防泄漏和防气体扩散措施；处理后水和尾气的排放情况；处理过程污泥、废活性炭等固体废物的处置情况等
	原位	• 修复过程：钻探碎屑和其他固体废物的收集和处理情况

（3）污染物排放及环境影响监测

污染排放及环境影响监测主要是对修复实施过程中排放的废水、废气、废渣、噪声，修复过程中可能产生的二次污染及环境影响进行定期监测，核查污染物的排放和环境质量是否符合相关标准和规范的要求。详细的环境监测要点如表 4-9 所示。

表 4-9　污染排放和环境影响监测要点

工作内容	监测要点
大气监测	• 无组织排放：土壤异位修复清挖现场、污染土暂存场和处置场场界；土壤和地下水原位修复场地场界；地下水抽出和处理场场界 • 尾气排放：挥发性污染土壤修复设施尾气、抽出地下水处理设施尾气等 • 空气质量：土壤和地下水修复施工现场和场外敏感点的环境空气。其中，土壤和地下水修复施工现场包括挥发性污染土壤的清挖现场、污染土壤暂存场和修复处置场、挥发性污染土壤原位修复现场，地下水抽出处理场和地下水原位修复现场等
水排放监测	• 土壤修复：基坑积水排水、污染土壤暂存场和处理场地面径流收集池排水等 • 地下水修复：地下水抽出处理后的排水
噪声监测	• 场界噪声：土壤和地下水的原位和异位修复施工各场地的场界噪声 • 场外敏感点：土壤和地下水原位和异位修复施工场周边各敏感点的噪声 • 降噪措施：施工时段控制、降噪设备的运行情况和效果、降噪措施等
固体废物监测	• 污染土壤：污染土壤暂存场、修复场、修复后待检场等的土壤 • 固体废物：地下水处理工艺的污泥、废活性炭等的属性鉴别

（4）环境风险防范措施监理

环境风险防范措施监理应对环境风险防范措施、各项风险对策进行检查，并评价各项风险对策的执行情况，检查是否有遗漏的修复工程环保措施风险，处理突发环境污染事件是环境监理工作不可或缺的工作内容。

4.4　常用土壤和地下水修复技术环境监理要点识别

4.4.1　土壤固化/稳定化技术

固化法（solidification）是指以包覆压缩污染物，使污染物毒性溶出及流动性降至最低，并将其包裹在固化体中[3]，此过程也称密封（encapsulation），其中固化剂与污染物间通常不发生反应，仅是机械性的拌合作用。稳定化（stabilization）是指利用化学剂与污染物混合或反应，将污染物的毒性、溶解性及流动性降至最低，使污染物有害成分稳定或降低其危害性的处理方法，主要有吸附、离子交换及沉淀3种方法。固化与稳定化通常同时使用进行污染土壤治理。固化/稳定化技术（solidification/stabilization，S/S）是指通过减少污染物与外界接触的表面积或降低污染土壤、污泥或废弃物渗透性及溶出性的处理方式（图4-2），此技术已被广泛应用并证实能够有效地降低多种污染物的迁移性，可处理的污染物质包括重金属、特定放射性废料、部分有机污染物等物质。固化/稳定化污染土壤大致可区分为异位固化处理与原位固化处理，前者是经由挖掘设备移除污染土壤后，依一般固化程序处理；后者则不经挖掘程序，直接在现场进行稳定化。

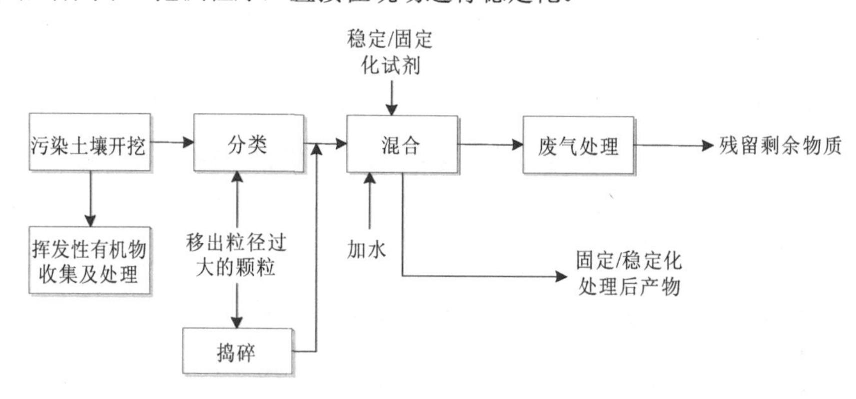

图4-2 土壤固化/稳定化技术流程

该技术在污染土壤开挖、运输、暂存环节可能产生的环境影响与其他污染土壤异位修复技术相似。该内容将在本书4.4.3节土壤热脱附修复技术中对上述环节可能产生的环境影响进行详细描述，请参照相关内容。该技术环境的影响还应注意化学药剂与污染物混合或反应所造成的化学变化，间接污染土壤及地下水，应妥善处理并监测其中有害物质的基本物性以及化学品在环境中的传播途径。该技术在实施过程中可能产生的潜在风险主要包括物理风险和化学风险两大类，如表4-10所示。

表4-10 土壤固化/稳定化处理过程中可能产生的潜在风险及保护措施

潜在风险	可能的时机	可能的暴露风险	保护措施及个人防护装备
物理风险	在开挖土壤过程中，工作人员可能因重型机械而受伤或死亡	机械设备风险	• 重型机械安装警报器以警告工作人员 • 当靠近机械时，确保在机械前方或是操作者视线范围内移动 • 加强相关人员有关潜在危害以及操作重型机械相关的安全训练

潜在风险	可能的时机	可能的暴露风险	保护措施及个人防护装备
物理风险	当挖掘受爆炸性或可燃性物质污染的土壤时，可能因机械的金属组件碰撞金属或石头产生火花，造成起火燃烧。另外，若挖掘过程中毁坏地底电线或是气体管线，也可能造成起火、爆炸或触电	火灾与爆炸	• 加强相关人员的训练与紧急应变能力 • 在开挖工作开始前预先定位地底电力设施的位置 • 使用不会产生火花的金属组件 • 定时喷洒水或泡沫灭火剂于工作区以防止蒸汽自燃。作业环境利用测爆器进行监测，如测值达到爆炸下限值的 10%时，应停止操作，并进行气体逸散操作
	当工作人员进入挖掘区时，可能会暴露于危险中，如挖掘墙倒塌等。淹水可能导致溺水或触电（有使用电力设施时）	开挖墙倒塌/淹水	• 在潮湿的工作环境中穿救生衣 • 使开挖墙的坡度至少离墙边缘 1.5 m。避免工作人员进入不安定开挖环境中。开挖周边至少每 7.5 m 设置 1 个紧急出口 • 加强相关人员的训练与紧急应变能力 • 提供良好的通风设备 • 采用进入局限空间的相关规定
	在不安定的土地操作重型机械，地面可能沉陷，造成操作者受伤	不安定的土壤状况	• 预先评估场地的土壤状况 • 仅容许受过良好训练的人员操作相关机械
	某些反应性化学药剂与污染物不兼容可能会造成火灾、系统过度加压、环境排放或爆炸	化学药剂与污染物不兼容性	• 加强人员有关运输特定化学品的训练与紧急应变的能力 • 使用适当的液体输送设备 • 使用自动警报系统 • 执行适当的化学品贮存与运作程序 • 提供有害化学品桶槽及适当围堵设施
	不明确的有害污染物物理化学性质加上不适当的操作，化学品可能会导致系统产生高热或高压，并造成不可控制的化学反应、火灾或爆炸	化学反应	• 设置标示牌，标示废弃物种类、成分、物理化学基本性质等信息 • 加强人员贮存与运输化学品程序的训练与紧急应变的能力 • 监测注入过程与特定时间点系统温度 • 提供紧急冲眼/冲洗器
	处置地点设施不完善造成的施工安全风险及间接污染土壤及地下水	施工安全风险	• 设置防止废弃物飞散的措施 • 依废弃物的特性及处置地点地形地质设置水土保持措施
化学风险	工作人员可能接触反应性化学氧化剂 工作人员的皮肤与呼吸系统可能与化学氧化剂或其副产品直接接触	化学氧化剂的使用、贮存、接触与兼容性	• 提供化学品储槽与管线适当的标示、分隔与防溢装置 • 建立伙伴制度（buddy system） • 确保工作人员佩戴适当的个人防护具 • 加强有关人员运用特定化学品的训练与紧急应变的能力 • 预先确认氧化剂的兼容性

4.4.2 土壤清洗技术

土壤清洗技术是指将污染土壤挖除后，利用水与洗涤剂（溶于水的化学药剂）将附着在土壤颗粒上的污染物与土壤分开，再处理含有污染物的废水或废液，最后将处理的土壤回填或运至掩埋场掩埋。该技术的原理如图 4-3 所示。

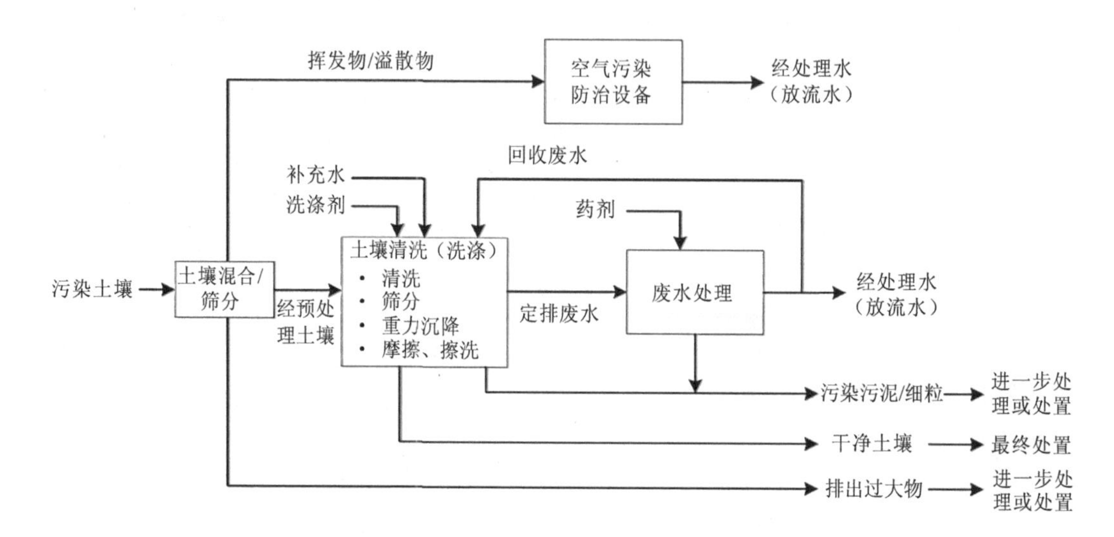

图 4-3 土壤清洗技术原理

土壤清洗法适用于重金属、放射性物质、农药、有机物、有机物混合物或其他无机物污染土壤的修复或前处理，该技术已成功用于修复许多被无机物、有机物同时污染的土壤，包括轻非水相液体（light nonaqueous phase liquid，LNAPL）、重非水相液体（dense nonaqueous phase liquid，DNAPL）、多氯联苯与多环芳香族碳氢化合物等。

（1）环境影响与潜在风险

土壤清洗技术在污染土壤挖掘与清洗过程中，可能对环境中的空气造成影响。冲淋洗污染物所产生的废水经过处理后，如排放至水体，若未妥善处理，会造成水污染。在污染土壤开挖、运输、暂存环节可能产生的环境影响与其他污染土壤异位修复技术相似。在 4.4.3 节中对上述环节可能产生的环境影响有详细描述，请参照相关内容。土壤清洗实施过程中可能产生的潜在风险及保护措施见表 4-11，环境监理应针对表中所列关键环节，对潜在风险保护措施的落实情况及效果进行监理。

表 4-11　土壤清洗过程中可能产生的潜在风险及保护措施

潜在风险	可能的时机	可能暴露的风险	保护措施及个人防护装备
物理风险	污染土壤开挖时	机械设备风险	• 妥善操作大型开挖机械 • 人员在操作机械附近，应戴听力防护设备
	输送污染土壤时	输送设备风险	• 输送带或传动轴应设置箱盖
	挥发性有机物污染，在破碎与粉碎时，洗涤剂蒸馏回收时	火灾与爆炸	• 含高浓度挥发性有机物污染情况下，应加强操作人员的训练与紧急应变的能力 • 蒸馏设备设置泄压阀与警报系统
	当需进行控制盘内的配件或线路更新时	触电	• 当有任何工作需接触配电盘时，需停止运转并关闭电源才可进行，相关电气工作应由合格的电气工程师负责执行
化学风险	洗涤剂输送及反应单元中，工作人员可能会暴露于泄散或挥发的洗涤剂的环境中	洗涤剂	• 在密闭系统中加注洗涤剂或设置适当的通风设备 • 使用适当的呼吸防护装备
	废水处理时	衍生废弃物与污泥等	• 在密闭系统中操作 • 使用适当的个人防护装备

（2）修复效果与二次污染防治监测

评估异位土壤清洗系统的成效，会随着不同种类的系统有所差异。监测对象包括污染土壤处理效果与二次污染防治处理设备等，监测目的包括相关系统设备成效评估、修复效果评估、环境影响及防止污染扩大监测工作等。监测详细内容包括监测项目、监测目的、监测对象、分析项目及监测频率，如表 4-12 所示。

表 4-12　土壤清洗法修复系统运行监测

监测项目	土壤清洗系统	废水处理系统	洗涤剂回收处理系统	经处理土壤或衍生废弃物
监测目的	系统设备成效评估	对环境的影响 处理设备成效评估	处理设备成效评估	修复效果评估
监测对象	进料区的污染土壤洗涤槽（反应槽）内泥浆状土壤	排放（或回流）废水	回收洗涤剂	处理后土壤污泥或衍生废弃物
分析项目	进料速度、pH、洗涤时间处理粒径	废水流量、pH、污染物项目	洗涤剂回收量、pH、洗涤剂项目	污染物项目（总量或形态）
监测频率	每周 1 次	排放水的检测：每日 功能性检测：每月 1 次	每周 1 次	每批次或每吨 1 次

4.4.3 土壤热脱附修复技术

热脱附（thermal desorption）技术也称热脱附，是一项新兴的非燃烧土壤修复技术，它利用直接或间接加热的方式将有机污染土壤加热至污染物沸点以上，使吸附于土壤中的污染物饱和蒸汽压增大，挥发成气态进入气相后逸出，再对气态污染物进行处理，防止污染大气[4-7]，此过程为物理分离程序，不破坏土壤的性状。处理后的土壤则可回填继续利用。该技术的处理工艺流程如图 4-4 所示，将污染土壤挖掘后进行初步预处理，然后投入热脱附装置中，使污染物挥发与土壤分离，产生的气体经尾气装置冷凝、吸附，最后将清洁的气体排入大气中，处理后的土壤回填利用。

热脱附设备的处理主要包括两个单元：一个单元为加热单元，用来对待处理的污染物进行加热，使其中的有机污染物挥发成气态后分离；另一个单元为气状污染物处理单元，含有污染物的气体经过该单元的处理后需达到法定标准，然后才能排放至大气。气态污染物的处理方式有多种，如冷凝、吸附或燃烧等，可依据有机物的浓度及经济性进行选择。根据加热温度，热脱附可分为低温加热脱附法和高温加热脱附法，低温加热脱附法主要处理挥发性非卤化物及燃料油，高温加热脱附法主要处理半挥发性有机物、多环芳香族碳氢化合物、PCB 及杀虫剂。

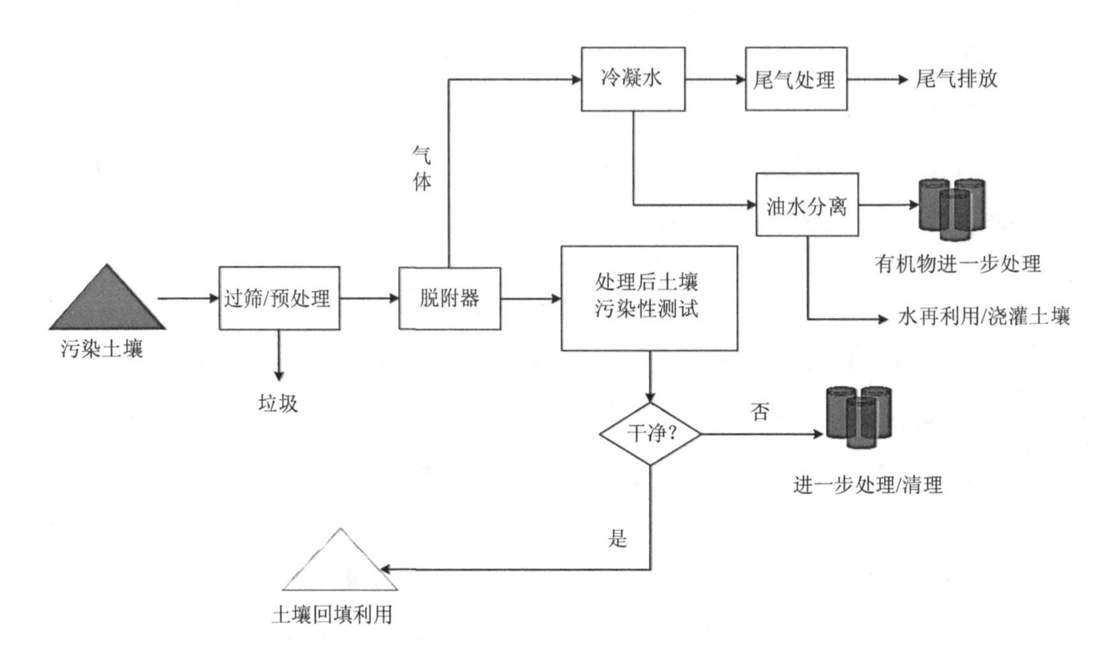

图 4-4 土壤热脱附修复技术的处理工艺流程

（1）修复过程中的环境影响及潜在风险

针对异位修复，污染土壤开挖、运输和暂存环节是二次污染防治的重点环节，在操作过程中，防止污染扩散非常重要。当修复工程作业时，应设置明显隔离的作业区，污染土壤清除、修复处理工作应在相应的区域内进行，并配备相关设备除污工具。污染土壤开挖、运输过程中的环境污染控制措施，应依场地特性与污染范围，制定适当的预防性措施。

开挖时应制定防止污染物扩散措施，减少污染物扩散，已开挖的污染土壤，应覆盖苫布防止污染物渗透和产生扬尘。操作全程应备有吸附剂、泵或其他设备，便于立即清理散（滴）落物。准备储桶或其他容器，放置在作业区的重要位置，供迅速清理散（滴）落物的进出道路。开挖作业区周围应构筑地面分水渠，以控制径流，开挖区下坡处构筑储流池，围堵产生的污染径流。

贮存与处理污染土壤的作业区域，应安装建设隔离带，在暂存区域应防止形成水坑。暂存时应避免不兼容废弃物的任意混合，避免在建筑物附近或封闭地区内储存爆炸物或反应性废弃物。当使用临时蓄水池来贮存污染废水或废液时，在蓄水池用完后应挖除受污染土壤。长期贮存或因场址状况（如场址地质属易渗透区），蓄水池应铺设隔水材料，避免污染物泄（渗）漏扩散。设备除污区域地表应硬化，除污废水应妥善收集、处理。

污染土壤加热脱附过程中尾气处理系统排出的废气及废水，可能对环境中空气及水质造成影响。当操作加热脱附系统时，需特别注意尾气处理系统的运行情况。污染土壤在脱附炉中产生的气体，经由末端空气污染治理措施处理后排放，应满足相关的排放标准。污染土壤进行加热脱附时，所产生的气体经尾气处理设备转化为液体，或者经过湿式洗涤塔所产生的废水，在进入后端废水处理单元处理后，排放至地面水体。针对废水处理设备的处理能力或废水中所含的污染物质，应进行抽样监测，确保修复后的废水达到修复目标，以及外排到地表的水体满足相关的排放标准。

土壤热脱附修复系统运行过程中可能产生的潜在风险及保护措施如表 4-13 所示，环境监理应针对表中所列关键环节，对潜在风险保护措施的落实情况及效果进行监理。

表 4-13 土壤热脱附修复系统运行过程中可能产生的潜在风险及保护措施

潜在风险	可能的时机	可能的暴露风险	保护措施及个人防护装备
物理风险	热脱附系统	机械设备风险	妥善操作机械，人员应戴听力防护设备
	热脱附系统操作	直接接触	妥善穿戴防护及高温作业防护设备

潜在风险	可能的时机	可能的暴露风险	保护措施及个人防护装备
物理风险	热脱附系统点火，加热设备操作	火灾与爆炸	在含高浓度挥发性有机物污染情况下，应加强人员训练与紧急应变的能力、通风设备及机械防爆处理高温作业的能力
化学风险	已处理的污染土壤采样时，尾气处理系统对废气及废水采样时	衍生废弃物	在密闭系统中操作时，使用适当的个人防护装备

（2）修复效果与环境影响监测

评估土壤热脱附系统的成效与后续处理与处置的方式有关。如土壤热脱附法作为单一的整治技术，经处理后的土壤应符合土壤污染修复标准，若处理后土壤送填埋场，则应进行渗毒性浸出试验检测。监测详细内容包括监测项目、监测目的、监测对象、分析项目及监测频率等，如表 4-14 所示。

表 4-14　土壤热脱附修复过程监测

监测项目	热脱附修复系统	尾气处理系统	经处理土壤
监测目的	系统设备成效评估	避免对环境造成影响 处理设备成效评估	修复成果评估
监测对象	进料区污染土壤 热脱附处理器	尾气处理系统排出气体或微粒污染物 尾气处理系统	经处理土壤
分析项目	进料速度、进料土壤粒径及湿度、热脱附器系统温度	排出气体或微粒污染物的污染物项目检测 尾气处理系统相关操作参数如废气处理量、集尘气压降、产生废水的污染物含量	污染物项目（总量或毒性浸出浓度）
监测频率	每周 1 次	每月 1 次	每批次 1 次

4.4.4　土壤蒸汽抽提技术

土壤蒸汽抽提技术（soil vapor extraction，SVE）主要用于去除不饱和层（vadose zone）土壤中高挥发性污染物[8]。该技术利用真空泵抽除土壤中的气体，使土壤中的污染物产生挥发作用，将污染物由固相或液相转移为气相，并借由抽气井抽气，使污染区土壤产生负压，迫使污染物随土壤气体往抽气井方向移动而被抽出；被抽除的土壤气体可进行回收或经处理后排放。该技术在操作时，有时会在表面覆盖一层不透水布，以避免产生短流现象，并增加影响半径及处理效率。该技术原理如图 4-5 所示。

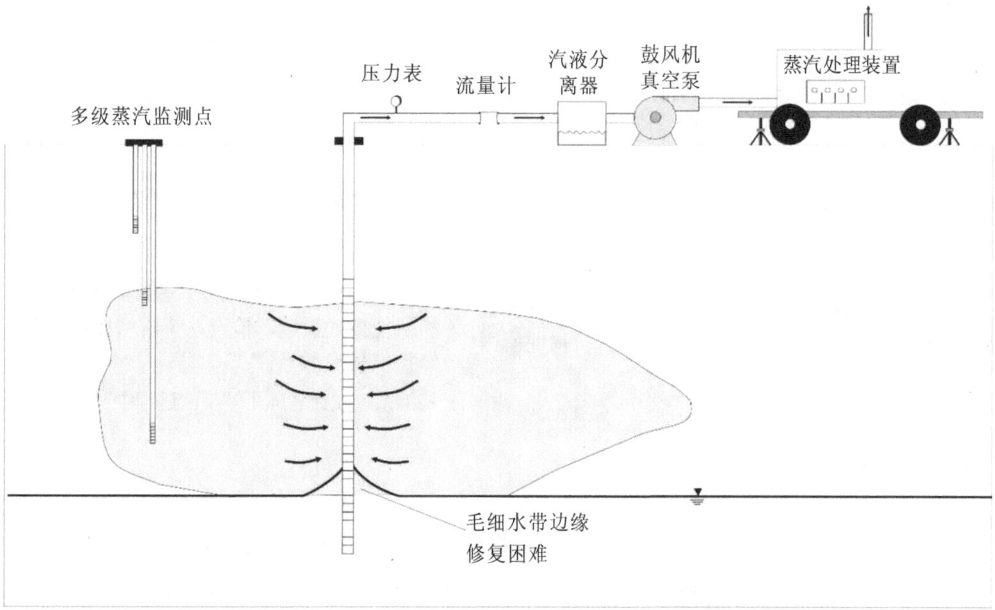

图 4-5　土壤蒸汽抽提技术原理

（资料来源：AFCEE，Section 1，Guidance on Soil Vapor Extraction Optimization，June 2001）

（1）环境影响与潜在风险

土壤蒸汽抽提技术对环境产生的影响主要在于尾气处理。如果尾气处理系统设计不当，可能会造成空气污染。此外，抽出的污染地下水也应经妥善处理后，再进行排放。土壤蒸汽抽提系统运行期间可能产生的潜在风险及保护措施见表 4-15。环境监理应针对表中所列关键环节，对潜在风险保护措施的落实情况及效果进行监理。

表 4-15　土壤蒸汽抽提系统运行期间可能产生的潜在风险及保护措施

潜在风险	可能的时机	可能的暴露风险	保护措施及个人防护装备
物理风险	抽气井或注气井设井时，特别是在钻机拆装钻杆的过程中	机械设备风险	• 妥善操作钻井与设井机械 • 建立伙伴制度
	抽气井在抽送可燃性气体或地面输气管线输送可燃性气体时，可能因设备装置不当，引燃火灾或爆炸	火灾与爆炸	• 在可燃性气体输送情况下，应加强人员的操作训练与紧急应变的能力 • 操作环境利用测爆器进行监测，当测值达到爆炸下限值的 10%时，应停止操作，进行适当处理
	当需进行控制盘内的配件或线路更新时	触电	• 当有任何工作需接触配电盘时，需停止运转并关闭电源，相关电气工作应由合格的电气工程师负责执行

潜在风险	可能的时机	可能的暴露风险	保护措施及个人防护装备
化学风险	污染生物降解产生的毒性中间污染物以气体存在时，可能累积于钻孔或系统中，在操作维护过程中，工作人员可能暴露于这些有毒气体的环境中	生物降解产物	• 抽气设置时，应考虑避免污染物扩散至地下室、地面与密闭空间中 • 当空气监测结果显示有异常时，应佩戴适当的呼吸器 • 修复系统设计者应了解修复过程中可能产生气体
	设井与操作维护过程中，工作人员的皮肤与呼吸系统可能暴露于现场所产生的粉尘与挥发性有机物中	粉尘与挥发性有机物的暴露	• 洒水以防止尘土飞扬 • 使用个人防护装备，如口罩或呼吸器 • 利用便携式检测器检查系统的密闭性，并实时修护气体逸散点 • 整治系统设计者应了解整治过程中可能产生气体

（2）修复效果及环境影响监测

土壤经蒸汽抽提操作一段时间后，污染物的去除速率将逐渐降低。但在停止操作一段时间后，土壤气体中的污染物浓度会再度上升，即反弹效应（reboundeffect）。如土壤气体监测发现浓度有回升现象时，表示在土壤气体监测井（或采样点）周围的污染土壤尚未被处理至修复标准。为防止土壤及地下水污染扩大，在修复设备停止操作一段期间后，应持续进行土壤气体监测，以评估土壤气体浓度是否有回升的现象。

评估土壤蒸汽抽提系统的成效，因系统设计的不同会有所差异，而正式运行期间，操作维护的效果也会影响修复成效。表 4-16 中所列效果监测，以本技术较常使用的共性项目为重点，包括抽气设备、治理设备、尾气排放设备等。监测目的包括相关系统设备成效评估、修复效果评估、环境影响及防止污染扩大。监测详细内容包括监测项目、监测目的、监测对象、分析项目、监测频率与备注，如表 4-16 所示。

表 4-16　土壤蒸汽抽提系统效果及环境影响监测

监测项目	抽气设备	土壤蒸汽抽提系统	尾气处理系统
监测目的	抽气设备成效评估	系统整治设备成效评估	尾气处理设备评估
监测对象	鼓风机或真空泵（入口前）	抽气设备、抽气井与监测井	排放口
分析项目	气体流量	压力（真空度）	有机气体浓度
监测频率	第一周每日至少测量 1 次，之后的第一个月每周至少测量 1 次；正式运转期间，每月至少测量 1 次	第一个月每周至少测量 1 次，每次持续 1～2 h，每 15 min 记录 1 次；正式运转期间，每月至少测量 1 次	便携式检测设备，第一周每日至少测量 1 次，之后的第一个月每周至少测量 1 次；正式运转期间，每月至少测量 1 次。试运行阶段至少进行 1 次实验室检测，正式运转期间每月或每季度至少测量 1 次

监测项目	抽气设备	土壤蒸汽抽提系统	尾气处理系统
备注	试运行阶段，应测量个别抽气井的气体流量。当气体流量有显著变化时，再测量个别抽气井的气体流量	试运行阶段，系统与监测井的监测频率应相同，并应测量个别抽气井的压力。当系统压力或监测井的压力有显著变化时，再测量个别抽气井的压力	利用便携式检测设备，如火焰离子化检测器（FID）或光离子检测器（PID）进行检测。应于试运行阶段，将采集气体样品送至实验室，针对特定污染物项目进行检测

4.4.5　土壤机械通风技术

土壤机械通风技术[9,10]是一种适合挥发性有机污染土壤修复的技术。该技术原理是在常温条件下（通常为室温），通过专用机械扰动土壤结构，使污染物从土壤颗粒中解吸至外部空间后再进行尾气处理。

国内自主研发的土壤机械通风工艺通常是将污染土壤挖掘后运至密闭的处置车间内堆置成一定体积规格的土垛后，通过定时地机械翻抛操作促进土壤中挥发性有机污染物的解吸和挥发。从土壤中分离出的 VOCs 气体污染物经过尾气处理系统（如活性炭吸附）进行处理后排放，不会对周边环境造成影响。修复终点为解吸车间内所处理土壤中目标污染物浓度达到修复目标值。该工艺关键设备和设施为解吸车间、翻抛机械、药剂混合设备（若必要）、引风机、通风管路及尾气处理系统。土壤机械通风基本工艺流程如图 4-6 所示。

土壤机械通风工艺的优点（与原位 SVE 技术比较）是克服了原位 SVE 技术的拖尾问题，处理效率高、周期短。其缺点是污染土壤的开挖、运输、临时贮存、待检堆放等环节增加了暴露机会，产生二次污染的风险加大、防控难度大；增加了挖掘和运输费用。土壤机械通风修复包括准备阶段、运行和维护阶段、收尾阶段。

（1）准备阶段

①开挖和运输环节——气体排放（关键环节）

开挖和运输阶段的风险源：开挖区基坑内污染气体的高浓度富集，对人体的健康安全造成风险，运输过程中由于密闭措施不当引起污染物向大气扩散，造成空气污染。运输过程中的遗撒问题、不同等级的防护措施不到位，存在人体健康风险。运输过程中由于密封措施不到位、遗撒等引起土壤中挥发性污染物向大气扩散，对周边人员和环境构成风险。

初步控制措施和解决方案：减小开挖面、形成负压区域、喷洒 VOCs 气味。

抑制剂等措施；按 VOCs 浓度监测结果划分人员防护等级；污染土挖掘过程中基坑防护和污染物、扬尘的有效控制；定期对现场清挖工作面上下风向、厂界进行大气监测；污染土运输过程中制定严密的环境保护措施。

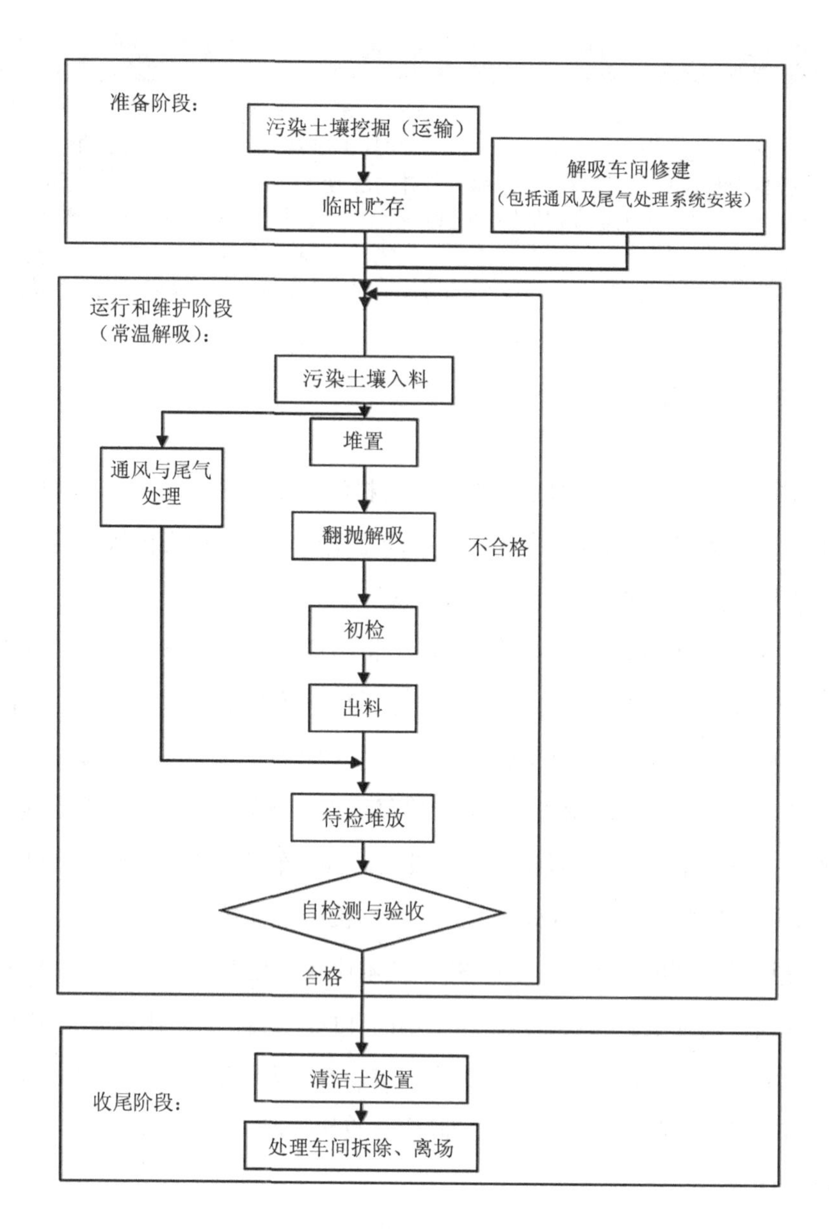

图 4-6　土壤机械通风基本工艺流程

②污染土壤的临时贮存

贮存过程中扬尘、VOCs 挥发的控制和土壤底部的防渗关系到周边人员和环境的安全。

③处理车间修建、设备安装环节

该环节主要风险源为因机械故障和人员操作失误的安全问题。

在步骤①和步骤②中，现场施工人员暴露于挥发性有毒气体的空间中，是土壤机械通风修复工艺准备阶段的重点风险防控节点，控制清挖工作面、基坑人员防护和人员远离堆放区的控制是关键。

（2）运行和维护阶段

①入料（前处理）：污染土壤从开挖现场或临时贮存区运至解吸车间内以及筛分等预处理、卸土过程中因通风措施和强度、防护等级不够等原因，操作工人具有健康安全风险。

②堆置：土壤机械通风工艺要求污染土壤以一定规格（如梯形截面）在处理车间堆放后进行机械扰动。因此，自污染土壤进入车间至翻抛期间，在车间相对密闭空间内必然富集挥发性有毒气体，而土壤本身的污染程度、通风的换气次数和排风量等参数决定了车间内污染气体的含量，人员由于防护措施不够或作业时间过长吸附材料失效等面临安全风险。

③机械翻抛解吸（关键环节）：利用翻抛设备对车间内土垛进行作业，由于作业时间较长，操作人员暴露于含有挥发性气体、粉尘、蒸汽的空间中，暴露途径主要为呼吸和皮肤接触等方式，因此人员健康安全是风险所在。另外，若夏季高温天气作业，车间内操作人员或取样监测人员则存在高温中暑的风险。

④通风及尾气处理（关键环节）：该工艺尾气处理的特点是低压大风量，因此，通风管路、排气管路和除尘器的气密性、活性炭的活性等因素关系通风效果和土壤处理效果，对人员和外界大气具有环境安全风险。通风过程全程监测车间内的污染气体的浓度，通过采取通风措施，避免达到爆炸极限，做好消防及防爆工作、严禁烟火。活性炭失效会导致尾气处理不达标，因此要控制作业时间，以减少暴露时间。

⑤出料：处理车间内完成一个批次的处理后污染土壤运出车间至待检堆存区。通过土壤采样自检，初步判断污染土壤达标，但修复车间内空间中仍有可能存在挥发性气体，因而操作人员因防护不到位面临一定程度的健康安全风险。

⑥待检堆放：待检堆放区土壤只有经过检测和验收合格后才能被认为是清洁土，因此，必须采取进行遮盖、标示等防护措施，因现场人员认识程度不够或扬尘，存在呼吸和皮肤接触的风险。

（3）收尾阶段

①清洁土处置（回填或他用）

污染土壤经检测验收达标后，清洁土在现场回填或运出场外做他用，对周边人员和环境的安全风险极小。

②竣工、车间和设备拆解、离场环节

竣工后处理车间和尾气处理系统拆解、离场环节的风险源主要是机械和人员安全风险。

4.4.6 土壤焚烧技术

土壤焚烧（soil incineration）技术是指直接以高温破坏受污染土壤、污泥与废液中的污染物，破坏去除效率可达 99.999%以上。焚烧技术是指利用高温氧化燃烧，将土壤中的污染物转变为安定的气体或物质的方法。土壤焚烧几乎可以把污染物完全破坏，但焚烧过程所产生的废气及灰渣都必须做进一步处理，以符合环保法规的要求，焚烧处理的流程如图 4-7 所示。焚烧设备可以移至污染场地进行处理，也可将污染土壤运到固定式焚烧设施进行处理。在各种污染土壤处理方法中，就兼具安定、无害、减量的效果而言，焚化处理是最佳的方法。焚烧法广泛应用于修复有机污染物污染土壤，包括挥发性有机物、半挥发性有机物、农药、溶剂、PCB、二噁英、石油烃类污染物的污染土壤等。

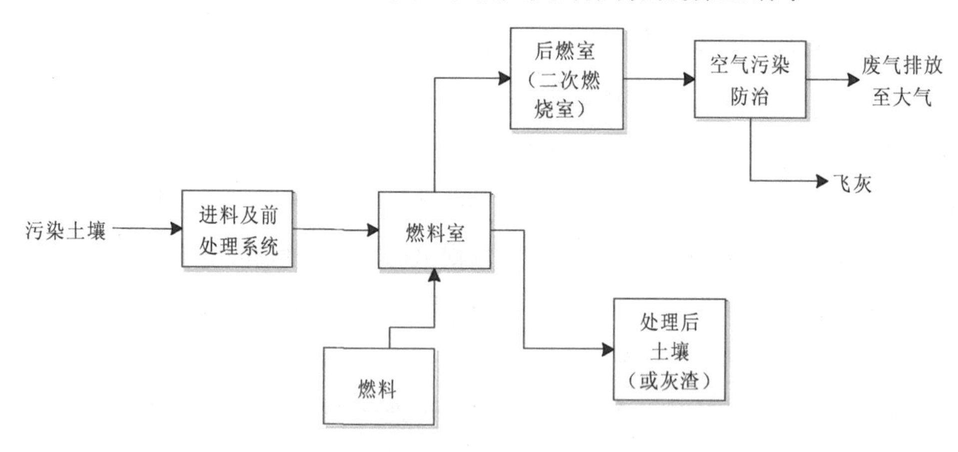

图 4-7 焚烧处理的流程

（1）环境影响与潜在风险

土壤焚烧技术在污染土壤挖掘与焚烧处理过程中，会对环境中空气造成影响，也有废水排放问题，如废水排放至地面未妥善处理会造成二次污染。污染土壤焚烧时所产生的气体，经尾气处理设备将其转化为液体，或者经过湿式洗涤塔所产生的废水，再进入后端废水处理单元处理后，排放至地表水体。针对废水处理设备的处理能力或废水中所含的污染物质，应进行抽样监测，确保修复后的废水达到修复目标，如外排到地表水体的废水应同时满足相关的排放标准。污染土壤在进入炉内焚烧时所产生的气体，经末端空气污染治理设施处理后，废气经烟囱排至大气中。废气中污染物含量应符合相关的排放标准。

土壤焚烧技术实施过程中的潜在风险及保护措施见表 4-17，可概括为物理风险及化学风险。环境监理应针对该表中所列关键环节，对潜在风险保护措施的落实情况及效果进行监理。

表 4-17 土壤焚烧技术实施过程中的潜在风险及保护措施

潜在风险	可能的时机	可能的暴露风险	保护措施及个人防护装备
物理风险	污染土壤开挖时	机械设备风险	• 妥善操作大型开挖机械 • 人员在操作机械附近，应戴听力防护设备
	输送污染土壤时	输送设备风险	• 输送带或传动轴应设置箱盖
	挥发性有机物污染，在破碎与粉碎时、洗涤剂蒸馏回收时、焚烧能源添加/使用时	火灾与爆炸	• 含高浓度挥发性有机物污染的情况下，应加强操作人员的训练与紧急应变的能力 • 蒸馏设备设置泄压阀与警报系统
	当需进行控制盘内的配件或线路更新时	触电	• 当工作需接触配电盘时，需停止设备运转并关闭电源才可进行，相关电气工作应由合格的电气工程师负责执行
化学风险	工作人员可能会暴露于尾气处理单元泄散或挥发环境中废水处理时	尾气处理单元 衍生废弃物与污泥等	• 安装监测系统及防漏预警机制 • 当在密闭系统中操作时，使用适当的呼吸防护装备

（2）修复效果与环境影响监测

焚烧处理系统的效率会依据不同种类的加热系统有所差异。监测对象包括污染土壤处理效果与二次污染防治处理设备等；监测目的包括相关系统设备效果评估、修复效果评估、避免对环境造成影响与防止污染扩大的监测工作等；监测详细内容包括监测项目、监测目的、监测对象、分析项目及监测频率，见表 4-18。

表 4-18 土壤焚烧系统运行过程监测

监测项目	土壤整治系统	废水处理系统	尾气处理系统	经处理土壤或衍生废弃物
监测目的	系统设备成效评估	避免对环境造成影响 处理设备成效评估	避免对环境造成影响 处理设备成效评估	修复效果评估
监测对象	进料区的污染土壤	排放或回流废水	尾气单元	干净土壤 污泥或衍生废弃物
分析项目	进料速度、土壤基质、处理粒径、污染浓度	废水流量、pH、污染物项目	烟道排放检测、底灰检测	污染物项目（总量或浸出毒性检测）
监测频率	每周 1 次	每月 1 次	每周 1 次	每批次或每吨 1 次

4.4.7 土壤生物修复技术

土壤生物修复技术是指由人工添加、植入或利用自然发生的过程，通过微生物或细菌将污染物降解或转移成较低毒性或无毒性的形态，以此降低污染物的浓度[11-14]。该技术具有成本低、修复费用较为经济的特点，但整治期程一般偏长。

（1）环境影响与潜在危害

土壤生物修复技术在污染土壤清挖、运输、暂存环节可能产生的环境影响与其他污染土壤异位修复技术相似。在 4.4.3 节中对上述环节可能产生的环境影响有详细描述，请参照相关内容。该技术在污染土壤翻转与通气处理过程中，可能对环境空气造成影响，因此建议采用可控制环境条件的密闭式负压厂房或设施，以隔绝并降低对周边自然环境的影响。同时，应根据相关环保法规，定期对场地环境条件进行监测与分析，以掌控场地环境条件的动态，并评估其影响。

土壤生物修复技术实施过程中可能产生的潜在风险如表 4-19 所示，可概括为物理风险及化学风险。环境监理应针对表中所列关键环节，对潜在风险保护措施的落实情况及效果进行监理。

（2）修复效果与防止污染扩散监测

监测对象包括修复期间处理厂房的基本参数（土壤 pH、湿度、营养物质-碳源/氮源）、VOCs 处理设备的空气及环境温度等。其监测目的包括效果评估、作业环境控制与调整、修复过程产生的环境影响及防止污染扩散转移等。此外，应监测影响微生物活性的重要指标，包括溶解氧、pH、温度、电导率、碱度、氧化还原电位、二氧化碳、甲烷、硝酸盐、亚硝酸盐、硫酸盐、亚硫酸盐、铁及锰等，并通过这些指标判定自然生物处理是否可继续进行。监测的详细内容包括监测项目、监测目的、监测对象、分析项目及监测频率，如表 4-20 所示。

表 4-19 土壤生物修复技术实施过程中可能产生的潜在风险及保护措施

潜在风险	可能的时机	可能的暴露风险	保护措施及个人防护装备
物理风险	污染土壤翻转时	机械设备风险	• 妥善操作机械设备 • 人员应戴听力防护设备
	采集污染土壤时	直接接触	• 妥善佩戴相应的防护及呼吸面罩
	高浓度挥发性污染，翻转生物处理时	火灾与爆炸	• 含高浓度挥发性有机污染物情况下，应加强人员训练与紧急应变的能力 • 配置通风设备 • 机械防爆处理
化学风险	工作人员暴露于溢散或挥发的作业环境中	营养物质添加	• 在密闭系统中设置适当的通风设备并使用适当的呼吸防护装备
	除污时	衍生废弃物、污泥等	• 当在密闭系统中操作时，使用适当的个人防护装备

表 4-20　土壤生物修复效果及环境影响监测

监测项目	密闭处理系统	通风处理系统	周边环境监测系统	经处理土壤或衍生废弃物
监测目的	控制作业环境	避免对环境造成影响	避免对环境造成影响	修复成果评估
监测对象	密闭循环条件 处理土壤条件	通风系统尾气	周边环境	干净土壤、污泥或衍生废弃物
分析项目	温度、湿度、土壤、pH、营养物质	空气及污染物项目	空气及污染物项目	污染物项目总量或毒性浸出实验
监测频率	每月 1 次	每季度 1 次	每季度 1 次	每批次或每吨 1 次

4.4.8　地下水抽出处理技术

地下水抽出处理（pump & treat）技术是最常用的地下水修复技术之一。地下水抽出处理技术是指经由抽水井或抽水渠（drain）等抽出系统，将污染地下水抽出至地表进行处理。抽出系统于操作过程会形成一个捕捉区（capture zone），可将经过捕捉区的污染地下水抽出。地下水抽出处理法原理及捕捉区概念分别如图 4-8、图 4-9 所示。本项技术简单、处理成本较为经济、技术门槛较低，为最常用的地下水修复技术。

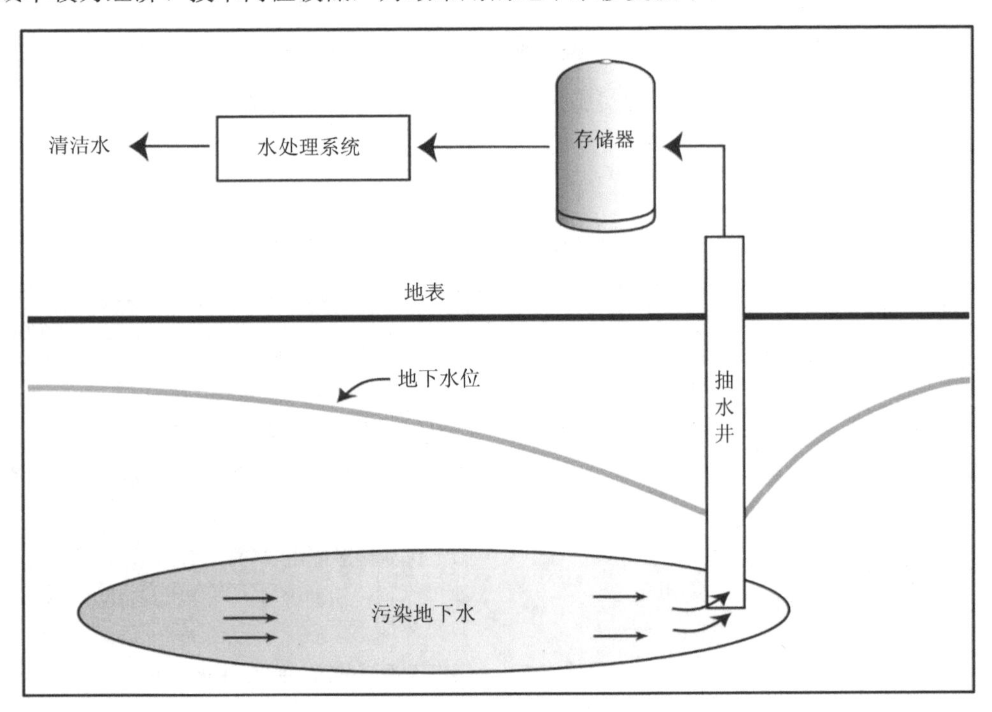

图 4-8　地下水抽出处理法原理

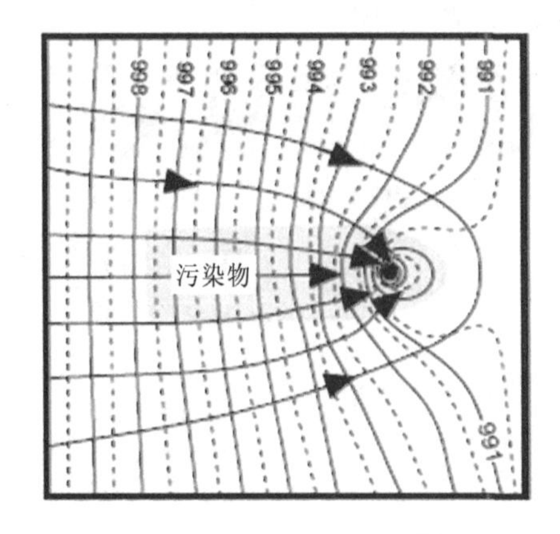

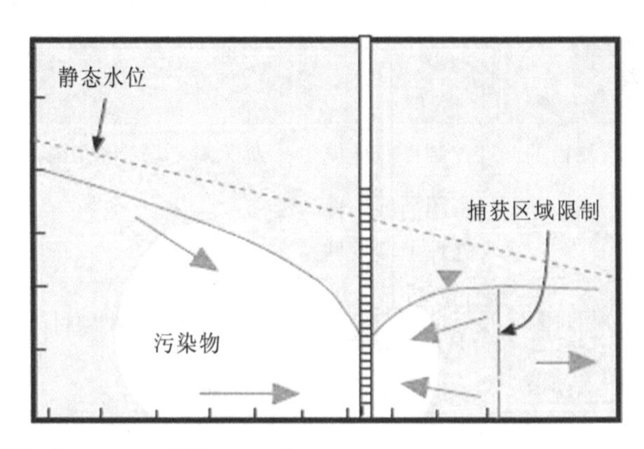

图 4-9 地下水抽出处理法的捕捉区概念

（资料来源：USEPA，Design Guidelines for Conventional Pump-and-Treat Systems，Section2，EPA 540-S-97-504，September 1997）

(1) 环境影响与潜在危害

在地下水含水层中抽水可能造成地层扰动，因此必须在规划井网的设计抽水参数下，遵照设计操作参数操作，以避免水力负荷过大，造成地层坍陷的风险。在地表设置水处理单元部分，依据不同的地面废水处理设备，必须在处理能力范围内操作。抽出污染地下水处理后排放时，应同时满足地下水修复目标和相关的排放标准。在地下水抽出处理系统运行过程中，主要潜在风险为人体可能暴露或接触污染地下水，同时可能造成其他物理风险和化学风险，见表 4-21。修复工程实施过程中应对风险保护措施的落实情况和风险防范效果进行监理。

表 4-21 地下水抽出处理过程中可能产生的潜在风险及保护措施

潜在风险	可能的时机	可能暴露风险	保护措施及个人防护装备
物理风险	设置地下水抽水井或抽水渠等抽取系统	机械设备风险	• 妥善操作大型钻井机具 • 人员在操作机械附近，应戴听力防护设备
	系统运转中	火灾与爆炸	• 在含高浓度挥发性有机物污染情况下，应加强操作人员的训练与紧急应变的能力
	当需进行控制盘内的配件或线路更新时	触电	• 当工作需接触配电盘时，需停止运转并关闭电源才可进行，相关电气工作应由合格的电气工程师负责执行
化学风险	系统进行维护作业时	接触污染地下水	• 操作人员应戴防护手套并佩戴防护口罩
	废水处理时	衍生废弃物与污泥等	• 在密闭系统中操作时，使用适当的个人防护装备

（2）修复效果与污染物扩散监测

监测的目的主要是测定地下水抽出处理系统的有效性及其效率，以了解设计的抽出系统是否可以达到水力控制或污染修复的目的。一般而言，成效监测包含：①测量水头压力，确认地下水抽出处理系统产生的水力梯度，可以阻止溶解于地下水中的污染物质迁移到阻隔边界外；②地下水水质监测，确认污染浓度分布状况随着时间及空间的变化，显示出一致的状况（如在水力控制区域内无更多污染物质流出或增加污染总量）；③污染监测活动，包括结合数个系统的水头压力监测、地下水采样与分析、示踪剂（tracer）监测以及抽水速率测量等。

修复过程监测计划是一个完整污染修复计划的重要内容。修复成效监测必须随时依据场地污染现况或概念模型修正等信息，进行适度的更新及改进，以正确掌握地下水抽出处理的功效。成效监测详细内容包括监测项目、监测目的、监测对象、分析项目及监测频率等，见表 4-22。

表 4-22　地下水抽出处理修复成效监测

监测项目	抽水系统	水力控制范围	地下水水质监测
监测目的	设备调整至优化	确认水力控制的捕捉区域	评估系统修复成效，评估处理系统处理成效
监测对象	流量计	抽水区域的地下水下游方向监测井	监测井，处理系统的排放口
分析项目	瞬间流量、总流量	水位高程	监测井：pH、电导率、温度、溶解氧、氧化还原电位、污染物项目处理系统排放口：污染物项目
监测频率	第一周每日至少测量 1 次，之后的第一个月每周至少测量 1 次。正式运转期间，每月至少测量 1 次	水位计：系统运行前一个月及运行后两个月每日至少测量 1 次，之后的每个月每周至少测量 1 次	监测井：地下水污染物项目定期（如每月或每季度）采样 1 次，送实验室检测 处理系统排放口：污染物项目，定期（如每月）采样 1 次
备注	试运行阶段应每日测量地下水位，以评估系统运行造成水位下降的状况	在修复系统运行前一个月开始进行背景水位监测。应建立长期水位观测记录，以观察系统运行与季节性变化及其他可能的抽水来源	在修复系统运行期间进行 监测井：pH、电导率、温度、溶解氧、氧化还原电位、污染物项目

4.4.9　地下水空气注入技术

地下水空气注入（air sparging，AS）技术是利用压力将空气或氧气注入地下水中，产生气泡，促使含水层（饱和层）的地下水污染物溶出，并挥发至气相进入透气层（不饱和层）中。为有效控制气相污染物的流动，通常会结合土壤蒸汽抽提法，将气体抽至地面处理达标后排放。由于本技术必须注入空气或氧气，增加地下水溶氧量及不饱和层气体氧气浓度，促进污染物被好氧微生物降解。此外，在注入空气中加入营养盐，则可促进含氯有机物（如三氯乙烯）被共代谢微生物降解。因此，本技术去除污染物的机制为高挥发性有机物以挥发为主，低挥发性有机物则以生物降解为主。地下水空气注入技术整治系统原理如图 4-10 所示。

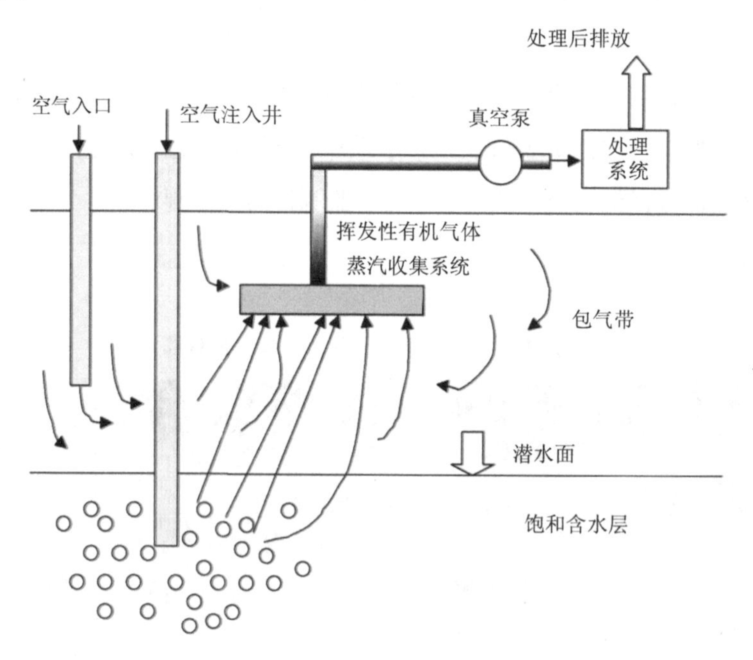

图 4-10　地下水空气注入技术整治系统原理

（1）环境影响与潜在危害

当场地有下列情形时，宜避免采用本技术或设置防止土壤及地下水污染扩散的相关措施，如制订监测计划或采用土壤蒸汽抽提设备。①如场地地质透气性不佳，气体垂直传输可能因被阻断而向侧向移动，使得污染物不易被抽除而向外扩散；②对于非均质性的地质，且透气性差地层在透气性好地层的上方时，使用本技术可能造成污染带范围扩大；③当自由相 DNAPL 未完全被移除或控制时，注气可能使 DNAPL 四处移动，并远离注气的区域；④注气所产生的污染气体，如未经妥善控制，则可能扩散到邻近的地下水、结构物或管渠中，造成污染范围扩大。

地下水空气注入技术注气作用可能造成地下含水层的扰动，因此应严格遵照设计操作参数操作。修复系统如安装土壤蒸汽抽提设备，抽除气体排放应符合相关大气污染防治的要求。

地下水空气注入技术修复污染地下水过程中可能存在的潜在风险包括物理风险与化学风险，见表 4-23。修复实施过程中需要对关键风险环节的保护措施及防护效果进行监理。

表 4-23　地下水空气注入技术的潜在风险及保护措施

潜在风险	可能的时机	可能的暴露风险	保护措施及个人防护装备
物理风险	中空螺旋钻设井过程中，当遇可燃性气体异常累积或高浓度可燃性气体的状况时，可能因金属钻杆或钻头碰撞金属或石头产生火花，造成井内起火燃烧的情形	火灾与爆炸	• 妥善操作钻井与设井机具，加强操作人员的训练与紧急应变的能力 • 设置消防设备或准备灭火器
	当抽气井或注气井设井时，特别是在钻机拆装钻杆的过程中	机械设备风险	• 妥善操作钻井与设井机具，建立伙伴制度
	当需进行控制盘内的配件或线路更新时	触电	• 当工作需接触配电盘时，需停止运转并关闭电源才可进行，相关电气工作应由合格的电气工程师负责执行
化学风险	设井过程中，工作人员可能接触到土壤中的挥发性有机物、粉尘或重金属，或者洗井过程中，吸入、食入或皮肤接触到污染物	污染物	• 设井过程中，应适当洒水防止扬尘，依据工作特性，使用适当的口罩或呼吸器，给工作人员提供适当的个人防护设备
	系统操作过程中，工作人员可能因吸入、食入或皮肤接触途径，而暴露于挥发性有机物、二氧化碳、生物降解有机物的环境中	化学物质与副产物	• 使用适当的通风设备，工作人员穿戴适当的个人防护设备检查封闭管路，废气处理设备排放管高度应高于工作人员的呼吸高度
	注气井可能造成挥发性有机物的移动，而进入地下构造物中，如地下室或污水管渠。挥发性有机物如具有毒性或可燃性，可能造成人员化学性暴露、火灾或爆炸	挥发性有机物的移动	• 设计人员应决定系统的压力范围，并安装警报系统，避免过压的情形发生 • 定期检测地下室或其他区域的挥发性有机物浓度，以了解其是否超过警戒值 • 提供训练，使工作人员了解挥发性有机物可能扩散的模式

（2）修复效果与环境影响监测

地下水注入法修复效果评价的最佳时机为系统在关闭一段时间后，监测地块的地下水污染物浓度，确认污染地下水的改善情况。在本技术操作运行期间，也需进行监测，方能将系统的修复效果调整至最优状态。当本技术与土壤蒸汽抽提法配合使用时，监测项目应包括注入压力与真空压力、地下水位、空气流量、地下水溶解氧及污染物浓度、抽除气体或土壤蒸汽中的氧气、二氧化碳、目标污染物及降解中间产物等。监测详细内容包括监测项目、监测目的、监测对象、分析项目及监测频率，见表 4-24。

表 4-24　地下水空气注入法/土壤蒸汽抽提法修复过程监测

监测项目	注气、抽气设备	尾气处理系统	空气注入系统（修复后）
监测目的	设备调整至优化	尾气处理设备评估	评估系统修复成效
监测对象	注气井、抽气井、歧管、鼓风机、排放管	排放口	监测井
分析项目	注入压、真空压、气体流量	有机气体浓度	污染物项目、土气浓度、溶解氧、氧化还原电位、pH、生物降解产物如 CO_2、水位
监测频率	第一周每日至少测量 1 次，之后的第一个月每周至少测量 1 次。正式运行期间，每月至少测量 1 次	便携式检测设备，第一周每日至少测量 1 次，之后的第一个月每周至少测量 1 次；正式运行期间，每月至少测量 1 次 试运行阶段至少进行 1 次实验室检测，正式运行期间每月或每季测量 1 次	地下水污染物项目：定期（如每月或每季）采样，送实验室进行分析
备注	试运行阶段，应测量个别注气井、抽气井、歧管、鼓风机、排放管的压力、气体流量，并同时测量监测井，以评估有效处理范围 试运行阶段应每日测量地下水位，以评估注气造成水位波动的状况	利用便携式检测设备，如火焰离子化检测器（FID）或光离子检测器（PID）进行检测 应于试运行阶段采集气体样品送至实验室，针对特定污染物项目进行检测	修复系统完全关闭后。土气浓度、溶解氧、氧化还原电位、pH 与地下水位在现场进行检测

4.4.10　地下水原位氧化还原技术

原位化学氧化法（in-situ chemical oxidation，ISCO）是指将化学氧化剂注入土壤或地下水环境，透过氧化剂与污染物产生的化学反应，使污染物降低其质量、降解或转化成低毒、低移动性产物的一种修复技术[15]。同样地，原位化学还原法（in-situ chemical reduction，ISCR）也可以将还原剂注入土壤或地下水环境中，使污染物质经还原进行降解。

原位化学氧化法不需要将污染土壤挖除或将污染地下水抽除，而是在污染区域（污染带）中设置不同深度的注入井，再利用泵加压，将化学氧化剂通过井注入地下环境中，氧化剂与污染物混合、反应，使土壤与地下水中的污染物破坏、分解成无毒无害的物质，理想状况下，可转化成二氧化碳、水与无机盐类，但也可能产生有毒的中间副产物。为了缩短修复周期，通常会利用一个井注入化学氧化剂，另一个井将污染地下水抽除出来，并且设置氧化剂循环再利用设备。本技术的原理如图 4-11 所示。

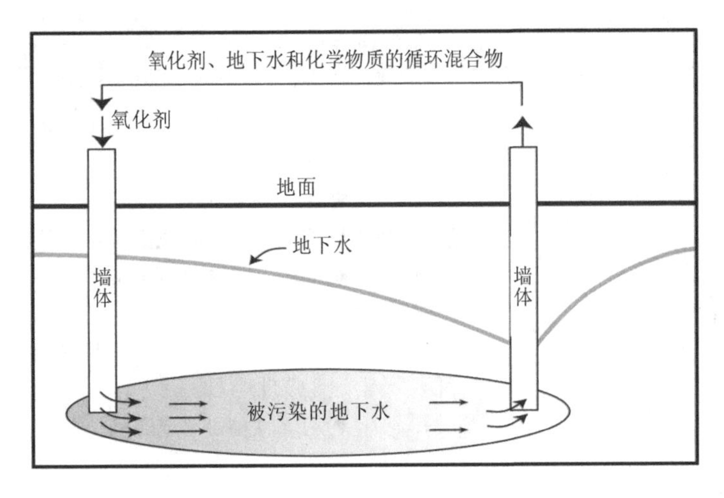

图 4-11　地下水原位氧化还原技术的原理

（资料来源：USEPA，ACitizen's Guideto Chemical Oxidation，April 2001）

（1）环境影响与潜在危害

当地下水空气注入技术与土壤蒸汽抽提法联合使用时，应注意尾气处理，如果尾气处理设置不当，可能造成空气污染，也可能污染地下水，应妥善处理达标后再排放。该技术修复实施过程的潜在风险包括物理风险和化学风险两大类，详见表 4-25，修复实施过程中应对相应的风险环节及保护措施进行监理。

表 4-25　修复实施过程中可能产生的潜在风险及保护措施

潜在风险	可能的时机	可能的暴露风险	保护措施及个人防护装备
物理风险	某些反应性氧化剂与污染物不兼容可能会造成火灾、系统过度加压、环境排放或爆炸	氧化剂与污染物不兼容性	● 加强人员有关运作特定化学品的训练与紧急应变的能力 ● 使用适当的液体输送设备 ● 使用自动警报系统 ● 执行适当的化学品贮存与运作程序 ● 提供贮存有害化学品的桶槽 ● 适当的围堵设施
	不适当的运作化学品可能会导致系统产生高热或高压，并造成不可控制的化学反应、火灾或爆炸	化学反应	● 加强人员贮存与运作化学品程序的训练与紧急应变的能力 ● 监测氧化剂注入过程与特定时间点的系统温度 ● 提供紧急冲眼/冲洗器
	当操作人员或设备破坏电线或于潮湿的区域接触电力设备可能会造成感电	感电	● 加强人员贮存与运作化学品程序的训练与紧急应变的能力 ● 使用加装防止感电设备的电力系统 ● 相关电气工作应由合格的电气工程师负责执行

潜在风险	可能的时机	可能的暴露风险	保护措施及个人防护装备
化学风险	工作人员可能接触到反应性的化学氧化剂。不适当的贮存方式可能会产生衍生危险的化学反应或于贮存区域产生高热/高压甚至火灾、爆炸。工作人员的皮肤与呼吸系统可能与化学氧化剂或其副产品直接接触	化学氧化剂的使用、贮存、接触与兼容性	● 提供化学品储槽与管线适当的标示、分隔与防溢装置 ● 建立伙伴制度 ● 确保工作人员佩戴适当的个人防护具 ● 加强人员有关运作特定化学品的训练与紧急应变的能力 ● 预先参考物质安全数据表（MSDS）并确认氧化剂的兼容性 ● 使系统能足够地通风

（2）修复效果与环境影响监测

原位化学氧化法修复完成后，即使大量污染物质被清理，目标污染物浓度在降低后可能会再上升，可能的原因包括：原位化学氧化法会增加土壤的渗透性，导致污染物在土壤孔隙间的对流与扩散能力增加，而进入地下水；此外，土壤有机质的氧化也可将吸附相的污染物释放出来，溶解于地下水。当地下水污染物浓度达到新的平衡时，必须进行第二次（或更多次）氧化剂的注入工作。因此，采用原位化学氧化法时，应设置适当的地下水监测井网与长期的监测计划，以充分掌握地下水水质状况，防止地下水污染扩大。监测计划包括修复过程监测、后续监测与验证监测。

修复过程监测（process monitoring）可视为修复前、修复过程中与刚完成修复时的质量控制措施，其目的在于确认注入的浓度、剂量、流速与影响半径等。部分氧化剂则需同时监测注入井中的温度与压力变化，也可视为安全卫生作业环境监测的一部分。修复前，建立场地的基线数据；修复过程中，观测污染物被破坏、分解、释放与移动的情形。一般而言，修复过程监测或成效监测较修复完成后的后续监测与验证监测所需的频率高。

修复过程一般监测项目通常应包括以下内容：目标污染物、氧化剂（现场检测工具）、重金属、主要离子（钠、钾、钙、镁、铁）、硝酸盐、硫酸盐与氯离子、总硬度、氧化还原电位（现场检测工具）、pH（现场检测工具）、温度（现场检测工具）、电导率（现场检测工具）。

后续监测与验证监测（post-treatment and closure monitoring）旨在确认修复工作是否符合预期的目标。在进行后续监测与验证监测前，可通过温度、氧化剂残留状况的变化，了解地下环境在氧化剂注入一段时间后，氧化剂是否完成反应，达到平衡与稳定状况。验证监测建议在地下环境的氧化剂完全反应后，并达稳定状况时，每季度监测1次，并至少持续监测 1 a，当目标污染物浓度无回升现象后，则修复终止。如目标污染物浓度连续两季有回升的现象，则在饱和土壤中可能有污染物存在，造成溶解相污染物浓度上升。

4.4.11　地下水渗透性反应墙修复技术

原位渗透性反应墙（in-situ permeable reactive barrier，PRB）为较新颖的修复技术。渗透性反应墙是指在污染地块地下建造一个永久性、半永久性或可替代的单元，在单元中置入反应材料，并使污染地下水流经此处理单元。反应墙可设置在污染带边缘的下游当作一个阻隔系统，以防止污染带的迁移超过原先预期的程度。在渗透性反应墙内可能包含某些物质，以利用物理、化学或生物的处理程序处理污染物，当污染带随地下水通过反应墙时，反应墙中的反应物质会对污染物产生生物性或非生物性的降解，使污染物被分解成较无害的副产物，进而阻止污染物穿过污染场区边界或切断污染带来源，再由自然衰减过程，局限污染带。本技术的原理如图 4-12 所示。

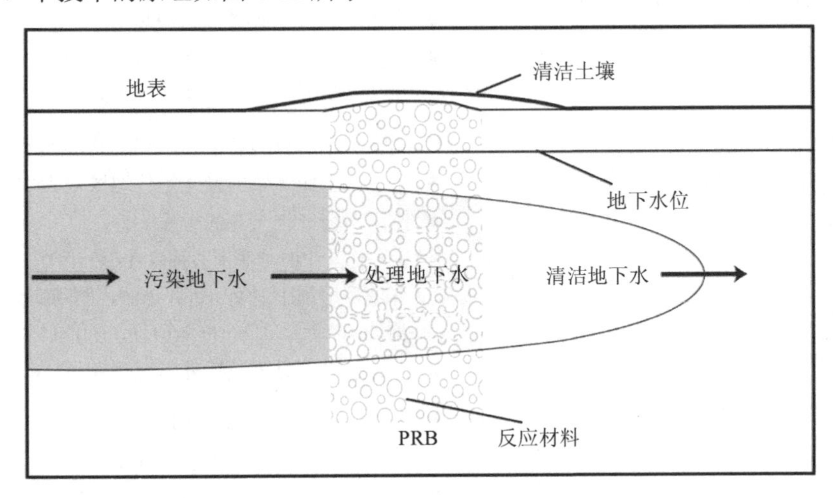

图 4-12　地下水渗透性反应墙修复技术的原理

此技术可有效隔绝污染物，经由使用不同的材料，可用于修复不同类型的有机或无机污染物，且其所需用到的机械系统非常少，甚至不需要，因此可减少长时间操作及维修成本而降低修复费用。本技术最大的优势在于采用地下水自然流过的方法，无须消耗能源，且无须将地下水抽出，无废水处理问题，但必须考虑监测费用及系统使用期限问题。

（1）环境影响与潜在危害

开挖及建设反应墙所产生的污染土壤，无论是在开挖过程还是在场地暂存时，都可能会有高度的风险存在，对人体造成皮肤接触或吸入的健康风险，也可能在扬尘、径流等自然作用下对周围地表水或其他环境敏感受体造成威胁，因此，必须制定相应的措施降低开挖工程对环境的影响。开挖及装置反应墙可能会造成场地水文传输性改变，导致污染物无法流过反应墙。因此，开挖后回填注入反应物时应控制其溶度及密度。此外，在隔水漏斗反应墙系统需建造不透水墙，以引导污染带迁移至高渗透性反应门（high permeability reactive gate）。建造时需注意不透水墙的接缝有无因置入时遭损坏，可导致污染物泄漏以及造成反应墙功能受损。地下水渗透性反应墙技术修复实施过程可能产生的潜在风险及保护措施见表 4-26，修复工程实施过程中应对相关内容实施监理。

表 4-26 地下水渗透性反应墙技术修复实施过程可能产生的潜在风险及保护措施

潜在风险	可能的时机	可能的暴露风险	保护措施及个人防护装备
物理风险	在装置桩板墙过程中，工作人员可能因重型机具而受伤或死亡	机具设备风险	● 重型机具上安装备用警报器以警告工作人员 ● 当靠近机具时，确保于机具前方或是操作者视线范围内移动 ● 确保工作人员佩戴听力护具 ● 加强相关人员有关潜在危害以及操作重型机具的相关安全训练
物理风险	当挖掘受爆炸性或可燃性物质污染的土壤时，可能因机械的金属组件碰撞金属或石头产生火花，造成起火燃烧的情形。另外，若挖掘过程中毁坏地底的电线或是气体管线，也可能造成起火、爆炸或感电	火灾与爆炸	● 加强相关人员的训练与紧急应变的能力 ● 在开挖工作开始前预先定位地底电力设施位置 ● 使用不会产生火花的金属元件 ● 于工作区定时喷洒水或泡沫灭火剂以防止蒸汽自燃。作业环境利用测爆器进行监测，如测值达到爆炸下限值的 10%时，宜停止操作，并进行气体逸散操作 ● 当升起机具时，配置外围观测人员
	当工作人员进入挖掘区时，可能会暴露于危险中，如挖掘墙倒塌等危险。淹水可能导致溺水或感电（有使用电力设施时）	开挖沟漕墙倒塌/淹水	● 于潮湿的工作环境中穿救生衣 ● 使开挖墙的坡度至少离墙缘 1 500 cm ● 避免工作人员进入不稳定的开挖环境中 ● 于开挖周界至少每 25 ft 提供 1 个紧急出口 ● 加强相关人员的训练与紧急应变的能力 ● 提供良好的通风设备并在必要时采用进入局限空间的相关规定 ● 在进入前先测试沟槽内空气污染度及氧气含量
	当于不稳定的土地操作重型机具时，可能会造成地面沉陷，并因此造成操作者受伤	不稳定的土壤状况	● 预先评估场址的土壤状况 ● 避免工作人员进入不稳定的开挖环境中 ● 仅容许受过良好训练的人员操作机具
	工作人员可能与电相关的设备接触，暴露于危险中造成严重伤亡	触电	● 于设计时间确认上方电缆位置 ● 确保所有吊货器具离电缆至少 10 ft 远
化学风险	在开挖过程中，工作人员的皮肤与呼吸系统可能暴露于含挥发性有机物或粉尘的环境中	污染风险	● 确保工作人员使用个人防护装备，佩戴口罩或呼吸器 ● 加强相关人员的训练与紧急应变的能力 ● 洒水以免尘土飞扬 ● 检测土壤是否含有高反应性、易燃或腐蚀性

（2）地下水修复效果及环境影响监测

监测是渗透性反应墙非常重要的一环，即使施工完成，只要还存在污染物，该系统就必须进行长期监测。根据监测系统的功能类别，其可分成合格性监测（compliance monitoring）及操作性监测（performance monitoring）。

合格性监测包括地下水达标监测及成效监测。达标监测是指位于污染区内的目标污染物有无超过修复标准。在设计监测系统时，监测的数目应视场地及修复系统而定，同时应确认污染地下水不会从阻隔墙及反应墙的上、下或左、右流动至下游。监测井的设置应与反应墙保持足够的距离，太近造成代表性不足，太远导致必须耗费较长时间才能判定反应墙的效果。监测内容通常包含一般地下水水质监测，如 pH、验性度、电导率、目标污染物及反应中间产物等。

操作性监测侧重反应墙系统本身，以了解操作与设计间的差距。而该监测应由场地调查开始，便于修复期间有效地比较修复前后地下水质的差异。反应墙的成效监测需要包含物理性质、化学性质及矿物性的监测参数，监测参数应能够检测反应墙处理能力丧失、透水性降低、污染物在反应区停留时间以及短路或者反应墙渗漏等情形。另外，除了监测污染物及地下水质量以外，污染物降解物、水文条件及地球化学指标参数也应同时监测。因此，掌握目标污染物的转化、降解或者在反应区固化的运作模式，是解译成效监测数据的重点。

4.4.12　地下水原位生物修复技术

地下水原位生物修复技术（in-situ bioremediation）是自然界反应过程，通过碳源（电子受体）及微生物有机降解过程，去除或降低污染物的毒性，或者转成无毒性的形态，以达到修复成果，所以微生物的特性是关键因素。微生物包括单细胞与多细胞生物，常见的菌种有细菌、真菌、光合成微生物和微小虫类等。根据能量来源，细菌可分为光合成菌（phototrophs）、异营菌（heterotrophs）及化学自营菌（chemoautotrophic bacteria）等。有些细菌可同时以有机物及无机物为其营养盐，可处理污染物。另外，在生物修复中，异营菌为主要降解有机污染物的菌种，光合成菌常应用于处理土壤重金属污染物或降低污染物毒性。生物修复技术具有破坏性较低，修复费用较经济等优点。本技术技术原理如图 4-13 所示。

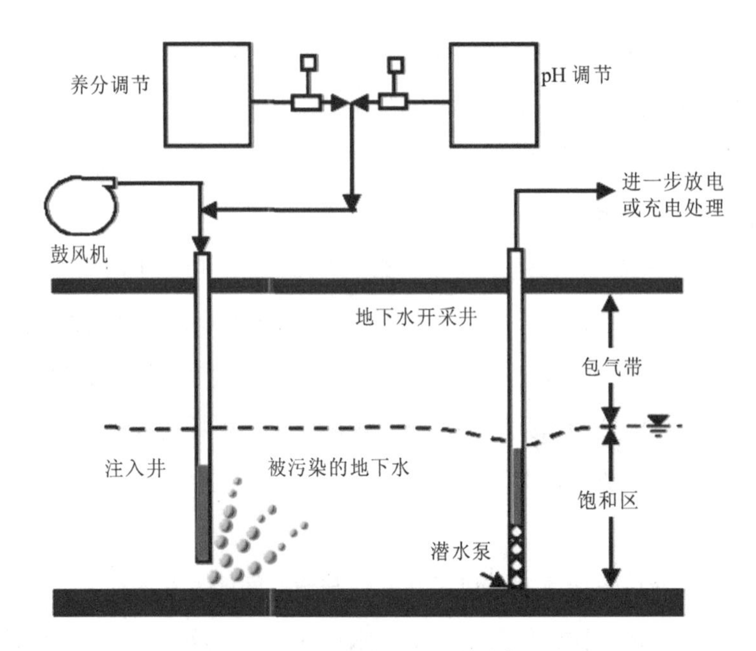

图 4-13 地下水原位生物修复技术原理

(1) 环境影响与潜在危害

在地下水原位生物修复技术修复过程中，环境影响主要在于地下水水质状况，如厌氧环境产生的水质恶臭，目标污染物降解过程会产生中间衍生物造成地下水污染，上述影响都应持续监测并采取适当措施处理。地下水原位生物修复技术潜在风险分为两类，分别是物理风险及化学风险。在物理性风险上可能的暴露风险，大致包括机械设备风险、火灾与爆炸、触电 3 大类；化学风险为生物降解产物。详细内容如表 4-27 所示。

表 4-27 地下水原位生物修复可能产生的潜在风险及保护措施

潜在风险	可能的时机	可能的暴露风险	保护措施及个人防护装备
物理风险	注入井/监测井设井时，特别是在钻机拆装钻杆的过程中，最终产物甲烷可能因浓度偏高，或者设备装置不当，引燃火灾或爆炸	机械设备风险、火灾与爆炸	• 妥善操作钻井与设井机械，建立伙伴制度，在可燃性气体输送的情况下，应加强人员的操作训练与紧急应变的能力
	当需进行控制盘内的配件或线路更新时	触电	• 当有工作需接触配电盘时，则停止运转并关闭电源才可进行，相关电气工应由合格的电气工程师负责执行
化学风险	DNAPL 生物降解所产生的毒性中间污染物，如当四氯乙烯生物降解时，可能产生三氯乙烯和氯乙烯，当氯乙烯以气体形态存在时，可能累积于钻孔或系统中，在操作维护过程中，工作人员可能暴露于这些有毒气体的环境中	生物降解产物	• 空气监测结果显示有异常时，应佩戴适当的呼吸器 • 整治系统设计者应了解整治过程中可能产生气体

(2)修复效果及环境影响监测

评估原位生物修复系统的成效，因系统设计的不同会有所差异，但在正式运行修复期间，操作维护修复系统是影响修复效果的关键。本节所列的效果监测主要列出了生物修复技术通用监测项目；监测对象包括注入井/监测井、修复药剂注入设备、废水处理排放设备等，监测目的包括相关系统设备的运行效率评估、修复效果评价、污染扩散及环境影响监测等。监测项目、监测目的、监测对象、分析项目及监测频率等详细信息如表 4-28 所示。

表 4-28　地下水原位生物修复效果及环境影响监测

监测项目	注入井（污染源）	监测井群	废水处理系统
监测目的	整治成效评估	周界环境成效评估	处理设备评估
监测对象	鼓风机或真空泵（入口前）	监测井	排放口
分析项目	主要污染物/衍生物	主要污染物/衍生物	主要污染物/衍生物
监测频率	第一周每日至少测量 1 次，之后的第一个月每周至少测量 1 次。正式运转期间，每月至少测量 1 次	第一个月每周至少测量 1 次，每次持续 1～2 h，每 15 min 记录 1 次。正式运转期间，每月至少测量 1 次	实验室检测，试车阶段，至少检测 1 次，正式运转期间每月或每季度测量 1 次
备注	试车阶段，应检测水质 环境特性分析，避免抑制地层中微生物/细菌活化的效率	试车阶段，应检测水质。环境特性分析，避免抑制地层中微生物/细菌活化的效率	应于试车阶段，采集气体样品送至实验室，针对特定 DNAPL 污染物项目进行检测

4.4.13　物理阻隔技术

物理阻隔是安装于污染介质周围的地下沟渠、地墙或地膜所组成的垂直阻隔系统，有时亦与地表生态覆盖系统相结合。垂直阻隔系统主要有两方面的功能：①把污染介质或污染物隔离起来，防止污染物横向或侧向迁移、扩散；②改变局部的地下水流模式，减少、阻止以及避免污染土壤与地下水的相互接触。阻隔系统的适用环境主要考虑阻隔系统材质与污染物之间的化学兼容性。由于阻隔处理成本较高，一般作为长期或永久性设施。阻隔处理的成效与所需成本主要取决于污染物的性质与污染程度、地质与水文条件、是否结合地表覆盖系统以及其他水力措施。

(1)阻隔可能产生的环境影响与潜在危害

开挖产生的受污染土壤无论是在开挖过程还是在场址暂置时，都可能有高度的风险存在，可能通过人体的皮肤接触或吸入产生健康风险，污染物也可在由径流和扬尘途径威胁周边地表水或其他环境敏感受体，因此应设置适当的措施减低开挖工程对环境的冲击。围堵的潜在风险及保护措施如表 4-29 所示。

表 4-29 围堵的潜在风险及保护措施

潜在风险	可能的时机	可能的暴露风险	保护措施及个人防护装备
物理风险	在开挖土壤过程中，工作人员可能因重型机械而受伤或死亡。此类重型机械也会产生严重的噪声问题	机械设备风险	• 在重型机械上安装备用警报器以警告工作人员。当靠近机械时，确保于机械前方或是操作者视线范围内移动 • 确保工作人员佩戴听力保护具 •加强相关人员有关潜在危害以及操作重型机械的相关安全训练
物理风险	在泥浆墙的施工过程中，若不慎碰撞地下的电线、气体管线、下水道等，可能造成起火、爆炸或是感电的情形；施工过程中，若不慎碰撞到构造物的地基，可能导致机械突然被迫停止，并造成严重的机械相关危害	设备或地下构造物	• 加强相关人员有关在地下构造物附近施工的必要训练 • 加强相关人员于重大灾害发生时的紧急应变相关训练，包括急救与隔离程序 • 在开挖工作开始前预先定位地下电力设施的位置
	重型机械于陡坡或不稳定的土地上可能会翻覆或滑落，造成操作人员严重受伤 装满回填土的卡车可能会陷在沟渠中无法移动	重型机械风险	• 设计可使重型机械翻覆的可能性减到最小的坡度 • 确保工作人员穿有适当颜色标线的工作背心 • 使用配有防止翻覆设备的重型机械，并避免于陡坡或不稳定的土地上操作 • 加强相关人员有关潜在危害以及操作重型机械的相关安全训练
化学风险	在开挖过程中，工作人员的皮肤与呼吸系统可能暴露于含挥发性有机物、粉尘或土壤皂土混合物中的游离二氧化硅的环境中。眼睛也可能会间接接触到这些物质	泥浆/污染	• 确保工作人员使用个人防护装备，如口罩或呼吸器 • 加强相关人员的训练与紧急应变的能力 • 洒水以免尘土飞扬 • 在土壤混合的过程中避免过度搅动 • 检测土壤是否含有高反应性、易燃或腐蚀性物质

（2）地下水阻隔系统效果监测

地下水阻隔系统效果监测标准见表 4-30。

表 4-30 地下水阻隔系统效果监测标准

项目	标准
地下水水质	地下水下游至少设置 3 口监测井
地下水位	阻隔系统内外设置水压计

4.5 案例示范一：某金属加工污染场地修复项目环境监理方案

4.5.1 修复工程概况

（1）项目背景

项目场地原址为一家轻金属加工企业，该企业于 2013 年下半年完成搬迁，遗留场地规划为商业用地。

2013 年 12 月至 2014 年 3 月，建设单位委托相关单位对该遗留场地开展了场地环境初步调查、详细调查和风险评估工作。结果表明，场地部分区域土壤或地下水中污染物浓度超过风险可接受水平，需要进行修复。与此同时，建设单位委托相关单位对该污染场地编制土壤地下水修复技术方案，并于 2014 年 8 月至 2015 年 3 月开展修复工程。

针对该场地污染土壤和地下水修复工程，建设单位委托某市环境科学研究院（以下简称研究院）对该修复工程开展环境监理工作。

（2）修复工程基本情况

① 修复范围和方量

根据修复技术方案，该场地污染土壤和地下水修复范围包括 4 个区域，土壤修复方量为 800 m^3，地下水修复面积为 2 520 m^2，见表 4-31、表 4-32。

表 4-31　污染土壤修复方量信息

修复区域	修复面积/m^2	污染深度/m	污染土方量/m^3
区域一	85	4	340
区域二	80	2	160
区域三	100	2	200
区域四	50	2	100
土方量总计			800

表 4-32　污染地下水修复范围信息

修复区域	修复面积/m^2	修复深度/m
区域一	1 500	4
区域二	900	
区域三	50	
区域四	70	5
地下水修复面积总计	2 520	—

② 修复模式和修复技术

该场地污染土壤采用现场异位高级氧化的模式开展修复，修复达标后的土壤回填处置。

该场地污染地下水采用多相抽提和原位注入化学氧化的技术组合开展修复，抽提出的地下水修复达标后纳管排放处置。

③ 修复工程大事记

2014 年 8 月底，施工方完成污染土壤修复，并向环境监理机构提交土壤修复验收监测报验申请表，环境监理根据工程实施情况，认为土壤修复过程符合设计方案要求，具备验收监测条件，并由第三方验收监测单位开展验收监测。

2015 年 1 月中旬，施工方完成污染地下水修复，并向环境监理机构提交地下水修复验收监测报验申请表，环境监理机构根据工程实施情况，认为地下水修复过程符合设计方案要求，具备验收监测条件，并由第三方验收监测单位开展验收监测。

2015 年 2 月初，施工方根据第三方验收监测机构出具的监测报告，对修复工程进行效果评估，并编制完成竣工验收报告，环境监理机构在认真审阅竣工报告后，认为该修复工程具备竣工条件。

（3）修复工程场地环境状况

根据前期场地调查及健康风险评估结果，该场地部分区域土壤与地下水中污染物浓度超过风险可接受水平，具体如下。

该场地土壤中超过风险可接受水平的污染物包括 TPH、邻苯二甲酸二（2-乙基己酯）、苯并[*a*]芘。

该场地地下水中超过风险可接受水平的污染物包括萘、苯并[*a*]芘、苯并[*a*]蒽、TPH。

（4）修复工程周边环境敏感点及区域环境概况

环境监理机构在修复工程实施前对周边区域进行踏勘，识别周边环境敏感点，具体如下。

东部：厂区原址东边紧邻大片农田。

南部：场地南部为一条河浜，并有部分居民住宅。

西部：场地西部为一个经济工业小区，此外还有一些其他企业。

北部：场地北部有部分小型商业网点、住宅区和幼儿园。

在修复工程实施过程中，环境监理机构应对各环节进行严格监督，避免修复过程对上述环境敏感点产生影响。

4.5.2　修复工程产生的环境影响及环境保护要求

（1）修复工程产生的环境影响

①水。由于该场地 4 个土壤修复区域的挖掘深度在 4～5 m，因此在土壤挖掘环节，可能会产生较多的基坑积水。应对该积水开展监测，达标后抽提排放。

在土壤异位处理环节，为保证土壤与药剂搅拌后保持适宜的含水率，施工方将向土壤中喷洒一定量的水，环境监理机构应监督该过程，避免该喷洒水从土壤中渗出外流造成二次污染。

环境监理机构应监督污染地下水的抽提、地面处理及排放环节。

②土。挖掘出的污染土壤在短驳过程中可能发生跑、冒、滴、漏，造成二次污染。在地下水注入/抽提井安装过程中，会产生少量废弃土壤，该土壤可集中收集纳入污染土壤修复工程中。

③气。在地下水注入/抽提井安装过程中，可能产生有机污染气体；在土壤挖掘和异位氧化处理过程中，可能产生有机污染气体；环境监理机构采用便携式 VOCs 测定仪器在各修复区域开展现场快速检测，避免 VOCs 挥发造成二次污染。

④噪声。在地下水注入/抽提井安装过程中，钻机工作过程会产生噪声。环境监理机构应监督钻机工作过程，并避免夜间施工。

⑤废渣。在地下水抽提后地面处理环节，将产生废弃活性炭，为确保不造成二次污染，该废弃活性炭应作为危险废物进行处置。环境监理机构应监督该废物的处置过程。

（2）环境保护要求

①环境保护目标。该场地土壤中各污染物的修复目标值等同于健康风险评估工作中确定的风险控制值，如表 4-33 所示。

表 4-33　污染土壤修复目标值

污染物	修复目标值/（mg/kg）
TPH	1 512
邻苯二甲酸二（2-乙基己酯）	92.57
苯并[*a*]芘	0.36

该场地地下水中各污染物的原位修复目标值等同于健康风险评估中确定的风险控制值，如表 4-34 所示。抽提后地面处理的地下水质量应满足《污水综合排放标准》（GB 8978—1996）以及《污水排入城市下水道水质标准》（CJ 3082—99）。

表 4-34 地下水修复目标值

单位：μg/L

污染物	原位修复目标	抽出地下水修复目标	
		污水综合排放标准	污水排入城市下水道水质标准
萘	3	NA	—
苯并[*a*]芘	0.03	0.03	NA
苯并[*a*]蒽	0.2	NA	—
TPH	2 110		20 000
COD	—	—	500 000

②环境保护设施与二次污染控制措施。

● 该场地污染土壤修复工程采用的设备或设施包括挖掘机、土壤筛分破碎斗、土壤混合搅拌斗等。

● 该场地污染地下水修复工程采用的设备或设施包括真空泵、压力泵、移动式地下水地面处理集成设备，该集成设备包括气水分离单元、油水分离单元以及活性炭吸附单元。

● 在土壤异位处理前，施工单位在场地原有厂房中设置修复实施区域，并在修复实施区域底部铺设 HDPE 防渗膜，各防渗膜采用焊接的方式进行拼接。

● 针对修复工程中产生的废水或基坑积水，施工方设置两座 20 t 的临时储罐，并将废水或积水抽提至储罐中，同时送检，检测结果达标后，纳管排放。

● 对于地下水地面处理过程中产生的废弃活性炭，施工单位委托上海市具有危险废物运输及经营资质的单位进行运输和最终处置，同时环境监理对其危险废物转运单据及相关证明进行监督和审核。

③污染物控制与排放要求。该污染场地修复工程涉及的排放主要为地下水抽提处理后的纳管排放。该场地地下水抽提处理后的环境质量应满足《污水综合排放标准》（GB 8978—1996）、《污水排入城市下水道水质标准》（CJ 3082—99）。

4.5.3 环境监理工作依据、工作目标与工作范围

（1）工作依据

本次环境监理工作的主要依据包括以下几方面。

① 场地相关资料

● 该污染场地环境调查报告；

● 该污染场地健康风险评估报告；

● 该污染场地土壤与地下水修复技术方案；

● 该污染场地土壤与地下水修复工程实施方案。

② 国家和地方相关法律法规、标准规范

- 《中华人民共和国环境保护法》（1989 年）；
- 《中华人民共和国水污染防治法》（2008 年）；
- 《中华人民共和国固体废物污染环境防治法》（2005 年）；
- 《危险化学品安全管理条例》（2002 年）；
- 《关于保障工业企业及市政场地再开发利用环境安全的管理办法》（沪环保防〔2014〕188 号）；
- 《建设工程监理规范》（GB/T 50319—2013）；
- 《建设工程项目管理规范》（GB/T 50326—2006）。

（2）工作目标

在该污染地块土壤与地下水修复工程环境监理工作中，采用科学的方法，综合考虑污染土壤和地下水修复工程各个阶段的环境监理需求，以科学的态度开展修复工程的全过程环境监理，并秉持公正性原则，按环境标准和技术要求开展工作，同时本着服务建设单位的原则，为其提供咨询服务，协助建设单位落实修复工程的具体要求，以使修复工程达到预期的修复目标，并避免修复过程发生二次污染和扩散。

（3）工作范围

环境监理单位对该场地污染土壤和地下水修复实施全过程开展现场监督，重点关注修复实施过程与修复方案的相符性以及修复过程的二次污染防控情况，确保该修复工程达到预期目标，并不对周边环境产生影响。

4.5.4 环境监理工作程序与工作内容

（1）环境监理工作程序

本污染地块修复工程环境监理工作程序如图 4-14 所示。

环境监理工作程序关键点。

①环境监理单位对污染场地现场进行踏勘，并收集相关技术资料和管理类资料，在与建设单位签订环境监理合同后，尽快组建环境监理机构，确定环境监理组织形式和人员；

②编制环境监理方案，总体布置环境监理工作，在技术方案分析和施工方案审核的基础上，编制环境监理实施细则，明确环境监理要点和其他具体事项；

③根据上述工作，在施工单位进场当天，安排监理人员进驻现场开展修复工程环境监理工作；

④现场环境监理工作主要包括对主体修复工程、二次污染控制措施和污染事故应急措施的监督和检查；

⑤对发现的问题向施工单位提出整改意见，并监督施工单位的整改工作；

⑥在上述工作的基础上，在修复工程完成后，编制修复工程环境监理总结报告；

⑦参加修复工程竣工验收监测工作。

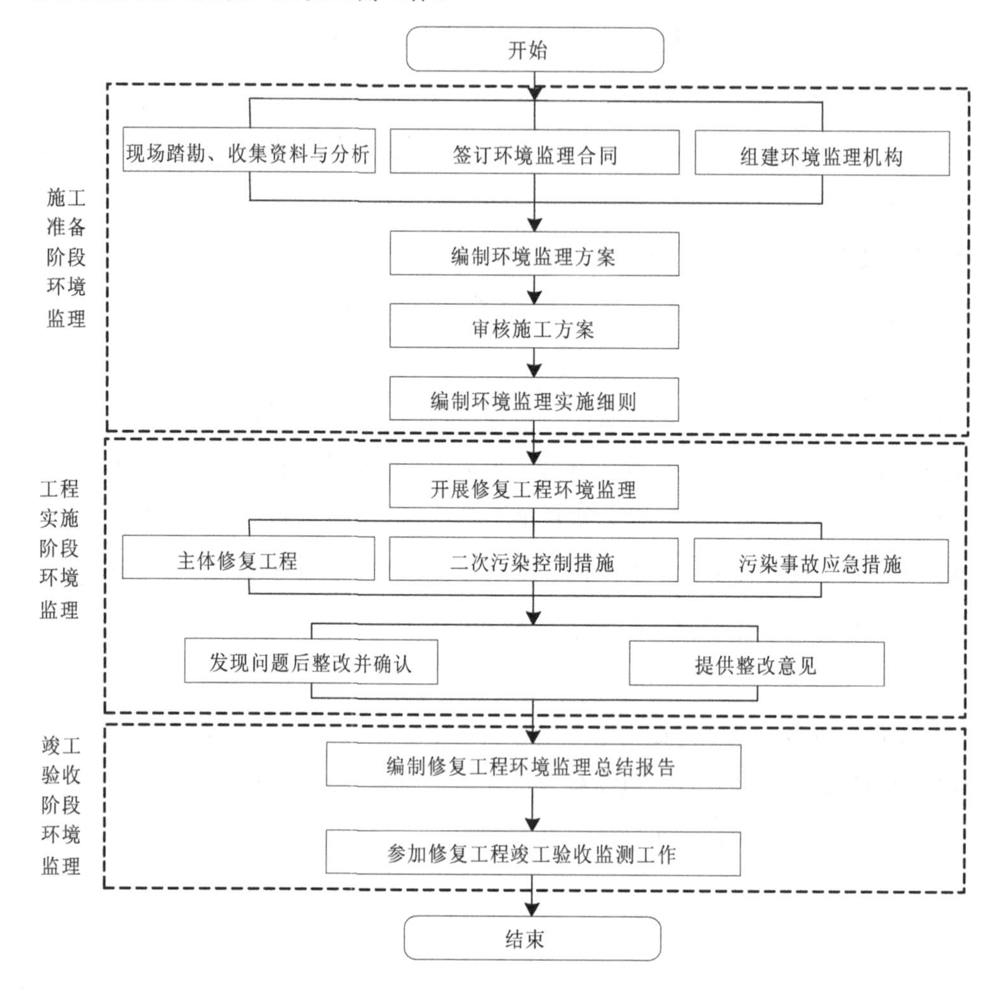

图 4-14 本污染地块修复工程环境监理工作程序

（2）环境监理工作内容

①施工准备阶段环境监理

● 资料收集与分析。收集和分析场地调查、风险评估和污染场地修复技术方案等技术资料，收集相关法律法规和技术规范。

● 现场踏勘。环境监理人员现场考察污染场地现状，重点关注场地施工条件和周边环境敏感区域。

● 组建环境监理机构。

● 审核施工方案。重点审核修复工程规模、总平面布置、施工工艺、修复设备和配套二次污染防控措施与修复方案的相符性。审核环境污染事故应急预案。

● 编制环境监理实施细则。根据环境监理方案的要求，结合修复工程特点，编制污染场地修复工程环境监理实施细则。

②工程实施阶段环境监理

● 主体修复工程环境监理。根据污染场地修复技术方案对土壤挖掘、短驳、预处理和处理等工程内容以及地下水多相抽提、异位处理和地下水原位处理等工程内容开展监理。

● 二次污染控制措施环境监理。根据污染场地修复技术方案识别二次污染控制要点，以旁站、巡查等方式开展环境监理。

● 污染事故应急措施环境监理。检查污染事故应急措施的落实情况。

③竣工验收阶段环境监理

● 参加修复工程竣工验收监测工作。环境监理机构协助建设单位进行修复工程竣工验收工作，并提供环境监理总结报告及工程相关档案文件。

● 编制修复工程环境监理总结报告。

4.5.5　环境监理工作要点

（1）污染土壤修复环境监理要点及要求

根据该污染场地修复技术方案，需对该场地 4 个区域的污染土壤进行修复，修复量共计 800 m^3，拟采用现场异位模式进行修复，主要工作环节包括土壤挖掘、土壤短驳及暂存、土壤预处理（筛分、破碎、理化性质调节）、土壤修复处理（药剂布料、土壤混合搅拌）、土壤养护和回填等。针对上述污染土壤修复工作关键环节进行如下环境监理要点识别。

①土壤挖掘

● 放样范围检查

a. 环境监理机构对施工方的放样工作实施监督，确保放样范围和形状符合技术方案设计要求。

b. 施工方应在关键点位设置定位桩等标志。在施工过程中，施工方应对其加以保护，不得挪动或碰撞移位。

c. 在放样后，环境监理也要对这些措施的实施情况进行监督。

● 井点降水

a. 环境监理机构对抽提井布设过程实施监督，抽提出的地下水应按技术方案要求统一收集至现场新废水处理站或临时吨桶内。

b. 待检测达标后方可排入工业区污水管网。若不达标，可依托地下水修复系统的废水处理设施处理达标后纳管排放。

● 基坑挖掘

a. 对基坑挖掘过程实施监督，检查挖掘机械工作范围，避免交叉污染；

b. 检查基坑挖掘过程中积水情况，并监督积水抽提过程，根据技术方案要求，基坑积水与基坑降水抽提出的地下水处理方式一致；

c. 挖掘完成后，检查挖掘边界和范围是否符合技术方案要求；

d. 环境监理机构根据现场土壤污染情况进行判断，必要时扩大挖掘范围。

②土壤短驳及暂存

● 土壤短驳

a. 检查短驳车辆的密闭性，杜绝跑、冒、滴、漏；

b. 检查车辆运行路线，监督其按指定路线进行污染土壤的短驳。

● 土壤暂存

a. 监督土壤暂存区域构建情况，暂存区域底部应铺设防渗膜；

b. 在土壤暂存期间，检查污染土壤防雨措施的实施。

③土壤预处理

土壤预处理工作包括筛分、破碎和理化性质调节等。环境监理机构对这些工艺的实施进行监督，确保其符合技术方案要求。

④土壤修复处理

● 对药剂添加过程进行监督，检查药剂添加量和添加方式是否符合技术方案要求；

● 监督土壤混合搅拌过程，搅拌次数及达到的搅拌效果应满足技术方案要求。

⑤土壤养护和回填

● 监督处理后土壤养护过程；

● 监督修复达标后土壤短驳和回填过程。

（2）污染地下水修复环境监理要点及要求

根据该污染场地修复技术方案要求，需对该场地 4 个区域的污染地下水进行修复，拟采用多相抽提结合原位化学氧化技术进行修复，此外，针对上述基坑降水区域采用现场异位处理模式进行修复。现就污染地下水修复工作内容进行如下环境监理要点识别。

①修复区域放样

地下水修复区域放样环境监理工作与土壤修复区域放样一致。

②多相抽提

● 抽提井安装

a. 对抽提井安装过程实施监督，检查抽提井布设密度、位置、深度以及材质是否符合技术方案要求；

b. 检查打井过程中产生的固体废物、废水和废气排放情况，必要时开展环境监测。

● 抽提井运行

监督抽提井运行过程，重点检查管路的密封性。

● 地下水异位储存、处理和排放

a. 监督抽提出的地下水的去向，重点检查其储存桶或储存池的密封性；

b. 监督抽提出的地下水的监测采样，并及时了解监测结果，如地下水达标，应监督其排放过程，如地下水不达标，应监督其处理过程，直至达标排放。

③原位化学氧化

● 注入井的安装和改装

a. 对注入井的安装或改装过程实施监督，检查注入井布设密度、位置、深度以及材质是否符合技术方案要求；

b. 检查注入井安装或改装过程产生的固体废物、废水和废气排放情况，必要时开展环境监测。

● 注入系统运行

a. 监督注入系统运行过程，重点检查药剂添加比例、添加方式和注入速率是否符合技术方案要求；

b. 检查运行过程产生的废水情况，必要时开展环境监测。

（3）土壤地下水验收监测环境监理要点及要求

● 协助建设单位开展验收监测工作，对监测采样过程实施监督，重点检查验收监测采样频次、采样介质、采样点位和监测因子是否符合技术方案要求。

● 验收监测工作内容和要求最终应符合第三方验收监测机构编制的验收方案。

4.5.6 环境监理工作方式

（1）环境监理工作方法

在本修复工程环境监理工作中，研究院采用了如下环境监理方法。

①核查。依照相关法律法规和修复技术方案，研究院在修复工程各个阶段对修复工程的实施及二次污染措施的落实情况进行核实和检查。

②巡视。对修复工程施工现场进行定期或不定期的检查活动。

③旁站。对修复工程的关键部位或关键工序的施工质量实施监督。

④环境监理会议。

⑤监测。研究院对污染场地修复工程中可能形成的二次污染情况提出必要的监测建议，并监督监测过程。

⑥培训。针对污染场地修复工程实施过程中的非专业人员，研究院将开展必要的专业知识和技能培训。

⑦记录。就环境监理实施过程开展记录，主要记录文件包括环境监理日志、环境监理巡视记录和环境监理旁站记录。

⑧文件。针对该污染场地修复工程中的问题，采用环境监理联系单等文件形式进行修复工程的监督管理。

⑨跟踪检查。对于修复工程中存在问题的整改，监督施工单位执行，并跟踪检查。

⑩报告。针对污染土壤修复、地下水多相抽提和地下水原位化学氧化等工程关键阶段编制专题或阶段报告。

（2）环境监理工作制度

①工作记录制度。作为环境监理机构的重要基础性资料，工作记录主要包括环境监理日志、现场巡视和旁站记录、会议记录以及监测记录等，记录形式包括文字、数据、图表和影像等，所有记录均要求相应的环境监理人员签认。

②文件审核制度。该修复工程中需要进行重点审核的文件主要为施工组织设计或工程方案，该文件应经环境监理单位审核其与技术方案的相符性。

③报告制度。研究院将就修复工程环境监理工作编制专题或阶段报告，签字确认后报送建设单位。

④函件往来制度。对于修复工程中发现的问题，研究院将通过下发环境监理通知单等形式，通知建设单位采取纠正或处理措施。当情况紧急时可口头通知后，再以书面函件形式予以确认。建设单位及施工单位对施工现场问题处理结果的答复以及其他方面的问题，应致函给环境监理机构。

⑤会议制度。研究院将不定期组织建设单位和施工单位召开现场会议、专题会议。会议参加人员包括建设单位和施工单位负责人及相关人员。

⑥质量保证制度。为保证和控制环境监理的工作质量，研究院将严格按照国家及地方有关规定和监理方案及实施细则开展环境监理工作，并对工程期间发生的各种情况进行详细记录。

（3）环境监理组织机构及职责

①组织形式。污染场地修复项目环境监理工作人员组织结构如图 4-15 所示。

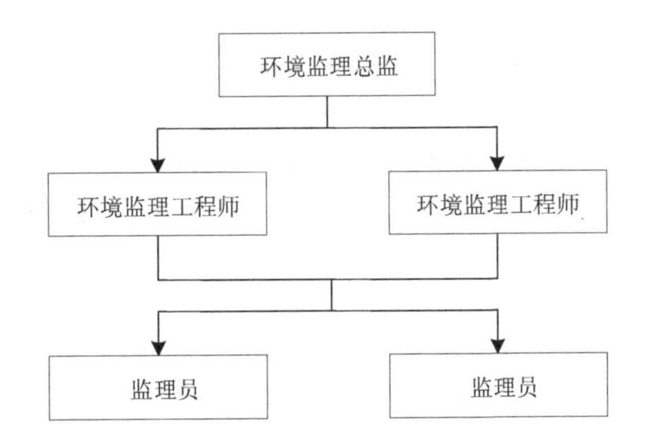

图 4-15　污染场地修复项目环境监理工作人员组织结构

②环境监理人员职责。

● 环境监理总监

a. 确定环境监理机构人员及其岗位职责；

b. 组织编制修复工程环境监理方案，审批环境监理实施细则；

c. 根据修复工程进展及环境监理工作情况调配环境监理人员，检查环境监理人员工作；

d. 对修复工程现场开展不定期巡查；

e. 主持环境监理工作会议，签发环境监理机构的相关文件和指令；

f. 审核施工单位提交的施工组织设计或工程方案、进度计划等文件；

g. 审核签署施工单位提交的环保相关工作的申请；

h. 主持或参加环境污染事故的调查；

i. 组织编写并签发环境监理定期报告、阶段报告、专题报告和环境监理总结报告；

j. 主持整理修复工程的环境监理资料。

● 环境监理工程师

a. 在环境监理总监的领导下，执行具体的环境监理任务；

b. 参与编制环境监理方案，负责编制修复工程环境监理实施细则；

c. 按照该修复工程方案和环境监理实施细则，对土壤异位修复、地下水多相抽提和地下水原位化学氧化过程实施旁站，对各关键工序进行检查和监督，做好工作记录；

d. 审查施工单位提交的涉及修复工程的计划、方案、申请，并向环境监理总监报告；

e. 定期向环境监理总监提交环境监理实施情况报告，对重大问题及时向环境监理总监汇报和请示；

f. 根据环境监理工作实施情况做好环境监理日志；

g. 负责环境监理资料的收集、汇总及整理，参与编写环境监理阶段报告、专题报告和环境监理工作总结报告。

● 监理员

a. 在环境监理工程师的指导下开展现场环境监理工作；

b. 检查施工单位投入修复工程的人力、材料、主要设备及其使用运行情况，并做好检查记录；

c. 复核或从施工现场直接获取修复工程计量的有关数据并签署原始凭证；

d. 对施工单位的修复工程工艺过程或施工工序进行检查和记录；

e. 担任旁站工作，若发现问题及时指出并向环境监理工程师报告；

f. 做好有关环境监理记录。

4.5.7 环境监理取得的成果

在接到建设单位的委托后，研究院于 2014 年 8 月组建专业环境监理队伍，建立了环境监理机构，在资料收集、审核和现场踏勘基础上编制了环境监理方案和实施细则。在修复工程施工期间，研究院通过主体修复工程环境监理、二次污染控制环境监理和污染事故应急环境监理 3 个方面推进本修复项目的环境监理工作。针对修复过程的各个关键环节，研究院开展了巡视、旁站、二次污染现场监测、函件往来等工作，严格落实修复过程环境监理。

在地下水抽提处理及排放、基坑积水和废水检测排放、噪声控制、场内修复废弃固体废物处置等方面，研究院提出意见和要求后施工单位积极响应，并较快落实二次污染防控措施。施工过程未发生二次污染情况，工程实施过程符合修复方案要求，并达到预期的修复目标。

4.5.8 环境监理工作经验及建议

（1）环境监理工作经验

①污染场地修复工程环境监理要点的筛选和识别是工程质量控制以及二次污染防控的先决条件。在开展修复工程环境监理工作前，环境监理机构与施工单位以及设计单位应进行充分的沟通及技术交底，以明确施工过程的关键环节，确定环境监理工作的重点。

②在修复工程实施期间，环境监理机构应与施工单位和建设单位通过函件或现场交流的方式保持密切的沟通，做到及时发现问题、解决问题，在杜绝二次污染的条件下，不影响施工进度。

③在修复工程实施前，施工单位有必要配合环境监理机构对现场实施人员进行专业知识培训和安全意识教育，且环境监理应监督施工过程中现场人员的个人防护措施的落实情况，避免施工过程中人员健康伤害情况的发生。

④在建设单位未委托工程监理的修复工程中，环境监理单位往往需履行部分工程监理的职责，如工程计量管理、工程进度管理等。

（2）建议

①逐步完善污染场地修复工程环境监理的有关制度，明确其法律地位，建立健全有关的法律法规、行业规范和标准。为规范环境监理人员行为，提高环境监理人员业务能力和素质，可开展相关培训，并设立持证上岗制度。

②建设单位在修复工程中应给予环境监理机构充分的支持和配合，并赋予其相应的权力，提高环境监理工作的实效性。

③环境监理工作应与验收监测工作有良好的衔接。建议在编制国家修复工程环境监理相关规范或导则时，明确环境监理机构在验收监测过程中的工作范围，避免两项工作发生冲突。

4.6 案例示范二：某焦化厂污染土壤治理修复工程环境监理方案

4.6.1 工程项目概况

（1）工程基本情况

工程基本情况见表 4-35。

表 4-35　工程基本情况

序号	内容	说明与要求
1	工程名称	焦化厂保障性住房地块污染土治理修复项目
2	建设单位	某市保障性住房建设投资中心
3	监理与验收单位	某市环境保护科学研究院、中国环境科学研究院、某环境修复有限公司、某工程项目管理公司
4	工程性质	污染土壤修复
5	污染土治理规模	占地面积 34.2 万 m^2 范围内的污染土壤开挖、修复，约 153 万 m^3，目标污染物主要为多环芳烃和苯等
6	工程质量	本工程边坡支护、土方等土建工程质量等级为合格。现场及修复后的土壤达到市环科院编制及在环保局备案的治理修复方案所确定的修复目标值，并通过市环保局验收
7	施工单位	某建设有限公司、某环境工程有限公司
8	工期要求及修复时间要求	全部区域内（东区+西区）污染土挖运及修复工期：约 730 日历天。计划 2013 年 5 月 1 日动工，于 2015 年 12 月 31 日前完成全部区域内的污染土挖运、修复与验收
9	监管单位	某市环境保护局

（2）项目地点

焦化厂保障性住房地块污染土治理修复项目位于某焦化厂厂址南部的综合开发区内，南至化工路，西至焦化厂西路，东、北分别至规划的城市支路，项目总用地约 34.2 万 m^2，其中建设用地约 26.2 万 m^2，道路及绿地约 8 万 m^2。

（3）工程区段划分

本项目受污染土壤分为东区和西区两个区。本工程西区已于 2014 年 3 月 10 日前全部完成清挖，西区清挖的验收报告已于 2014 年 4 月提交。本项目的案例区域为东区 U1-4、U2-1、U2-2、U3-2、U4 共 5 个地块，U2-1、U2-2 地块共 418 544 m^3 污染土于 2014 年 6 月完成清挖，U3-2 地块 194 933 m^3 污染土于 2014 年 7 月完成清挖，U4 地块 638 515 m^3 污染土于 2014 年 12 月完成清挖，U1-4 地块 248 525 m^3 污染土于 2015 年 7 月完成清挖。

4.6.2 工程监理依据

（1）国家相关法律法规及验收规范

《建筑工程施工质量验收统一标准》（GB 50300—2001）；

《建筑地基基础工程施工质量验收规范》（GB 50202—2018）；

《建筑地基处理技术规范》（JGJ 79—2002）；

《工程测量规范》（GB 50026—2007）；

《建筑边坡工程技术规范》（GB 50330—2013）；

《建筑基坑工程技术规范》（YB 9258—97）；

《建设工程监理规范》（GB 50319—2000）；

《建设工程施工现场供用电安全规范》（GB 50194—93）；

《工程建设强制性条文》；

《施工现场临时用电安全技术规范》（JGJ 46—2005）；

《建筑机械使用安全技术规程》（JGJ 33—2012）；

《中华人民共和国环境保护法》（2002 年）；

《中华人民共和国大气污染防治法》（2000 年）；

《中华人民共和国水污染防治法》（2008 年）；

《中华人民共和国噪声污染防治法》（1996 年）；

《中华人民共和国安全生产法》（2002 年）；

《恶臭污染物排放标准》（GB 14554—93）；

《建筑施工场界噪声标准》（GB 12523—90）；

《城市区域环境噪声标准》(GB 3096—93)；

《建设工程强制性条文规定》。

(2) 地方性相关验收标准及管理规定

《北京市建设工程见证取样和送检管理规定(试行)》(2009 年)；

《北京市建设工程施工现场环境保护基本标准》(1991 年)；

《建设工程监理规程》(DBJ 01—04—2002)；

《建筑工程资料管理规程》(DB11/T 695—2009)；

《建设工程施工现场安全资料管理规程》(DB 11/383—2006)；

《建筑工程安全监理规程》(DB 11/382—2006)；

《绿色施工管理规程》(DB 11/513—2008)；

《建设工程施工现场安全防护、场容卫生及消防保卫标准》(DB 11/945—2012)；

《北京市建设工程施工现场生活区设置和管理标准》(DBJ 01—72—2003)；

《北京市水污染防治条例》(2010 年)；

《北京市建设工程施工降水管理办法》(京建科教〔2007〕1158 号)；

《国务院关于环境保护若干问题的决定》(国发〔1996〕31 号)；

《关于进一步推进建设项目环境监理试点工作的通知》(环办〔2012〕5 号)；

《场地环境评价导则》(DB 11/T 656—2009)；

《场地土壤环境风险评价筛选值》(DB 11/T 811—2011)；

《大气污染物综合排放标准》(DB 11/501—2007)；

《地表水和污水监测技术规范》(HJ/T 91—2002)；

《地下水环境监测技术规范》(HJ/T 164—2004)。

(3) 本工程相关文件

招投标文件；

监理合同；

施工合同、施工组织设计；

其他国家及地方相关规定。

4.6.3　工程监理总结

在本次监理工作中，以认真执行相关的法律法规、规范、标准等为原则，以实现监理合同要求为目标，对工程质量、安全文明施工管理、绿色文明施工管理等方面进行了全方位控制，对于清挖出的污染土壤根据实施进度进行修复。

（1）施工准备阶段

①工程质量控制

首先，审查施工单位资质及主要管理人员的资格证书、特殊工种的上岗证书（必须配备专职测量人员），以确保施工单位具有完成本工程的施工能力和技术管理水平，检查施工单位的质量保证体系运行情况，督促施工单位建立质量管理制度及技术管理制度，落实项目部管理人员责任制。

其次，认真审核施工单位提交的施工方案、专项施工方案，提出方案中的不足之处，以及对施工方案的一些建议，经审批后方可施工，否则不得施工；同时要求施工单位认真做好工程技术交底。

最后，审核施工单位报送的施工总进度计划是否满足施工合同的工期要求，经审批报业主同意后开始组织施工。

结合现场的实际情况编制监理规划，确定监理工作目标，明确监理工作内容、程序、方法、措施；召开监理交底会议，就监理的职能、监理任务、工作范围、工作依据，以及监理工作的要求进行介绍。

为保证送检建筑材料、构配件试验数据的真实、可靠，对承包单位提出的见证取样送检复试的实验检测机构进行实地考察，共考察 2 家企业，重点考察企业资质等级、企业营业执照、人员资格、实验范围、业务能力、实验设备的计量检定等，从中选定满足本工程需要的 1 家企业。为保证商品混凝土材料质量，其参加了总包方组织的对混凝土供应厂家的实地考察，重点考察其企业资质、生产能力、人员配备、运输能力是否满足工程需要，并要求总包单位按分包进场程序报审。

②安全文明施工管理

- 检查施工单位的安全管理体系运行情况，落实各项安全生产管理制度。
- 针对安全工作的特殊性，对现场危险源进行分析识别，编写《安全监理细则》并要求施工单位上报安全文明施工方案、临电方案、雨季施工方案等，严格审查施工方案中的安全技术措施是否具有针对性及可操作性。
- 对施工企业的安全管理人员及作业人员资格进行审查，要求施工现场以项目经理为首的“三类”人员必须经过安全技术培训，并经考核合格，特种作业人员必须持证上岗。
- 施工机械进场须进行安全性能的检查验收，验收合格后方可使用。
- 针对深基坑开挖，要求总包方编报基坑支护方案、基坑工程护坡桩施工方案、高压旋喷桩施工方案，由于部分基坑开挖深度达到 18 m，属于危险性较大的分部分项工程，要求总包方组织进行基坑支护专项施工方案的专家论证，监督施工单位按照专家组出具的意见对支护方案进行整改完善后方可按方案要求合理安排下一步的工作。

③绿色文明施工管理

要求施工单位编制绿色文明施工方案，建立绿色施工管理体系，并制定相应的管理制度与目标，委派专人负责绿色施工的组织实施和过程管理。

（2）施工阶段

① 工程质量控制

● 基坑测量工作控制

a. 依据建设单位提供的基准点为测量控制点，监理单位会同施工单位对施工现场的各个污染地块建立平面及高程控制网，确保污染土地块开挖范围的拐点坐标及高程的准确性。

b. 要求施工单位在测量放线前应根据建设单位、设计单位提供的相关资料，依据相关的法律法规和规范编写工程测量方案，并上报监理单位审核，通过后方可按照此工程测量方案进行下一步的施工测量放线工作。

c. 要求施工单位的测量人员必须具备相应资格并持证上岗，所选用测量仪器与工具必须经过计量检定单位检验合格，并通过监理单位对其检测合格证书的审核，确保施工测量的数值在规范规定的偏差范围内。

● 基坑清挖过程测量控制

a. 为有效控制基坑测量质量，监理单位严格按照以下程序进行报验：定位放线→施工单位自检→自检合格后持单报验→基坑底验收拐点与高程→监理工程师进行成果复验→验收合格后签署《施工测量放线报验单》。施工测量放线中严把工序报验关，未报验或报验不合格，不得进入下一道工序。

b. 在 5 个地块清挖过程中，监理单位督促施工单位严格按照施工方案进行施工，切实保证各项技术措施和安全措施落实到位；加强日常监理巡视管理，要求施工单位随时对基底标高进行复核，严禁基底土层受到扰动。

● 基坑开挖支护工程质量控制

场区根据各层污染土壤范围、开挖深度确定不同的支护形式，即开挖深度 1.5 m 区域采用自然放坡支护，开挖深度 10.0 m 区域采用土钉墙支护，开挖深度 16.5 m 区域采用自然放坡+桩锚支护，开挖深度 18.0 m 区域采用土钉墙+桩锚支护，在基坑开挖支护过程中从以下几个方面进行监理控制。

a. 分包管理：分包单位进场前，总包方需向监理单位报送分包单位的企业资质，营业执照、安全生产许可证、特种作业人员的上岗证等，并签署安全管理协议，审核通过后方可进场施工。

b. 材料控制：产品质量的优劣是保证工程质量的基础，因而严格控制原材料、半成品的进出场，水泥、沙子、钢材、钢绞线等原材料进场后须向监理单位进行进场报验，并按规范要求进行见证取样送检复试，检验合格后方可用于工程上；土钉墙、护坡桩施工过程中对混凝土试块须见证取样送检复试过程，保证试块强度达到混凝土施工验收规范要求。

c. 支护工程控制：对土钉墙、护坡桩、旋喷桩、预应力锚杆等重要部位的隐蔽工程进行 24 h 旁站监理：旁站过程中对土钉墙钢筋网的连接、边坡清理情况与成孔、混凝土配合比、混凝土的试件留置及养护、施工单位采取的混凝土防冻、养护措施、抽查土钉长度、钻孔倾斜度、注浆量、土钉墙面厚度等进行重点监督检查；对护坡桩的钢筋笼、孔深、桩径、商品混凝土的报验资料、坍落度、配合比等进行监督检查；对旋喷桩的钻机定位、钻杆长度、导孔垂直度、水灰比及水泥掺加量、桩长、桩径及桩距、注浆压力、流量、提升速度等进行见证检查，有效控制施工质量。

d. 冬施管理：土钉墙、护坡桩、冠梁的冬季施工期间，要求总包方按照冬季施工方案中的要求严格落实各项冬施防冻措施，加强覆盖保温，防止混凝土受冻强度降低。

e. 专题会议：针对护坡桩施工过程中出现的钢筋笼焊口的同心度、焊缝的长度、焊缝的质量等质量缺陷，召开了专项质量会议，会议中对分包单位提出了具体质量、安全要求，要求分包单位专职管理人员必须到岗，水泥用量须达到方案要求等。

● 基槽验收的监理控制

施工单位在基槽（U1-4、U2-1、U2-2，U3-2、U4）开挖完成后，先进行自检，自检合格后报专业监理工程师进行验收，专业监理工程师依据实施方案对基底标高、基底轮廓尺寸、土质情况进行核查确认，验收合格后签署地基验槽记录。

基槽验收合格后由北京市生态环境保护科学研究院和监督性验收检测单位轻工业环境保护研究所分别对基坑侧壁及坑底进行抽样检测，检测合格后方可进行总体验收，如检测不合格，在不合格点位的基础上，进行再次清挖，直至检测合格。

②安全文明施工管理

● 鉴于施工现场的特殊性，作业人员的健康、个人安全防护方面是本工程的安全防护重点，监理单位特别要求总包方加强安全管理，作业人员进场必须进行安全教育，提高个人的安全防护意识，加强对有毒、有害气体的预防，安全防护用具要佩戴到位。

● 监督施工单位严格按照实施方案中的坡度要求进行土方开挖施工，基坑周边设立安全防护栏，夜间施工加设警示灯，同时车辆不得在基坑上口边缘 2 m 范围内行驶，基坑周边 2 m 范围内不得堆土、堆料，防止出现安全事故。

● 每周一定期组织施工单位对施工现场防护、临电设施、消防设施、工人宿舍、食堂等管理内容进行安全文明施工联合检查，并对存在的安全隐患及可能发生的问题召开安全例会，要求施工单位及时整改，安全监理人员跟踪落实，杜绝安全事故的发生。

● 要求施工单位建立以项目经理为代表的消防防火领导小组，实行消防责任制，加强现场的消防管理，落实专人负责日常防火检查，排查消防隐患，杜绝火灾事故发生，组织人员进行消防知识培训及消防演练。

● 监理人员加强动态管理，发现安全隐患及时指正，定人定时跟踪督促落实整改。

● 督促总包方加强施工现场及宿舍区的用电管理，所使用电线、电缆确保无破损、无接头，潮湿作业环境下电缆须架空；宿舍区严禁使用大功率电器，并加强巡视检查，排除各种火灾隐患。

● 加强现场易燃、易爆危险品的管理，电气焊作业严格执行动火审批制度，热脱附设备使用燃气的操作人员要求经过培训合格后持证上岗。

● 雨季施工期间要求总包方严格按照基坑工程雨季施工方案要求落实雨季施工措施，汛期成立防汛指挥小组，防汛工具要准备充足，雨天应设专人进行现场巡视、检查，及时了解现场动态，发现险情及时上报处理。

● 现场施工过程中，针对现场的临时用电、现场的安全管理、雨季防汛、消防安全、基坑安全等方面召开专项会议共 7 次，及时指出现场的安全问题并提出整改要求，消除安全隐患。

● 依据《关于规范北京市房屋建筑深基坑支护工程设计监测工作的通知》(京建法〔2014〕3 号）的要求对深基坑工程开展第三方监测工作，基于此监理单位组织召开了基坑第三方监测进场协调会，会议中对监测工作提出以下要求：监测单位须上报企业资质、监测人员的资格证书，以及监测仪器和计量器具的标定检验证明材料审批；根据现场的施工情况，不能局限于监测方案中的监测频率及频次，随着基坑开挖深度的增加，监测的频率及频次要适当增加；污染土修复方自行进行基坑监测，在施工过程中每天进行巡视检查，并形成记录。

③绿色文明施工管理

● 基坑开挖过程中，严格遵守《中华人民共和国大气污染防治法》和地方有关法律法规及规定，施工现场道路要求施工单位派专人负责洒水，防止扬尘。现场堆放的土方要求采用 HPDE 膜进行覆盖，减少对周围环境的污染。对已验收的基坑采取苫盖措施。

● 严格控制作业时间，22:00 到 6:00 停止强噪声作业，如必须施工，尽量采取降噪作业，并同当地居民协调。

● 施工现场的临时食堂，污水排放时必须设置简易的隔油池，定时清理，防止污染；生活垃圾定时清理出现场。

4.6.4 环境监理总结

东区污染土清挖环境监理分为两个阶段，即施工准备阶段和施工阶段。

（1）施工准备阶段

施工准备阶段环境监理主要包括污染监测/防控方案制定和人员安全防护。

①污染监测/防控方案制定

环境监理主要通过环境监测手段对施工现场进行管控。针对现场挥发性有机物特点，所采用的大气环境监测技术既包括PID快速监测，又包括符合国家标准的实验室取样送检，从而实现施工过程与结果的双重把关。此外，污染监测/防控方案制定还包括噪声、扬尘的监测与管控，洒水作业登记制度确立，以及二次污染防控方案、绿色文明施工方案、清挖现场苫盖方案等专项方案的审批等。

- 大气污染快速监测管理办法制定。

环境监理为确保东区清挖过程实时可控，使用PID对现场进行日常巡检监测，并制定《焦化厂大气污染快速监测管理办法（第二版）》作为指导手册。根据该管理办法，环境监理每日分别对场区内部和场区边界的环境监测点进行1次和2次快速监测。场内点位侧重对清挖施工人员的保护，根据清挖进度随时调整；场外点位侧重对周边居民的保护，在敏感人群较多地带布设。具体分布如图4-16、图4-17所示，现场及场界周边共布设39个环境监测点（场区内部布设30个监测点，场界周边布设9个监测点）。其中，针对东区清挖工程布设的点位为B-G1、B-G2、B-G3、B-G4、B-G5、B-G6、J-G1、J-G2、J-G3、C-G7、C-G8、C-G9、C-G10、C-G11、C-G12、C-G13、C-G14、C-G15、C-G16、C-G17、C-G18、C-G27、C-G28、C-G29和C-G30。

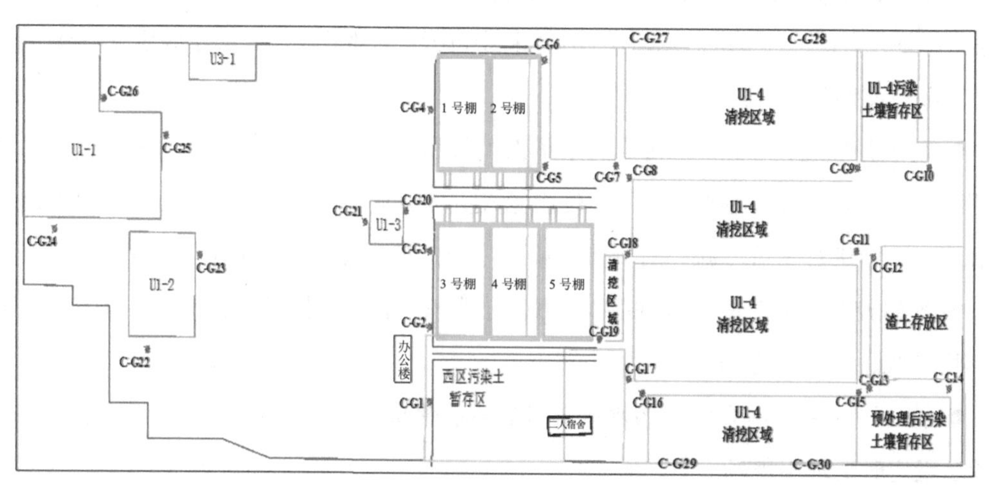

图4-16 场内监测点位布设

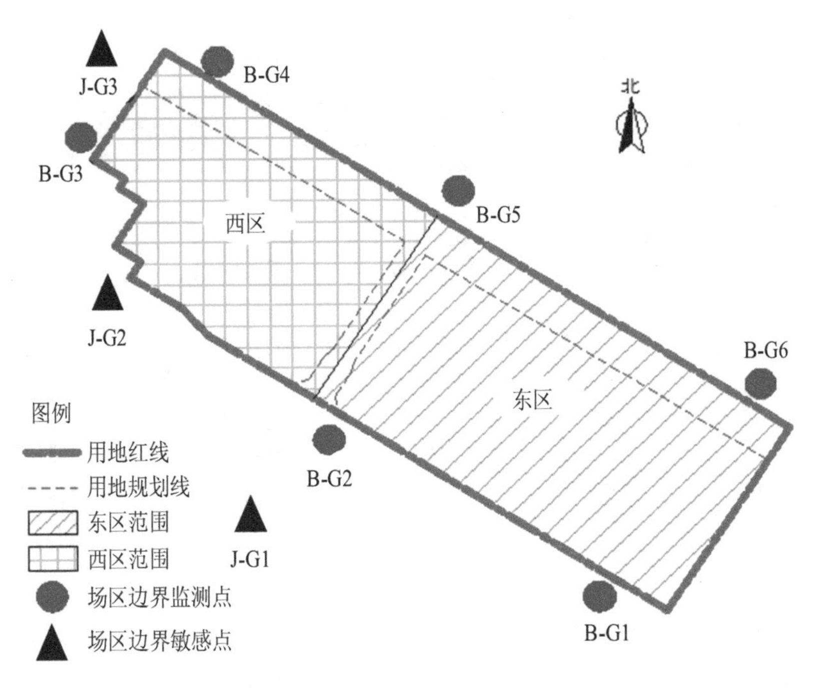

图 4-17　场外监测点位布设

《焦化厂大气污染快速监测管理办法（第二版）》指导下的 PID 快速监测，在一定程度上弥补了实验室取样送检无法实时反馈数据和指导施工的缺陷。但由于国内外尚无 PID 监测数据标准，环境监理采用 PID 数据与人类体感关联统计的原理，对现场大气污染物浓度水平进行分级，并制定相应的措施指导现场施工。同时，针对《北京市空气重污染应急预案（试行）》中的空气重污染预警等级，加强重污染天气状况下的环境质量监测。污染层级划分分别见表 4-36、表 4-37。

表 4-36　常规气象状况的污染层级划分

污染层级	PID 限值（场区边界）/（mg/m³）	PID 限值（施工现场）/（mg/m³）	体感描述	启动条件	施工措施
A 级	0～1.5（含）	0～1.5（含）	闻不到气味或可闻到少量气味，但无不适	同一次监测出现 60%以上监测点（场内 4 个，场外 5 个）超过限值，即可视为到达相应级别	工作人员佩戴防护用具后可正常工作
B 级	1.5～4.0（含）	1.5～20.0（含）	有明显气味，身体有不适感觉		减小作业面，加强环保设施的检查，视情况采取喷洒抑制剂等措施
C 级	4.0 以上	20.0 以上	有明显气味，如不佩戴防护用品则人体无法承受		停止施工，覆盖施工作业面，查找污染原因，并喷洒抑制剂；待污染隐患消除后方可开工

表 4-37 重污染天气状况预警时的污染层级划分 单位：mg/m^3

污染层级	PID 限值（场区边界）	PID 限值（施工现场）	体感描述	启动条件	施工措施
A 级	0～1.0（含）	0～1.0（含）	闻不到气味或可闻到少量气味，但无不适	同一次监测出现 60%以上监测点（场内 4 个，场外 5 个）超过限值，即可视为到达相应级别	工作人员佩戴防护用具后可正常工作
B 级	1.0～4.0（含）	1.0～10.0（含）	有明显气味，身体有不适感觉		减小作业面，加强环保设施的检查，视情况采取喷洒抑制剂等措施
C 级	4.0 以上	10.0 以上	有明显气味，如不佩戴防护用品则人体无法承受		停止施工，覆盖施工作业面，查找污染原因，并喷洒抑制剂；待污染隐患消除后方可开工

常规气象状况是指按照市环保监测中心发布的天气预报，空气质量指数（AQI）≤200，即空气质量类别为优、良、轻度污染和中度污染时的天气状况，市应急委、市空气重污染应急指挥部未启动《北京市空气重污染应急预案（试行）》中任何颜色的空气重污染预警。

重污染天气状况是指按照市环保监测中心发布的天气预报，空气质量指数（AQI）>200，即已达到重度或严重空气污染级别的天气状况，市应急委、市空气重污染应急指挥部已启动《北京市空气重污染应急预案（试行）》中的空气重污染蓝色、黄色、橙色或红色预警。

根据《焦化厂大气污染快速监测管理办法（第二版）》规定，环境监理人员使用 PID 快速监测后，及时整理数据，当监测结果显示需启动更高级别污染层级时，环境监理第一时间通知施工单位更改位于施工现场醒目处的污染层级公示牌，并通知现场人员采取相应级别施工措施。整改后，环境监理人员在超标点位进行复测，以确保污染问题得到解决。

- 大气无组织排放实验室取样送检制度。

针对东区清挖可能造成的大气污染物无组织排放，由场内大气监测单位（2015 年以前为中国环境科学研究院，之后由北京市生态环境保护科学研究院监管）于每月末对清挖作业面附近的无组织排放监测点进行符合国家标准的取样送检，环境监理旁站见证，以确保实验室送检顺利、数据有效。

- 噪声监测与防控。

为确保基坑清挖过程中机械设备所发噪声不对周边造成影响，环境监理人员在上述场外监测点布设图（图 4-17）中的 3 个敏感点位加测噪声，所用仪器为积分式声级计。根据现场实际情况，监测点位所处位置为化工路，是一条交通干线，来往车辆较多，噪声较大。为客观评价焦化厂施工现场施工噪声对周围环境的影响，监测数值需要扣除背景值（背景值选定于化工路主干道上距作业区域较远的 B-G1 点位），所得差值应符合《建筑施工场界环境噪声排放标准》（GB 12523—2011）（表 4-38）。

表 4-38　建筑施工场界环境噪声排放限值　　单位：dB（A）

白天	夜间
70	55

同时在噪声污染防控方面，环境监理要求施工单位将主要清挖工段放在白天进行，禁止在 22:00 至 6:00 进行打桩、挖掘等施工，以免夜间现场施工对周边居民造成影响。

● 扬尘监测与防控为确保基坑清挖过程中的扬尘污染，环境监理人员于上述场外监测点布设。

图 4-17 中的 3 个敏感点位加测粉尘颗粒物，所用仪器为便携式粉尘测定仪。根据现场实际情况，监测点位所处位置为化工路，是一条交通干线，来往车辆较多，扬尘较严重。为客观评价焦化厂施工现场施工噪声对周围环境的影响，监测数值需要扣除背景值（背景值选定于化工路主干道上距作业区域较远的 B-G1 点位）。所得差值参考北京市《大气污染物综合排放标准》（DB 11/501—2007）中的其他颗粒物无组织排放标准，即 1.0 mg/m^3。

同时，在扬尘污染防控措施方面，环境监理通过现场铺设 HDPE 膜、密目防尘网、道路洒水作业登记、渣土车密闭覆盖及出场洗消等一系列措施进行防控（图 4-18）。

图 4-18　洗车池建设及车辆进出场洗消

● 各污染防控专项方案审批。为确保现场二次污染得到有效防治，环境监理监督施工单位编制报送了二次污染防控方案、绿色文明施工方案、清挖现场苫盖方案、环境监测方案以及现场残留废弃管线处置方案等各类专项方案，并对内容进行审核，审批通过后监督其落实执行防护措施。

② 个人安全防护

污染土壤清挖过程中挥发性有机物对人体健康有一定危害，环境监理在进场准备阶段明确了作业人员的个人防护措施要求，通过巡视方式对现场人员防护措施落实情况进行检查和监督，一旦发现问题，在进行现场教育的同时将问题反映至施工单位安保部，要求其限期整改，加强安全管理。

进场施工前还要求施工单位做好人员健康防护和急救知识方面的培训，邀请有资质的医疗人员授课，现场设置医疗急救室，配备经过培训的专职救护人员。此外，在施工准备阶段要求施工单位于场区进出口处搭建绿色安全通道，配备风浴消毒室（图 4-19），从而引导作业人员安全有序地出入场地，避免将污染物带出场外形成二次污染。

图 4-19　急救培训、医疗室、个人防护、风浴消毒室及安全通道

（2）施工阶段

施工阶段环境监理主要包括清挖过程的环境监管、污染土场内运输的环境监管、清理后基槽和污染土暂存场地的环境监管（图 4-20）。

图 4-20　日常巡检监测影像资料

①清挖过程的环境监管

● 大气污染物快速监测与评估（PID 监测）

2013 年 8 月至 2015 年 7 月，环境监理总共针对东区清挖布设 25 个点位完成了 12 096 次快速监测。统计结果表明：监测期内，污染层级绝大多数为 A 级（11 912 个，占全部数据的 98.5%），仅出现 183 个 B 级和 1 个 C 级，且 B 级数据大多分散于全年各月，对于相对较为集中的 2014 年 6 月（34 个 B 级），经现场调查分析原因为东区第三层基坑开挖作业面较大且气温较高导致污染物易挥发，环境监理已通过工作联系单的方式第一时间督促施工单位减小现场清挖作业面并采取泡沫抑制剂等措施（图 4-21），整改工作完成后，经复测现场空气质量明显改善。在东区清挖施工期间，环境监理共发工作联系单 5 份，整改通知单 1 份，收到回复单 6 份。总体来看，该项目在污染土清挖过程中基本未对场区周边造成环境污染。

图 4-21　整改前后对照

● 大气无组织排放实验室取样送检

2013 年 8 月至 2015 年 7 月，环境监理共参与场内大气监测单位现场采样旁站监理 24 次（图 4-22）。大气监测单位出具的 24 份检测报告显示，除 2014 年 11 月大气无组织样品检测超标外，其余 23 个月样品均符合北京市《大气污染物综合排放标准》（DB 11/501—2017）

的要求。

2014 年 11 月大气无组织排放监测报告显示，位于 3 号点（编号：JX141124-3）的无组织排放样品苯浓度超标，超标倍数为 0.2 倍，分析原因为高污染区域施工作业面较大导致污染物挥发至大气、污染土转运过程中污染物挥发以及点位附近暂存修复不合格土。随后施工单位落实了高污染区域清挖作业面减小、转运贮存 HDPE 膜苫盖及不合格土修复等整改措施，现场空气质量得到改善。

图 4-22　大气无组织排放实验室取样送检

● 项目周边小区专项监测

从 2014 年 7 月起，环境监理在项目甲方的要求下，对某焦化厂项目现场西侧的某居民小区展开敏感区域专项监控，具体包括 7 个固定监测点位 VOCs 快速监测，以及对小区居民的投诉回访和所述不明污染源的排查（图 4-23）。截至 2015 年 7 月，共取得 1 673 个监测数据，按照《焦化厂大气污染快速监测管理办法（第二版）》中场区边界的污染层级划分标准，绝大多数数据为 A 级（1 650 个，占全部数据的 98.7%），仅 23 个 B 级，无 C 级，且 B 级数据分散于全年各月，无集中出现情况。总体来看，某焦化厂项目基本未对该小区产生环境污染。

图 4-23　项目周边小区专项监测

● 基坑边界 24 h 在线监测站

2014 年 10 月起，环境监理在监督总包方照常展开上述环境质量监测工作的同时，督促总包方于东区基坑四周布设 A、B、C、D 4 个 24 小时在线监测点位，配备在线监测仪并安装调试（图 4-24），监测仪自动将主要监测指标如温度、湿度、风速、风向、TVOC 和苯等记录在案，并于每日报送环境监理。截至 2015 年 7 月，共取得 TVOC 监测数据和苯监测数据各 1 363 个，且全部数据均在 1 mg/m^3 以下，可见东区清挖过程中污染物控制得当。

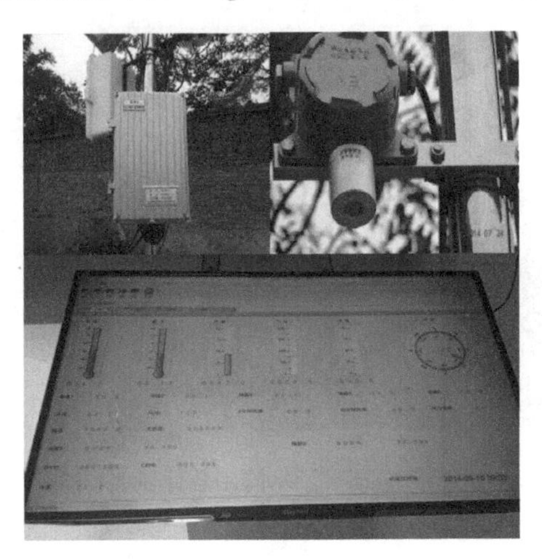

图 4-24　东区基坑边界 24 h 在线监测仪

②污染土场内运输的环境监管

● 渣土车密闭苫盖

东区污染土在清挖转运过程中需按照《北京市大气污染防治条例》中的要求采用绿色环保渣土车，环境监理监督施工单位在运输过程中规范使用该类车型，装载污染土时严格控制方量避免超载颠簸引起道路二次污染，要求渣土车斗苫盖符合密闭性要求（图 4-25），并通过现场巡检的方式监督污染防治效果。

图 4-25　污染土渣土车密闭苫盖

● 运输道路洒水降尘

东区污染土清挖后用渣土车辆倒运至暂存区域及大棚内暂存。环境监理通过建立道路洒水登记制度（图 4-26），在污染土倒运过程中监督施工单位及时进行道路洒水，避免车辆行驶过程中产生的扬尘影响大气环境质量，并通过巡视的方式监督洒水效果，定期查验洒水车辆作业记录。2013 年 8 月至 2015 年 7 月，施工单位共报送洒水作业登记表 700 余份，累计洒水 2 000 余次。

图 4-26　洒水降尘登记制度

③清理后基槽和污染土暂存场地的环境监管

清理后基槽和污染土均存在裸露面，为防止刮风和雨水渗漏等原因对大气环境质量和底部土壤质量产生二次污染，环境监理要求施工单位及时将基坑裸露面用防水布进行覆盖；对于清挖出的污染暂存土用 0.5 mm 厚 HDPE 膜和尼龙网进行苫盖，并要求进行日常维护以维持效果，环境监理通过旁站和巡视的方式对苫盖措施进行监督检查（图 4-27）。

图 4-27　基坑覆盖与污染土苫盖

对于基槽验收不合格的点位，施工单位重新清挖，清挖验收后，环境监理通过旁站和巡视的方式，重新对基坑的覆盖和土方的苫盖进行核查，确保二次污染得到有效防治。

此外，由于污染暂存土有苯、萘及多环芳烃等多种污染类型，修复工艺有所不同，环境监理要求施工单位对不同种类污染土进行分类贮存并制作标识牌予以区分，以避免交叉污染和运输混乱，增加修复成本。

4.6.5 监理结论

某焦化厂保障性住房污染土治理修复工程东区 U1-4、U2-1、U2-2、U3-2、U4 5 个地块的污染土基槽清理，已按修复方案及施工合同完成了工作内容，施工过程中的各项施工质量控制、安全管理措施和绿色文明施工措施符合相关法律法规、规范要求，各项环境保护措施、大气环境污染监测指标、应急预案和人员防护措施符合相关环境管理要求，基槽边界验收和侧壁、基底验收达到修复目标，综上所述，监理联合体认定该区 5 个地块的基坑验收合格。

参考文献

[1] 周杜牧，李雯香，张帅，等. 环境监理在污染场地修复工程中的工作要点研究[J]. 资源节约与环保，2018，202（9）：9，105-106.

[2] 温永升，胡桂芳. 环境监理运行模式初探[J]. 环境监测管理与技术，2001（2）：8-9.

[3] 宋云，李培中，郝润琴. 我国土壤固化/稳定化技术应用现状及建议[J]. 环境保护，2015，43（15）：28-33.

[4] 杨勇，黄海，陈美平，等. 异位热解吸技术在有机污染土壤修复中的应用和发展[J]. 环境工程技术学报，2016，6（6）：559-570.

[5] 林芳芳. POPs 污染土壤热解吸及尾气处理技术研究[D]. 阜新：辽宁工程技术大学，2015.

[6] 许倩. 热修复污染土壤专利技术综述[J]. 化工管理，2016（23）：3，270-271.

[7] 黄海. 国内外直接热解吸技术装备发展与应用[C]//国际棕地治理大会暨首届中国棕地污染与环境治理大会，北京，2016.

[8] 王澎，王峰，陈素云，等. 土壤气相抽提技术在修复污染场地中的工程应用[J]. 环境工程，2011（S1）：171-174.

[9] 史怡，李发生，徐竹，等. 机械通风法处理土壤中氯代烃的修复效果研究[J]. 环境科学与技术，2013，36（12）：9，78-83.

[10] 马妍，李发生，徐竹，等. 生石灰强化机械通风法修复三氯乙烯污染土壤[J]. 环境污染与防治，2014，36（9）：1-6.

[11] 张腾飞，黄玉杰，季蕾，等. 石油污染土壤生物修复技术研究进展[J]. 山东科学，2020，33（5）：26，106-112.

[12] 沈小帅. 土壤污染的生物修复技术最新研究进展[J]. 环境与发展，2020，32（3）：7，72-73.

[13] 王钰涔. 土壤污染治理中生物修复技术的运用分析[J]. 资源节约与环保，2020（12）：18-19.

[14] 田文钢，姚佳斌，蒋尚，等. 生物修复技术处理重金属污染土壤的研究进展[J]. 环境与发展，2020，32（12）：34-35.

[15] 纪录，张晖. 原位化学氧化法在土壤和地下水修复中的研究进展[J]. 环境污染治理技术与设备，2003（6）：37-42.

污染地块修复效果评估

5.1　污染地块修复效果评估的定位

污染地块修复效果评估是地块环境管理的重要环节，在污染地块全过程管理中发挥着重要的作用[1]。美国在场地关闭环节，将修复效果评估定义为验证修复目标是否达到、不需要继续的管控或修复行为；加拿大在场地关闭环节，将场地关闭定义为记录场地达到风险管控修复目标的行动；英国定义效果评估为一个定量评估场地风险已经达到修复目标和标准的过程。中国在《建设用地土壤污染风险管控和修复术语》（HJ 682—2019）中将修复效果评估（assessment of remediation effect）定义为“通过资料回顾与现场踏勘、布点采样与实验室检测，综合评估地块修复是否达到规定要求或地块风险是否达到可接受水平”。根据国内外研究情况，修复效果评估的作用包括为地块关闭做准备、对地块环境影响负责，其工作主要是通过收集相关证据/数据，采用合理的评估方法确定修复活动是否达到要求。

随着我国污染地块修复工程的逐步开展，如何对修复效果进行科学合理的验证和评估，保证地块风险达到相关规定和要求[2]，成为污染地块工作的重要环节。2005 年《废弃危险化学品污染环境防治办法》（国家环境保护总局令第 27 号）第十四条规定：“对污染场地完成环境恢复后，应当委托环境保护检测机构对恢复后的场地进行检测，并将检测报告报县级以上环境保护部门备案。”2012 年 11 月 26 日，环境保护部等四部委联合发布了《关于保障工业企业场地再开发利用环境安全的通知》（环发〔2012〕140 号），要求“被污染场地治理修复完成，经检测达到环保要求后，该场地方可开发利用”。2013 年《国务院关于印发近期土壤环境保护和综合治理工作安排的通知》（国办发〔2013〕7 号）提出“经评估认定对人体健康有严重影响的污染地块，要采取措施防止污染扩散，治理达标前不得用于住宅开发”。2014 年 5 月 14 日，环境保护部发布了《关于加强工业企业关停、搬迁及原址场地再开发利用过程中污染防治工作的通知》（环发〔2014〕66 号），要求“确保工业企业原址污染场地再开发利用前环境风险得到有效控制。污染场地未经治理修复的，禁止开工建设与治理修复无关的任何项目”。美国、英国等发达国家对污染地块修复效果评估也极其重视，发布了一系列技术指南和管理办法，以保障场地修复效果。

《土壤污染防治行动计划》（国发〔2016〕31 号）中提出，“工程完工后，责任单位要委托第三方机构对治理与修复效果进行评估，结果向社会公开。实行土壤污染治理与修复终身责任制，各省（区、市）要委托第三方机构对本行政区域各县（市、区）土壤污染治理与修复成效进行综合评估，结果向社会公开”。2017 年年底前，出台了《土壤污染治理与修复成效评估办法》。2016 年 12 月 31 日，环境保护部审议通过了《污染地块土壤环境管理办法（试行）》（环保部令第 42 号），要求“治理与修复工程完工后，土地使用权人应当委托第三方机构按照国家有关环境标准和技术规范，开展治理与修复效果评估，编制治理与修复效果评估报告，及时上传污染地块信息系统，并通过其网站等便于公众知晓的方式公开，公开时间不得少于两个月。治理与修复效果评估报告应当包括治理与修复工程概况、环境保护措施落实情况、治理与修复效果监测结果、评估结论及后续监测建议等内容。”2018 年 12 月 29 日和 2019 年 6 月 18 日，生态环境部分别就污染地块土壤和地下水发布《污染地块风险管控与土壤修复效果评估技术导则（试行）》（HJ 25.5—2018）和《污染地块地下水修复和风险管控技术导则》（HJ 25.6—2019），从顶层结构上解决了污染地块风险管控与土壤、地下水修复效果评估的工作程序、评估范围与对象、布点采样要求、后期风险管理等问题[3]。

5.2 国内外污染地块修复效果评估概况

5.2.1 国外污染地块修复效果评估概况

国外一些国家在污染地块修复效果评估（验收）方面已经开展了多年的研究和实践，从场地关闭的原则和程序、验收布点的方法以及修复效果评价等方面制定了一系列较为完善的技术指南，为中国污染地块修复效果评估工作的开展和相关技术指南的制定提供了丰富的资料和经验。

（1）美国及各州

美国国家环境保护局及各州污染场地修复验收工作开始于 20 世纪 90 年代，其场地验收的标准体系较为完善（表 5-1），这为我国开展地块修复效果评估工作提供了很好的借鉴。

首先，从场地关闭的角度，美国环保局及各州规定了各风险等级场地关闭时的相关原则和程序，为污染场地的验收完成提出了原则性的要求。2000 年，美国环保局固体废物和应急响应办公室规定了国家优先治理污染场地顺序名单（NPL）中场地关闭时的相关原则和程序，并于 2011 年重新修订发布《超级基金场地关闭程序》，该程序主要描述了在超级基金清单场地关闭时需要考虑的关键原则和目标，总结了超级基金清单场地关闭的关键节点：修复设施完成、建设工程完成、场地完成、场地删除和局部删除。参照超级基金场地关闭的做法[4]，2005 年华盛顿州发布了相关文件，列出了场地关闭需要满足的条件以及场地验收的技术要点。2009 年，美国旧金山湾区规定了低风险的氯代溶剂类场地的关闭方法。

其次，从修复效果评估和布点的角度，1989—1992 年美国环保局发布了土壤和地下水的一系列导则——《场地清理达标评估方法卷 1：土壤和固废》（1989 年）、《场地清理达标评估方法卷 2：地下水》（1992 年）、《场地清理达标评估方法卷 3：基于对照场地的土壤和固废》（1992 年），系统介绍了污染地块修复效果达标评估的工作程序和方法。并于 1996 年发布了《场地清理达标评估方法——土壤、固废、地下水（卷 1、2、3）》，该指南在综述之前系列导则的基础上提出：只有充分的数据证明污染物残余浓度低于适当的修复目标值或限值，方可认为场地清理干净，并且统计方法对于推断的做出是重要的；并提出了达标评估的工作程序：首先运用 DQO（数据质量目标）制订工作计划，细化数据质量要求；在采样之后运用 DQA（数据质量评估）程序来评估数据质量是否达到了 DQO（数据质量目标）要求，如果未达到，需要更高质量的样本数据；若样本数据达到要求，可运用统计方法进行修复效果的判断。若统计方法表明已达到修复效果，则编制报告并阐述统计过程、结果等内容；如果统计方法表明未达到修复效果，则可能需要补充采样来识别未达标区域，之后进行补充修复，如此循环。

最后，美国各州依据上述导则中的方法也相继发布了各自的修复验收技术指南，例如，1994 年，密歇根州自然资源部的土壤修复验收导则对采样方法、验收效果检验方法、低于检测限值样品的统计分析方法等，进行了详细的阐述，并根据采样区域面积和周长规定了修复范围内部和边缘的最低采样数量；在 2002 年补充修订的培训材料中，详细阐述了修复验收时基坑、原位、异位修复工程的采样布点数量的确定、采样网格的布置，并分析了各种统计方法在处理异常值、分析数据形态、统计推断中的应用。1998 年，明尼苏达州污染控制局发布了场地识别和采样导则草案。草案中对基于风险的场地评估、修复选择以及修复验收过程中样品的采集及数据的收集提出了一些指南和建议。其中，对污染地块采用异位修复挖掘后基坑底部、侧壁、土壤堆体以及原位修复的采样数量均有明确的规定。2000 年，怀俄明州环境质量部发布了《土壤取样确认指南》，对污染地块修复确认取样的方法、取样数量、样品保存及质量控制做出说明，并阐述了不同修复验收面积的修复效果评价方法。该指南除了对不同面积的场地规定采用不同的采样数量外，还采用了不同的分析方法。对于面积小于或等于 10 000 ft^2（930 m^2）的区域，采用逐个对比的方法，若有检测值超过修复目标值，则认为场地未达到修复标准，需要进行进一步修复合约验收；对于面积大于 10 000 ft^2（930 m^2）的区域，则采用统计分析方法，用整体均值的 95%置信上限与修复目标比较，分析整个场地的修复效果，并提出在整体达标的情况下，允许一个或多个采样点的检测数据超过修复目标值。2001 年，加利福尼亚州规定了填埋场类场地验收采样方法，对于样本量和采样位置、验收布点方法和样品采集等方面做了详细的规定。2004 年，新罕布什尔州发布了《污染场地关闭：业主指南》对污染场地的场地关闭目标、概念模型、关闭报告内容、是否采取下一步行动的依据做出规定。2011 年，美国新泽西州发布了调查、修复调查和验收的土壤采样技术指南《污染场地指南》，该指南中对于污染地块挖掘后的基坑、异位修复后的土壤堆体以及原位修复后的土壤在验收过程中的布点方案、采样数量提出了一些原则性的建议。

表 5-1 美国污染地块修复效果评估有关技术文件

发布主体及年份	技术文件	文件意义
美国国家环境保护局 1996	《场地清理达标评估方法——土壤、固废、地下水（卷 1，2，3）》[*Methods for Evaluating the Attainment of Cleanup Standards*（*Volume1/2/3*）]	本指南提出只有充分的数据证明污染物残余浓度低于适当的修复目标值或限值，方可认为场地清理干净，并提出了达标评估的工作程序
美国国家环境保护局 2011	《超级基金场地关闭程序》（*Close Out Procedures for National Priorities List Sites*）	主要描述了在超级基金清单场地关闭时需要考虑的关键原则和目标，并总结了超级基金清单场地关闭的关键节点
密歇根州 1994	《修复效果评估指南》（*Guidance Document Verification of Soil Remediation*）	提供了土壤背景浓度、采样网格、统计分析、清理验收、原位和异位修复验收等一系列方法
密歇根州 2002	《清理标准的抽样策略和统计培训材料》（*Sampling Strategies and Statistics Training Materials for Part 201 Cleanup Criteria*）	是对 1994 年技术文件的升级，阐述了修复验收时不同修复工程的采样布点数量的确定、采样网格的布置，并分析了各种统计方法在处理异常值、分析数据形态、统计推断中的应用
密歇根州 2006	《地下水和土壤修复关闭验收指南》（*Groundwater and Soil Closure Verification Guidance*）	用于指导地下储罐场地管理时的地下水与土壤采样，也可以用来评估制度控制情况下的土壤和地下水风险
怀俄明州 2000	《土壤取样确认指南》（*Soil Confirmation Sampling Guidelines*）	对污染场地修复确认取样的方法、取样数量、样品保存及质量控制做出说明，并阐述了不同修复验收面积的修复效果评价方法
新泽西州 2011	《污染场地指南》（*Guidance Document on Contaminated Soil*）	对于污染土壤在验收过程中的布点方案、采样数量提出了一些原则性的建议
新罕布什尔州 2004	《污染场地关闭：业主指南》（*Contaminated Site Closure：A Property Owner's Guide* ）	对污染场地的场地关闭目标、概念模型、关闭报告内容、是否采取下一步行动的依据做出规定

（2）加拿大

加拿大在 1999 年的《联邦污染场地指南》（*A Federal Approach to Contaminated Sites*）中将污染场地修复治理的流程按序分为 10 个步骤（图 5-1），并在第 9 步中规定了修复后效果评估工作开展方式、简单流程以及预期结果。

场地管理指南卷 5——场地土壤调查和分析》（2011 年），对新西兰污染场地管理涉及各阶段的报告编制做了统一的要求：导则规定，根据平行样均值计算修复目标值的 95%置信区间，然后将各检测结果与置信上限逐个对比，大于置信上限的认为未达到修复目标，小于置信上限的认为达到修复目标。针对修复效果确定采样数量的计算方法，进行了说明和讲解，在修复效果评价方面，新西兰也建议采用统计方法对污染物检测结果进行分析，如 t 检验等。

5.2.2 国内污染地块修复效果评估概况

（1）国内修复效果评估技术导则规范

目前，国内关于污染地块调查、评价、修复和效果评估工作相继展开，相关研究工作逐步深入[5-8]，相关技术规范也逐渐编制完善。原环境保护部在《场地环境监测技术导则》（HJ 25.2—2014）中对场地修复的监测与效果评估提出了一些要求，包括污染土壤清挖效果的监测、污染土壤治理修复的监测、污染场地修复工程验收监测点位的布设等。原环境保护部在 2014 年发布的《工业企业场地环境调查评估与修复工作指南（试行）》中，对场地修复验收的工作程序、关键技术要点等进行了规定，主要在《污染场地修复验收技术规范》（DB 11/T 783—2011）的基础上，对原位修复效果评估布点、95%置信上限评估方法等进行了补充。

近年来，生态环境部先后发布并修订了污染地块系列环境保护标准——《建设用地土壤污染状况调查技术导则》（HJ 25.1—2019）、《建设用地土壤污染风险管控和修复　监测技术导则》（HJ 25.2—2019）、《建设用地土壤污染风险评估技术导则》（HJ 25.3—2019）、《建设用地土壤修复技术导则》（HJ 25.4—2019）、《污染地块风险管控与土壤修复效果评估技术导则（试行）》（HJ 25.5—2018）、《污染地块地下水修复和风险管控技术导则》（HJ 25.6—2019），对污染地块土壤和地下水的调查、监测、评价以及修复的原则、程序、工作内容、技术要求、效果评估、后续风险管控措施做了更加明确的规定。其中，《污染地块风险管控与土壤修复效果评估技术导则》（HJ 25.5—2018）规定了建设用地污染地块风险管控与土壤修复效果评估的内容、程序、方法和技术要求，《污染地块地下水修复和风险管控技术导则》（HJ 25.6—2019）规定了污染地块地下水修复和风险管控的基本原则、工作程序和技术要求，在国家层面上为污染地块修复效果评估工作的开展提供了相关依据。

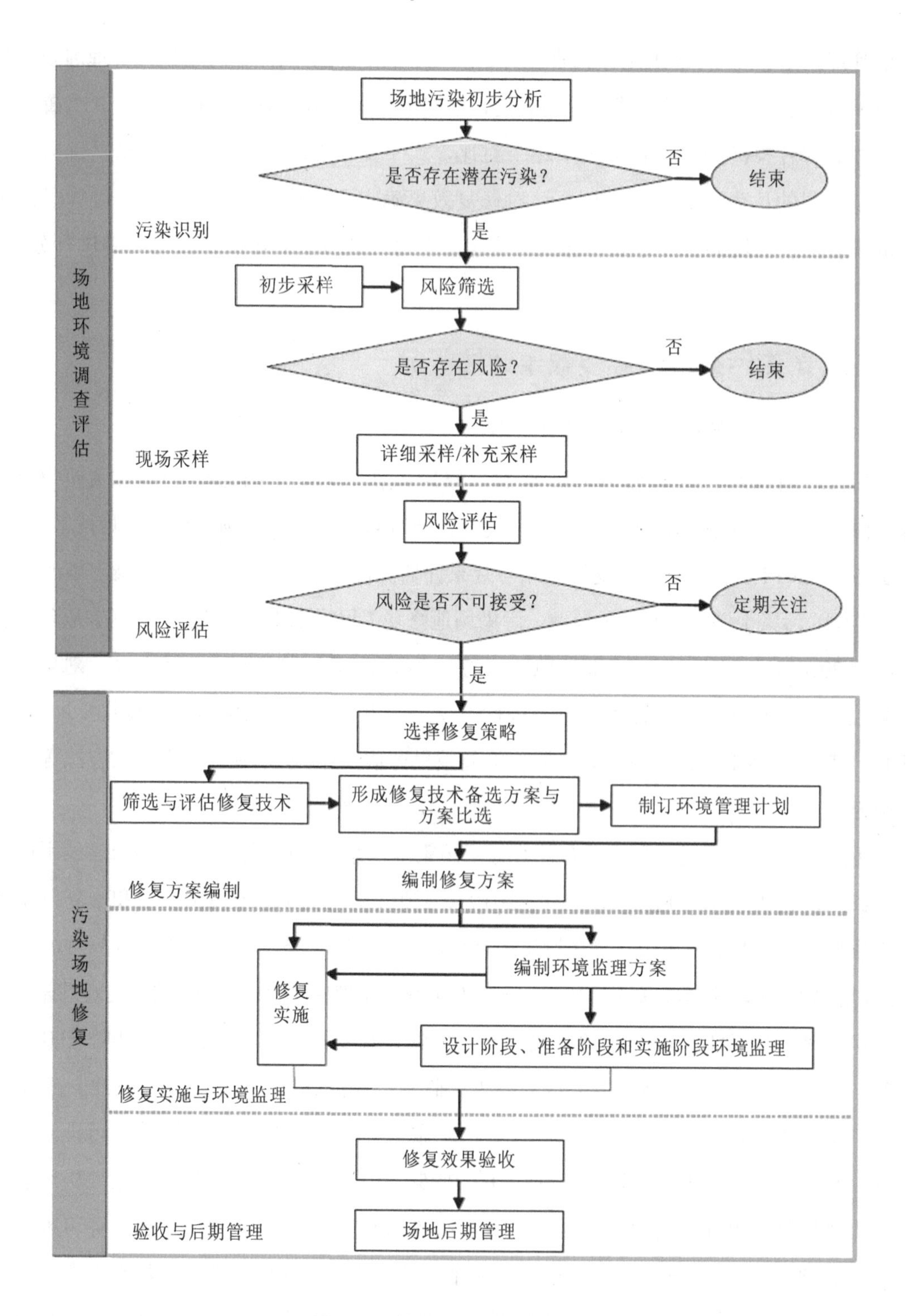

图 5-2　我国污染地块管理程序

在地方层面，2011 年北京市在国内率先发布了第一个关于污染地块修复验收的技术规范——《污染场地修复验收技术规范》（DB 11/T 783—2011），在规范中对污染场地修复验收的程序、范围以及土壤清理后基坑的布点要求、修复效果评价方法等方面做了规定。但是，在这个导则中并未提出采用原位修复技术时土壤的验收方法以及污染场地内地下水的验收方法（原位修复/异位修复）；关于验收过程中针对不合格区域的处理方式也需要补充；同时，随着国内土壤修复技术的多样化发展，不同修复技术也需要多样化的验收方法；在污染土壤、地下水布点方案、修复效果评估方面也需要进一步的优化和细化。除了北京市外，上海市、重庆市、浙江省、广东省等省（区、市）也开展了大量污染地块修复效果评估方面的工作。2015年6月，上海市发布了《上海市污染场地修复工程验收技术规范（试行）》，规定了上海市污染地块修复效果评估工作的基本原则、程序、内容和技术要求，制定了污染场地修复工程验收工作程序，与北京市的效果评估（验收）技术规范在框架设计上基本相同，但对土壤原位修复和异位修复的布点方法和地下水采样布点方法等部分流程进行了细化补充。2016年12月，重庆市质量技术监督局批准发布了《污染场地治理修复验收技术导则》（DB 50/T 724—2016）已通过组织的专家审查，在沿用了北京市技术规范框架和内容基础上，增加了筛上物的采样等内容。2018年7月，浙江省质量技术监督局批准发布了省级地方标准《污染地块治理修复工程效果评估技术规范》（DB 33/T 2128—2018），在参考《场地环境调查技术导则》（HJ 25.1—2014）、北京市《污染场地修复验收技术规范》（DB 11/T 783—2011）以及美国场地环境调查评估与修复相关导则的基础上，提出了浙江省污染地块治理修复工程效果评估技术规范的框架，并根据风险管控和修复类项目的特点，综合考虑提出了资料整理与现场踏勘，明确评估对象、范围和时间段，制定效果评估工作方案，现场采样与实验室检测，治理修复效果评估，效果评估报告编制6个步骤。2018年7月，广东省印发了《广东省污染地块治理与修复效果评估技术指南（征求意见稿）》，提出修复效果评估方式、方法、布点、采样和检测项目的原则要求，还针对绿色修复，提出了能耗、水量消耗、固体废物产生量、废气排放量、修复成本、修复时长6个评估指标，以及相应的定量方法（表5-3）。

表5-3 我国污染地块修复效果相关技术导则

发布单位及年份	技术导则	意义
北京市，2011	《污染场地修复验收技术规范》（DB 11/T 783—2011）	较系统地规定污染场地修复验收程序、采样与布点及效果评估方法，但缺少对异位处置后的土壤验收方法，也缺乏针对不同类型修复技术的详细布点方法
环境保护部，2014	《场地环境监测技术导则》（HJ 25.2—2014）	对场地验收的采样数量提出了原则性要求，但缺乏对验收标准、程序、布点、效果评估等技术内容的规定，尚不能完全支撑场地的修复验收

发布单位及年份	技术导则	意义
环境保护部，2014	《工业企业场地环境调查评估与修复工作指南（试行）》	对场地修复验收的工作程序、关键技术要点等进行了规定
上海市，2015	《上海市污染场地修复工程验收技术规范（试行）》	对土壤原位修复和异位修复的布点方法和地下水采样布点方法等部分流程进行了细化补充
重庆市，2016	《污染场地治理修复验收技术导则》（DB 50/T 724—2016）	在沿用了北京技术规范框架和内容的基础上，增加了筛上物的采样等内容
浙江省，2018	《污染地块治理修复工程效果评估技术规范》（DB 33/T 2128—2018）	分 6 个步骤提出了浙江省污染地块治理修复工程效果评估技术规范的框架
广东省，2018	《广东省污染地块治理与修复效果评估技术指南（征求意见稿）》	在修复效果评估方式、方法、布点、采样和检测项目的原则要求的基础上，就绿色修复提出相应评估指标和定量方法
生态环境部，2018	《污染地块风险管控与土壤修复效果评估技术导则》（HJ 25.5—2018）	规定了建设用地污染地块风险管控与土壤修复效果评估的内容、程序、方法和技术要求
生态环境部，2019	《污染地块地下水修复和风险管控技术导则》（HJ 25.6—2019）	规定了污染地块地下水修复和风险管控的基本原则、工作程序和技术要求

（2）国内修复效果评估实施概况

近年来，随着我国城市化进程的不断加剧，城市布局的调整，为改善城市环境质量，淘汰落后企业，许多工业企业逐步关停搬迁，大批“棕地”涌现[9]。根据国家的相关要求，遗留的污染地块需进行修复治理。目前，国内各个城市污染地块的治理工程相继开展，随着各种修复技术的应用，污染地块修复效果评估成为污染地块管理中的关键环节。

2014 年 8 月、9 月和 11 月，在牵头单位中国环境科学研究院的带领下，项目组分别奔赴武汉、重庆、上海等地进行现场调研，通过现场踏勘、座谈会等方式，对当地典型污染地块的污染状况、修复施工、环境监管、修复效果评估等进行了系统的调研。对调研地块的修复效果评估概况总结如附录 I 所示。

通过对以上典型污染地块修复效果评估方案的总结和分析，并结合由业主、修复方、监理方及效果评估方等各方参与的座谈讨论的结果，对目前污染地块修复效果评估存在的问题总结分析如下。

①修复效果评估的定位不明确

修复效果评估的组织和管理过程中，存在修复效果评估定位不清的问题。关于污染地块修复效果评估的称谓，不仅各个地方存在差异，同一个地方不同项目上也存在不同。例如，有的污染地块称为“修复效果自验收”，有的污染地块称为“第三方验收”，有的污染地块称为“区域阶段性验收”（主要与“竣工验收”相区分）。不同称谓对应不同的评估主体。修复效果评估定位的不明确在一定程度上对污染场地造成困扰，一些地方出现修复效果评估单位的工作局限于采样检测与初步分析，并由另一个第三方将修复效果评估与工程监理和环境监理报告汇总成为修复效果评估报告的情况，不符合原环境保护部《污染地块土壤环境管理办法》（环境保护部令第 42 号）对修复效果评估应包含工作的要求。

②效果评估对象和范围存在争议

关于污染地块修复工程的效果评估对象和范围，目前有以下几方面的争议：a. 是否需要对修复过程中可能产生的二次污染区域进行验收；b. 若地块调查评估报告中认为场内的地下水未受污染，在原地异位修复效果评估过程中可能会对地下水造成二次污染，在原地异位修复效果评估过程中发现对地下水造成二次污染，是否需要对场内地下水进行采样；c. 由于土壤的不均一性、风险评估过程以及划定修复范围时的不确定性，在污染土壤清挖或原位修复过程中，发现新的疑似污染区域，这部分污染区域如何进行验收；d. 原位修复可能导致原场地的水文地质条件以及目标污染物在场地内空间分布规律发生变化，由于污染物迁移可能会导致污染范围的扩大，这在修复效果评估过程中如何处理。

③检测指标与标准不适应

目前，在大部分污染地块修复效果评估过程中，检测指标均与该地块在风险评价报告中确定的修复目标污染物相同。但是，在实施修复的过程中，目标污染物经生物降解或化学氧化还原等反应，可能会产生毒性更强的中间体或副产物，在修复效果评估过程中，评估单位是否需要结合目标污染物和修复技术确定效果评估项目；在确定地块的修复效果评估标准时，目前几乎所有污染地块修复效果评估的标准均为该场地在修复技术方案设计中确定的目标污染物的修复目标值，事实上污染地块修复效果评估的标准，不仅取决于原修复场地的修复要求，还应结合修复后土壤的最终处置方式或再利用的要求。

④布点方法和采样数量需进一步优化

对于污染地块修复效果评估，布点方法以及采样数量的确定是非常关键的一步。在调研的几个城市的典型污染地块中，修复效果评估的布点方法和采样数量，基本上是在参考北京市《污染地块修复验收技术规范》（DB 11/T 783—2011）以及原环境保护部《场地环境监测技术导则》（HJ 25.2—2014）的基础上，结合场地的条件以及当地环境管理部门的要求确定的。布点方法和采样数量需要进一步的优化。

⑤修复效果评估方式较为单一

通过调研发现，在调研的污染地块修复工程中，对于修复效果的评估，不论场地的大小、采样数量的多少，均采取逐点评价的方法对修复效果进行评估。这种评估方式较为单一，且可能会造成不必要的二次修复，评估方式有待进一步科学化和合理化。

⑥继续清理/修复范围的确定及优化

在修复效果评估的过程中，由于土壤的不均一性，大多数情况下一个场地需要进行多次补充清理/修复才能达到场地的修复目标。针对不合格区域，如何进行补充清理/修复，每个场地的做法也不一样。在调研的场地中，有的场地是根据采样点代表的范围直接进行清挖再采样检测，直至清理合格，而有的场地则是先进行详细布点，确定范围后再进行补充清理/修复。在考虑到时间成本和样品检测成本的同时，如何确定及优化继续清理/修复的范围是今后的研究重点。

⑦修复效果评估终点问题

不同的修复介质和修复技术，修复效果可能会随着时间的变化呈现很大的差异。例如，当采用氧化还原技术或固化/稳定化技术对重金属 Cr^{6+}进行修复时，修复效果可能会出现反弹，当环境条件发生变化时，被还原的 Cr^{6+}可能会再次被氧化。对于原位修复技术来说，修复效果的长期持久性以及添加的药剂对环境的长期影响也需要被关注。此外，地下水位的季节变化引起毛细带中的污染物反复进入地下水，会引起地下水污染物浓度周期的变化。因此需要结合修复技术、污染物的性质，确定修复后进行长期监测与风险管理的场地类型，实际案例中往往在修复工程结束后就直接开始修复效果评估采样工作，而在采样检测过程中却逐渐发现污染物浓度反弹的现象，部分地块已经面临地下水长期修复不能达标的问题，何时才可以进入修复效果评估阶段、将持续进行修复以及修复到何时，成为现存的难题。此外，通过对案例场地内受污染地下水的修复效果评估情况进行调研发现，调研场地内的地下水大部分都是采取异位抽出的方式进行修复的。抽出处理的地下水修复效果评估时缺乏相关的采样点布设依据以及评估采样的频次，评估方法也较为单一，均采用逐点评价的方法，而采用地下水原位修复时，更加缺乏相关的布点依据、采样频次、评估方法等。

5.3 污染地块修复效果评估的工作程序

5.3.1 土壤修复效果评估工作程序

污染地块风险管控与土壤修复效果评估应对土壤是否达到修复目标、风险管控是否达到规定要求、地块风险是否达到可接受水平等情况进行科学、系统的评估，提出后期环境监管建议，为污染地块管理提供科学依据。

我国生态环境部污染地块系列环境保护标准《污染地块风险管控与土壤修复效果评估技术导则（试行）》（HJ 25.5—2018）中，对污染地块土壤修复效果相关工作程序进行了规定，其工作程序如图 5-3 所示。

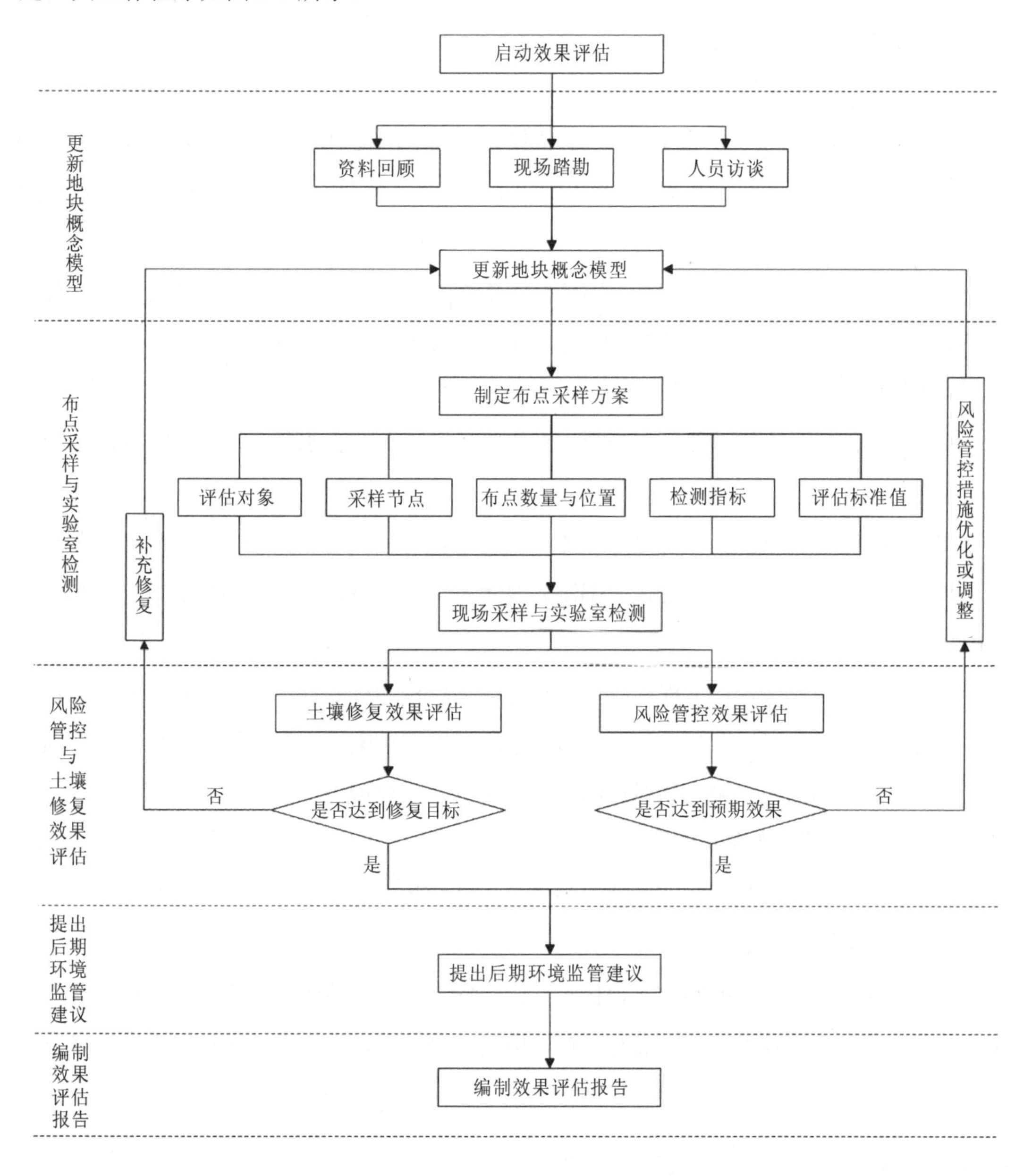

图 5-3　土壤修复效果评估工作程序

污染地块风险管控与土壤修复效果评估的工作内容包括更新地块概念模型、布点采样与实验室检测、风险管控与土壤修复效果评估、提出后期环境监管建议、编制效果评估报告。

（1）更新地块概念模型

应根据风险管控与修复进度，以及掌握的地块信息对地块概念模型进行实时更新，为制订效果评估布点方案提供依据。

（2）布点采样与实验室检测

布点方案包括效果评估的对象和范围、采样节点、采样周期和频次、布点数量和位置、检测指标等内容，并说明上述内容确定的依据。原则上应在风险管控与修复实施方案编制阶段编制效果评估初步布点方案，并在地块风险管控与修复效果评估工作开展之前，根据更新后的概念模型进行完善和更新。

根据布点方案，制订采样计划，确定检测指标和实验室分析方法，开展现场采样与实验室检测，明确现场和实验室质量保证与质量控制要求。

（3）风险管控与土壤修复效果评估

根据检测结果，评估土壤修复是否达到修复目标或可接受水平，评估风险管控是否达到规定要求。

对于土壤修复效果，可采用逐一对比和统计分析的方法进行评估，若达到修复效果，则根据情况提出后期环境监管建议并编制修复效果评估报告；若未达到修复效果，则应进行补充修复。

对于风险管控效果，若工程性能指标和污染物指标均达到评估标准，则判断风险管控达到预期效果，可继续运行与维护；若工程性能指标或污染物指标未达到评估标准，则判断风险管控未达到预期效果，须对风险管控措施进行优化或调整。

（4）提出后期环境监管建议

根据风险管控与修复工程实施情况与效果评估结论，提出后期环境监管建议。

（5）编制效果评估报告

汇总前述工作内容，编制效果评估报告，报告应包括风险管控与修复工程概况、环境保护措施落实情况、效果评估布点与采样、检测结果分析、效果评估结论及后期环境监管建议等内容。

5.3.2 地下水修复效果评估工作程序

地下水修复效果评估工作开始前需确定地下水修复活动是否已经终止，并判断地下水是否处于稳定状态。地下水修复活动终止时间一般基于有效的数据、水文地质学家的专业判断、地下水监测的结果和模型进行确定。

我国生态环境部污染地块系列环境保护标准《污染地块地下水修复和风险管控技术导

则》（HJ 25.6—2019）中，对污染地块土壤修复效果评估工作程序进行规定（图 5-4）。

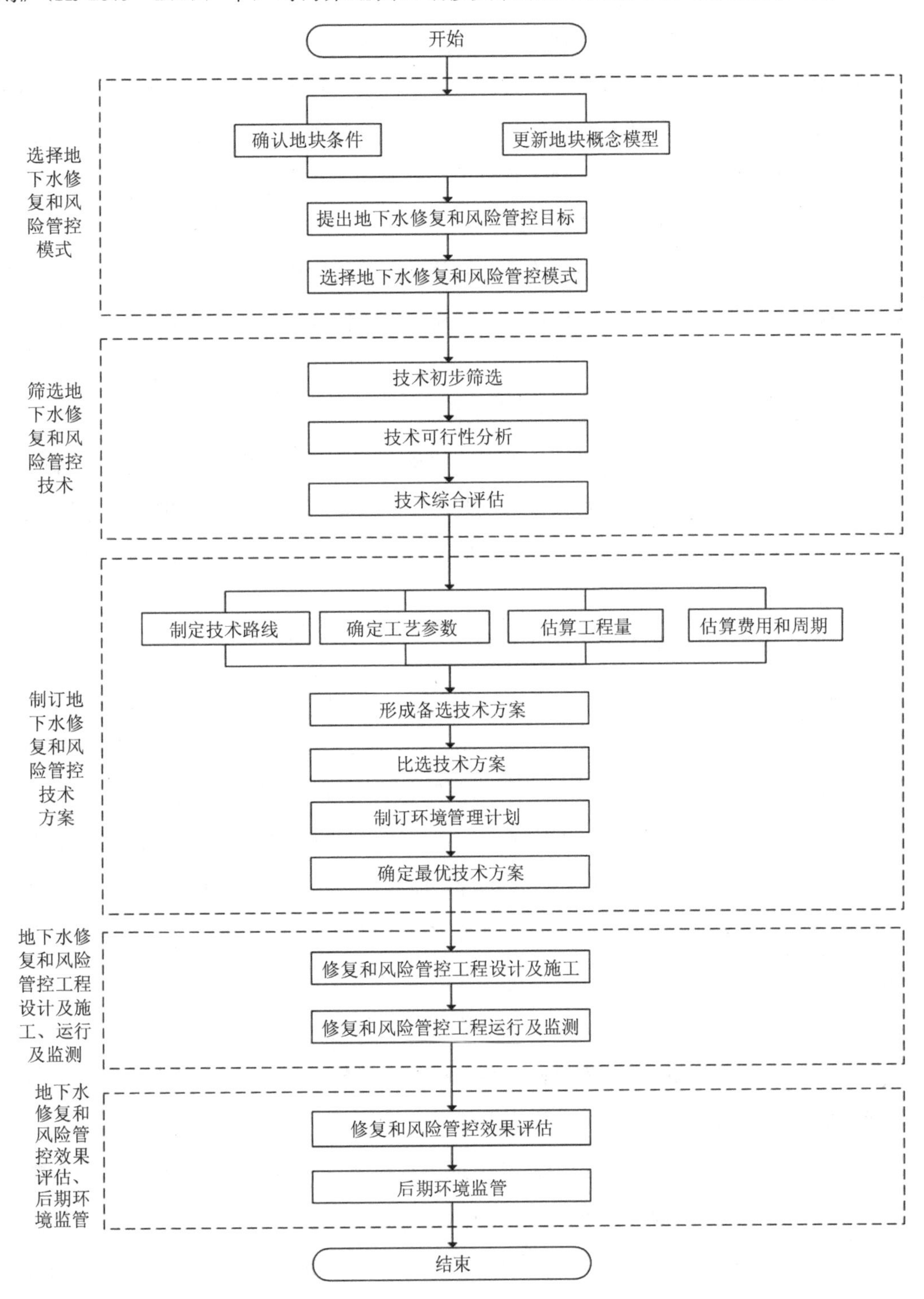

图 5-4　地下水修复效果评估工作流程

（1）选择地下水修复和风险管控模式

确认地块条件，更新地块概念模型。根据地下水使用功能、风险可接受水平，经修复技术经济评估，提出地下水修复和风险管控目标。确认对地下水修复和风险管控的要求，结合地块水文地质条件、污染特征、修复和风险管控目标等，选择地下水修复和风险管控模式，明确污染地块地下水修复和风险管控的总体思路。

（2）筛选地下水修复和风险管控技术

根据污染地块的具体情况，按照确定的修复和风险管控模式，初步筛选地下水修复和风险管控技术。通过实验室小试、现场中试和模拟可行性分析等，从技术成熟度、适用条件、效果、成本、时间和环境风险等方面综合评估适宜的修复和风险管控技术。

（3）制订地下水修复和风险管控技术方案

根据确定的修复和风险管控技术，采用一种及以上的技术进行优化组合集成，制定技术路线，确定地下水修复和风险管控技术工艺参数，估算工程量、费用和周期，形成备选技术方案。从技术指标、工程费用、环境及健康安全等方面比选技术方案，制订环境管理计划，确定最优技术方案。

（4）地下水修复和风险管控工程设计及施工、运行及监测

根据确定的修复和风险管控技术方案，开展修复和风险管控工程设计及施工。工程设计根据工作开展阶段划分为初步设计和施工图设计，根据专业划分为工艺设计和辅助专业设计。工程施工包括施工准备、施工过程，施工过程应同时开展环境管理。

地下水修复和风险管控工程施工完成后，开展工程运行维护、运行监测、趋势预测和运行状况分析等。工程运行中应同时开展运行及监测，对地下水修复和风险管控工程运行及监测数据进行趋势预测。根据地下水监测数据及趋势预测结果开展工程运行状况分析，判断地下水修复和风险管控工程的目标可达性。

（5）地下水修复和风险管控效果评估、后期环境监管

制订地下水修复和风险管控效果评估布点和采样方案，评估修复是否达到修复目标和风险管控是否达到工程性能指标和污染物指标要求。

对于地下水修复效果，当每口监测井中地下水检测指标持续稳定达标时，可判断达到修复效果；当未达到评估标准但判断地下水已达到修复极限时，可在实施风险管控措施的前提下，对残留污染物进行风险评估。若地块残留污染物对受体和环境的风险可接受，则认为达到修复效果；若风险不可接受，需对风险管控措施进行优化或提出新的风险管控措施。

对于风险管控效果，若工程性能指标和污染物指标均达到评估标准，则判断风险管控达到预期效果，应对风险管控措施继续开展运行与维护；若工程性能指标或污染物指标未达到评估标准，则判断风险管控未达到预期效果，应对风险管控措施进行优化或调整。

根据修复和风险管控工程实施情况与效果评估结论，提出后期环境监管要求。

5.4　污染地块修复效果评估的指标和标准

5.4.1　评估范围和对象

原则上，污染地块修复效果评估阶段的评估范围（表 5-4）是指需要开展治理与修复的区域，与地块修复方案中的修复范围一致。在有些情况下可能会涉及修复范围的调整，如地块利用方式变更、污染物毒性参数变化或调整等因素，应结合修复工程实际情况与管理要求进行调整。

表 5-4　污染地块修复效果评估阶段的评估范围

修复方式	土壤	地下水
基坑清理	地块修复方案中确定的基坑	—
异位修复	挖掘污染土壤后遗留的基坑 异位修复后的土壤	抽出处理后的地下水
原位修复	原位修复后的土壤	修复范围内修复后的地下水

必要时，建议在地块地下水流向的上游和下游采样，另外对于修复过程中可能产生的二次污染区域，包括污染土壤暂存区、修复设施所在区、固体废物或危险废物堆存区、运输车辆临时道路、土壤或地下水待检区、废水暂存处理区、修复过程中污染物迁移涉及的区域、其他可能的二次污染区域，应根据实际情况加以关注。

5.4.2　评估指标和标准

污染地块修复效果应建立可测的验证标准，根据不同修复技术类型选择不同的效果评估标准，并应结合污染地块修复后土壤的最终利用方式或去向，将其分为以下 3 类。

类别一：消除或降低污染物浓度的修复技术。如土壤淋洗、土壤气相抽提、热解、空气注入、氧化还原等。效果评估指标一般为修复介质中目标污染物的浓度，如土壤、地下水中污染物的浓度。对于地下水保护，考虑采用基于保护地下水的土壤污染物浓度限值或采用浸出限值。对于化学氧化、生物降解，考虑可能产生的有毒有害物质中间产物的检测或者开展生物毒性测试（特别是在中间产物不明确的情况下）。

类别二：降低迁移性和/或毒性的修复技术。如固化/稳定化。效果评估指标一般为目标污染物的浸出限值。固化技术还包括其他可能的指标，如渗透系数等。

类别三：切断污染途径的工程控制技术。如封顶、填埋、垂直/水平阻断等。效果评估指标一般为各类工程指标，如阻隔层厚度、阻隔层渗透系数等，但采用的水力控制、VOCs负压阻隔等一般为保护区域目标污染物浓度。

（1）效果评估指标

①土壤修复效果评估指标

● 基坑土壤

土壤异位修复中污染土壤被挖掘后遗留的基坑的效果评估指标一般为对应修复范围内土壤中目标污染物。

由于实际地块中常划分多个基坑，实际工作中常出现基坑相邻但清理深度与目标污染物不相同的情况，而修复范围常由地块前期调查阶段数据采用不同方式插值确定，基于土壤污染分布的不均一性与插值的理论性，相邻修复范围的分割线不能把污染物的分布客观分割。因此在修复效果评估过程中，相邻基坑目标污染物不同时，基坑交界线两侧 2 m 内应同时检测相邻基坑的目标污染物。

基坑清理后应能满足地块开发利用的要求，其坑底和侧壁土壤中污染物的浓度应为本地块调查评估和修复方案确定的污染物的修复目标值，若由于开发情景、建筑情景等的变化造成土壤暴露情景有变，应根据实际情况进行调整。

● 异位修复

土壤异位修复效果评估的对象为开展异位修复后的土壤堆体（图 5-5）。

图 5-5　异位修复后的土壤堆体

对于异位修复后的土壤，其目标污染物通常为本地块调查评估时基于本地块规划情景确定的目标污染物，实际上异位修复后的土壤不一定回填到原地块，例如有可能会作为填埋场覆土、外运到其他地块等其他用途，此时应考虑可能对接收地环境产生不利影响的污染物。所以异位修复后地块土壤的评估标准值应根据其最终去向确定。

若修复后的土壤被外运到其他地块，应根据其目的地块情况确定评估标准值，必要时需根据目的地实际情况进行风险评估；若修复后的土壤回填到原地块某区域，评估标准值为修复方案中确定的关注污染物修复目标值。

● 原位修复

原位修复后的土壤的效果评估指标为修复方案中确定的修复范围内土壤中的指标。

● 其他情况

土壤固化/稳定化修复效果通常需要物理和化学两类评价指标：物理指标包括无侧限抗压强度、渗透系数；化学指标为修复方案中确定的修复范围内土壤中的指标。

化学氧化/还原技术应考虑可能产生的有毒有害物质，并对其进行检测，在中间产物不明确的情况下，可开展生物毒性测试作为辅助。

土壤阻隔填埋技术等工程控制措施效果评估指标一般为对应的工程指标，如阻隔层厚度数等。

潜在污染区域效果评估指标应依据场地调查评估、修复过程环境监理报告等资料确定。若土壤暴露情景有变，应根据实际情况调整效果评估指标。

②地下水修复效果评估指标

效果评估指标一般为地下水修复方案中确定的指标。

化学氧化/还原技术效果评估指标除地下水修复方案中确定的指标外，还应考虑可能产生的有毒有害物质，在产物不明确的情况下可开展生物毒性测试作为辅助。

可渗透性反应墙等工程控制措施的效果评估指标一般为对应的工程指标，如阻隔层厚度数等。

潜在污染区域效果评估指标应依据场地调查评估、修复过程环境监理报告等资料确定。若场地利用方式、受体等有变，应根据实际情况调整效果评估指标。

（2）效果评估标准

● 土壤修复效果评估标准

土壤异位修复中污染土壤被挖掘后遗留的基坑的效果评估标准值为修复方案中确定的关注污染物修复目标值。

异位修复后的土壤应根据土壤去向确定效果评估标准值，若修复后土壤外运到其他场地，应根据其目的场地情况确定效果评估标准值，必要时需根据目的地实际情况进行风险评估；若修复后土壤回填到原场地某区域，效果评估标准值为修复方案中确定的关注污染物修复目标值。

原位修复后的土壤，效果评估标准值为修复方案中确定的关注污染物修复目标值。化学氧化/还原技术等可能产生的有毒有害物质的效果评估标准值可参照地区筛选值。固化/稳定化后土壤根据其不同再利用和处置方式，采用合适的浸出方法和效果评估标准值。

潜在污染区域效果评估标准值可参照地区筛选值确定。若土壤暴露情景有变，应根据实际情况调整效果评估标准值。

- 地下水修复效果评估标准值

效果评估标准值一般为场地地下水目标污染物的修复目标值。

化学氧化/还原技术效果评估标准除地下水修复方案中确定的标准外，还应考虑可能产生的有毒有害物质，效果评估标准值可参照地区筛选值或质量标准值。

5.5 污染地块修复效果评估的布点方法研究

5.5.1 效果评估布点的方法学

对于污染地块修复效果评估，特别是大型污染地块，采样数量是有限的，任何程度的细分网格、增加采样点密度，仍然可能出现不达标点，加密采样和逐点达标的方法可能导致过度花费或过度修复，因此采样布点实际上是一个统计学问题[10-12]，其本质是由总体合理抽取样本，由样本科学推断总体，即用样本的频率和数字特征评估总体的特征，在有限的样本情况下，使误判的概率在可接受范围内。

国外污染地块土壤修复效果评估主要是根据修复后场地土壤污染物的浓度分布确定场地效果评估的布点方案，同时结合场地土壤物理、化学和生物学特性及场地残留污染分布建立样本量，采用假设检验的方法确定场地土壤修复是否达标。下面对基于统计学的污染地块土壤修复效果评估流程及评估布点的方法学原理进行介绍。

（1）假设检验

假设检验是在对总体参数提出假设的基础上，利用样本信息判断假设是否成立。假设条件为无效假设 H0：$\phi \geq$标准值及备择假设；H1：$\phi <$标准值。其中ϕ为场地土壤污染物的实测浓度。假设检验主要用于土壤修复达标的检验。

污染地块土壤修复效果评估样本量的确定是基于地块残留污染的分布和控制的α、β

错误来确定的（表 5-5）。在实际应用中通过控制α、β两类错误来提高样本决策的准确性，而这两类错误的控制只有提高样本量才能实现，这就会提高成本和增加时间。同时，在同一样本区针对不同的污染物应确立一致的α错误。

表 5-5　统计检验的两类错误

基于样本数据的决策	实际情况	
	无污染	有污染
无污染	正确 功效为 $1-\beta$	错误（假阳性） （概率为α）
有污染	错误（假阴性） （概率为β）	正确 确定性为 $1-\alpha$

（2）布点采样方法

污染地块土壤修复效果评估布点采样方法常见的有简单随机抽样[13]、系统抽样[14]、分层抽样[15]、判断抽样和顺序抽样等（表 5-6）。在地块分布更均匀的情况下可采用系统抽样。样本量由于开始的随机样本点的选择的不同可能存在差异，但是当样本点增多时，样本数量的相对变异会减少。分层抽样提供了另外一种更全面的抽取场地重要区域样本的抽样方法。在分层抽样情况下，层内可以采用上述的采样方法进行采样，层间的采样方法可以不同，可依据层与层的不同情况分别采用不同的方法，例如一个可以采用系统抽样，另一个可以采用随机抽样，可用于分层的因素包括采样深度、污染物浓度、物理化学特性/地形、实验室分析技术影响、污染历史和污染源、过去的修复措施、地块风化和径流过程等。

表 5-6　常见布点采样方法及选择依据

类别	选择依据
简单随机抽样	场地样本点相互独立，对数据分布无要求
系统抽样	场地样本分布均匀
分层抽样	采样深度、污染物浓度、物理化学特性/地形、实验室分析技术影响、污染历史和污染源、过去的修复措施、地块风化和径流过程等
判断抽样	根据调查/修复资料可判断的修复薄弱点
顺序抽样	需结合场地上快速检测的分析技术，目的是减少样本量

（3）统计参数

污染地块土壤修复效果评估的参数主要有均值、上百分位数/比例数、中位数。各个参数的优缺点见表 5-7。

表 5-7 各个统计参数的优缺点

参数	优缺点	
均值	优点	① 易于计算和估计置信区间； ② 在同样的置信水平下，比其他参数所需的样本量要少； ③ 在修复标准时考虑致癌或长期的健康效应或平均暴露时采用均值比较有用
	缺点	① 仅在地块土壤包括污染物浓度变化不大的情况下适用； ② 不适用于较大范围内小区域污染存在的情况； ③ 在土壤污染物浓度变化较大的情况下不适用； ④ 不适用于有大量低于检出限的数据
上百分位数/比例数	优点	① 可以通过区域总的体积或面积的比例确定场地污染物是否超标； ② 对于变异程度较大的场地可以有效控制极端值； ③ 在检出限低于修复标准的情况下，一些方法不受低于检出限数值的影响； ④ 在污染物具有急性或严重效应的情况下，控制极端值可以确保场地的大部分污染物低于修复标准
	缺点	① 如果小范围内存在污染，但采样范围较大，比例数将会受到影响； ② 场地内低于修复标准的比例必须选择； ③ 当统计方法的假设条件较少时，统计检验所需的样本量可能会高于均值
中位数	优点	① 不受奇异值和变异程度较大的数据的影响，可以用于存在大量低于检出限的数据集中； ② 可以代替均值用于与基于致癌或场地健康效应和长期平均暴露的评估； ③ 适用于非参数检验
	缺点	无法控制极端值

参数的选择并不是唯一的，可以同时选择两个或多个统计参数，其最终样本量依二者中较大数值确定，参数选择的依据见表 5-8。

表 5-8 对长期健康效应的污染物进行统计检验的推荐参数

数据变异程度	低于检出限的数据的比较	
	低（＜50%）	高（＞50%）
变异系数较大（$C_v>0.5$）	均值（或中位数）	上百分位数/比例数
变异系数较小（$C_v<0.5$）	均值（或中位数）	中位数

（4）样本量

依据具体地块情况，选用的统计参数不同，同一布点方法所需的样本量也存在差异。样本量的确定是通过控制假设检验的α、β错误来确定最优的样本量，本研究将依据选用的统计参数分别研究每种抽样方法下的样本量。

①基于均值的置信上限

采用简单随机抽样/系统抽样时，样本量的计算公式为

$$n_d = \hat{\sigma}^2 \left(\frac{z_{1-\beta} + z_{1-\alpha}}{Cs - \mu_1} \right)^2$$

式中，α和β分别为概率为 $1-\alpha$ 和 $1-\beta$ 的正态分布的关键值；μ_1为在给定β时的总体均值；$\hat{\sigma}$为估计方差，可以通过先验知识获得。

采用分层随机抽样时，样本量的计算公式为

$$n_{hd} = \left(\sum_{h=1}^{L} W_h \sigma_h \sqrt{C_h} \right) \cdot \left(\frac{z_{1-\alpha} + z_{1-\beta}}{Cs - \mu_1} \right) \cdot \frac{W_h \sigma_h}{\sqrt{C_h}}$$

式中，n_{hd}为第 h 层的期望样本量；n_h为第 h 层的最终样本量；W_h为第 h 层的权重；σ_h为每层的估计方差；C_h为第 h 层采样、处理和分析土样的相对成本估计；L 为层数。

总样本量的计算公式为

$$n_d = n_{1d} + n_{2d} + \cdots + n_{Ld}$$

②基于上百分位数/比例数的置信上限

采用简单随机抽样时，样本量的计算公式为

$$n_d = \left[\frac{z_{1-\beta}\sqrt{P_1(1-P_1)} + z_{1-\alpha}\sqrt{P_0(1-P_0)}}{P_0 - P_1} \right]^2$$

式中，$z_{1-\alpha}$和$z_{1-\beta}$分别为正态分布下概率 $1-\alpha$、$1-\beta$ 的关键值；P_0为场地设定达标的标准，是一个比例数；P_1为控制β场地的平均比例数。

采用分层随机抽样时，样本量的计算公式为

$$n_{hd} = P_h(1-P_h) \cdot \left(\sum_{h=1}^{L} W_h \sqrt{C_h} \right) \cdot \left(\frac{z_{1-\alpha} + z_{1-\beta}}{P_0 - P_1} \right) \cdot \frac{W_h}{\sqrt{C_h}}$$

式中，n_{hd}为第 h 层的期望样本量；n_h为第 h 层的最终样本量；W_h为第 h 层的权重；C_h为第 h 层采样、处理和分析土样的相对成本估计；L 为层数。y_{hi}为赋值数据，当 y_{hi}=1 时，污染物浓度大于标准值；否则y_{hi}<0，h 为层号。

③基于正态分布或对数正态置信区间的百分位数检验

采用简单随机抽样时，其样本量的计算公式为

$$n_d = \frac{z_{1-\beta} + z_{1-\alpha}}{z_{1-P_0} + z_{1-P_1}}$$

式中，$z_{1-\alpha}$、$z_{1-\beta}$、z_{1-P_0}、z_{1-P_1} 分别为α、β、P_0、P_1 的正态分布的关键值，该样本量比采用二项分布计算的数据量要小，这是因为基于正态分布假设的置信区间的效率更高。

④顺序抽样

顺序抽样可用于样本收集完成或者一小批样品收集完成的情况，因此顺序抽样可用于确定是否需要确定额外采样或者判断现有样本是否达标。顺序抽样通过假设检验来随时决定是否需要接受和拒绝原假设，适用于污染地块很清洁或者污染很严重的两种情形。其所需的样本量将少于其他几种采样方法。该方法需结合场地上一些快速检测的分析技术。例如，监测挥发性其他的 H-NU'S 离子专门探头或场地扫描设备等，但需要权衡的是快速检测设备虽然快，但其检测精度比传统的检测技术要低，因此该方法的使用需要慎重。顺序抽样采用边分析边检验的方法，可以大大减少所需的样本量和所需的成本，采用顺序抽样，在同样的α、β、P_0、P_1 所需的样本量将比之前的检验方法减少 30%～60%，顺序检验参数及拒绝域和接受域的建立方法如下。

针对给定的α、β、P_0、P_1，计算拒绝域和接受域的斜率：

$$M = \frac{\ln\left(\dfrac{1-P_0}{1-P_1}\right)}{\ln\left(\dfrac{1-P_0}{1-P_1} \Big/ \dfrac{P_0}{P_1}\right)}$$

确定拒绝域和接受域的斜率与 y 轴的交点：

$$C_A = \frac{\ln[(1-\alpha)/\beta]}{\ln[(P_0/P_1)/(1-P_0)/(1-P_1)]}$$

$$C_B = \frac{\ln[\alpha/(1-\beta)]}{\ln[(P_0/P_1)/(1-P_0)/(1-P_1)]}$$

计算其他统计检验所需的样本量：

$$n = \left[\frac{z_{1-\beta}\sqrt{P_1(1-P_1)} + z_{1-\alpha}\sqrt{P_0(1-P_0)}}{P_0 - P_1}\right]^2$$

式中，Cs 为修复目标值；P_0 为场地是否受到污染的标准；P_1 为基于备择假设下控制β 错误的 P 值（P 为真实但是未知的高于标准值的污染物比例）；β、k 为超过修复目标值的累积样点数；n 为样本量。

在污染物浓度与标准差别不大的情况下，顺序抽样可能需要更多的样本直至样本接近其他统计检验所需的样本，实际情况还有可能是在这种情况下顺序抽样获得一个高浓度的样本，若其获得样本已达到其他方法样本量的 2 倍以上，则建议停止采样。

5.5.2　国外效果评估布点数量研究

（1）基坑采样数量

① 美国密歇根州自然资源部

美国密歇根州自然资源部推荐的基坑底部与侧壁采样数量见表 5-9。

表 5-9　美国密歇根州自然资源部基坑底部与侧壁采样数量推荐

基坑底部采样数量		
面积/ft^2	面积/m^2	数量/个
$x<500$	$x<46.45$	2
$500\leqslant x<1\,000$	$46.45\leqslant x<92.90$	3
$1\,000\leqslant x<1\,500$	$92.90\leqslant x<139.35$	4
$1\,500\leqslant x<2\,500$	$139.35\leqslant x<232.26$	5
$2\,500\leqslant x<4\,000$	$232.26\leqslant x<371.61$	6
$4\,000\leqslant x<6\,000$	$371.61\leqslant x<557.42$	7
$6\,000\leqslant x<8\,500$	$557.42\leqslant x<789.68$	8
$8\,500\leqslant x<10\,890$	$789.68\leqslant x<1\,011.71$	9
基坑侧壁采样数量		
面积/ft^2	面积/m^2	数量/个
$x<500$	$x<46.45$	4
$500\leqslant x<1\,000$	$46.45\leqslant x<92.90$	5
$1\,000\leqslant x<1\,500$	$92.90\leqslant x<139.35$	6
$1\,500\leqslant x<2\,000$	$139.35\leqslant x<185.81$	7
$2\,000\leqslant x<3\,000$	$185.81\leqslant x<278.71$	8
$3\,000\leqslant x<4\,000$	$278.71\leqslant x<371.61$	9
$x>4\,000$	$x>371.61$	每 45 ft^2 1 个样品

② 新西兰

新西兰基坑推荐的采样数量见表 5-10。

表 5-10　新西兰基坑推荐的最低采样数量

95%置信可探明的热点区域直径/m	网格大小/m	场地面积/m^2	最低采样数量/个
11.8	10.0	500	5
15.2	12.9	1 000	6
19.9	16.9	2 000	7
21.5	18.2	3 000	9
22.5	19.1	4 000	11
23.1	19.6	5 000	13
23.6	20.0	6 000	15
23.9	20.3	7 000	17
24.2	20.5	8 000	19
25.0	21.2	9 000	20
25.7	21.8	10 000	21
28.9	24.5	15 000	25
30.5	25.8	20 000	30
31.5	26.7	25 000	35
32.4	27.5	30 000	40
32.9	27.9	35 000	45
33.4	28.3	40 000	50
34.6	29.3	45 000	52
35.6	30.2	50 000	55

③ 美国怀俄明州环境质量部

美国怀俄明州环境质量部对于面积小于或等于 10 000 ft^2（929.03 m^2）的区域推荐数量见表 5-11，对于面积大于 10 000 ft^2（929.03 m^2）的区域网格大小为 400～1 000 ft^2（37.16～92.90 m^2）。

表 5-11　美国怀俄明州推荐采样数量

基坑底部采样数量		
面积/ ft^2	面积/m^2	数量/个
$x<500$	$x<45.65$	1
$500\leqslant x<1\,000$	$45.65\leqslant x<92.90$	2

基坑底部采样数量		
面积/ ft²	面积/m²	数量/个
1 000≤x<1 500	92.90≤x<139.35	3
1 500≤x<2 500	139.35≤x<232.26	4
2 500≤x<4 000	232.26≤x<371.61	5
4 000≤x<6 000	371.61≤x<557.42	6
6 000≤x<8 500	557.42≤x<789.68	7
8 500≤x<10 000	789.68≤x<929.03	8
基坑侧壁采样数量		
面积/ ft²	面积/m²	数量/个
x<100	x<9.29	4
100≤x<200	9.29≤x<18.58	5
200≤x<300	18.58≤x<27.87	6
300≤x<500	27.87≤x<45.65	7
x≥500	x≥45.65	8

（2）堆体采样数量

①美国明尼苏达州

美国明尼苏达州推荐堆体采样数量见表 5-12。

表 5-12 美国明尼苏达州推荐堆体采样数量

土壤堆体体积/CY	堆体体积/m³	采样数量/个
0～500	0～382.28	每 75.46 m³ 1 个样品
501～1 000	382.28～764.55	每 191.13 m³ 1 个样品
>1 001	>764.55	每 382.28 m³ 1 个样品

资料来源：Risk based site characterization and sampling guidance，Minnesota Pollution Control Agency Site Remediation Section，1995。

注：CY：cubic yards，立方码。

对于石油污染的异位处理/处置的土壤堆体，对于挥发性有机污染物（volatile organic compounds，VOCs）、汽油类污染物（gasoline range organics，GRO）和柴油类污染物（diesel range organic，DRO），要求的采样数量见表 5-13。

表 5-13　美国明尼苏达州推荐的受污染的土壤堆体的随机采样数量要求

土壤堆体体积/CY	土壤堆体体积/m^3	随机采样数量/个
<50	<38.23	1
51～500	38.23～382.28	2
501～1 000	382.28～764.55	3
1 001～2 000	764.55～1 529.11	4
2 001～4 000	1 529.11～3 058.21	5
每增加 2 000	每增加 1 529.11	每增加 1 个样品

如果土壤堆体体积小于 10 CY（7.65 m^3），并不需要采集土壤样品进行分析，除非它是危险废物。

对于重金属类污染物以及多氯联苯（polychlorinated biphenyls，PCBs），要求收集单独的混合样品。混合样的收集方式如下：从一个土壤堆体中随机采集 15 个土壤样品，将收集的样品放入清洁的容器内进行充分的混合后，再取样进行污染物分析。

②美国明尼苏达州农业部

美国明尼苏达州农业部对于农业化学品的事故场地，根据土壤堆体的大小来确定所需采集混合样品的最小数量（表 5-14）。

表 5-14　美国明尼苏达州农业部推荐的土壤堆体采集混合样品的最小数量

土壤堆体体积/CY	土壤堆体体积/m^3	采集混合样品的最小数量/个
<200	<152.91	1
201～500	152.91～382.28	2
501～1 000	382.28～764.55	3
1 001～2 000	764.55～1 529.11	4
每增加 2 000	每增加 1 529.11	每增加 1 个样品

③美国新泽西州环保局

美国新泽西州环保局推荐的土壤堆体的采样数量见表 5-14。

表 5-15　美国新泽西州环保局推荐的土壤堆体的采集数量

土壤堆体体积/CY	堆体体积/m^3	无判断的默认采样数量/个	有判断的抽样采样数量/个
0～20	0～15.29	1	1
20.1～40	15.29～30.58	2	2
40.1～60	30.58～45.87	3	2
60.1～80	45.87～61.16	4	2
80.1～100	61.16～75.46	5	2
100.1～200	75.46～152.91	6	3
200.1～300	152.91～229.37	7	3
300.1～400	229.37～305.82	8	4
400.1～500	305.82～382.28	9	4
500.1～600	382.28～458.73	10	5
600.1～700	458.73～535.19	11	5
700.1～800	535.19～611.64	12	6
800.1～900	611.64～688.10	13	6
900.1～1 000	688.10～765.56	14	7
1 000.1～2 000	765.56～1 529.11	15	8
2 000.1～3 000	1 529.11～2 293.66	16	9
3 000.1～4 000	2 293.66～3 058.21	17	10
4 000.1～5 000	3 058.21～3 822.77	18	11
5 000.1～6 000	3 822.77～4 587.32	19	12
6 000.1～7 000	4 587.32～5 351.88	20	13
7 000.1～8 000	5 351.88～6 116.43	21	14
8 000.1～9 000	6 116.43～6 880.98	22	15
9 000.1～10 000	6 880.98～7 645.54	23	16

5.5.3　土壤修复效果评估布点方法

（1）基坑清理效果评估布点

①评估对象

基坑清理效果评估对象为地块修复方案中确定的基坑。

②采样节点

污染土壤被清理后遗留的基坑底部与侧壁，应在基坑清理之后、回填之前进行采样。

若基坑侧壁采用基础围护，则宜在基坑清理的同时进行基坑侧壁采样，或在基础围护实施后于围护设施外边缘采样。可根据工程进度对基坑进行分批次采样。

③布点数量与位置

根据基坑污染物浓度分布特征，运用统计方法确定采样方法、计算采样数量。基坑底部和侧壁推荐采样点数量见表 5-16。

表 5-16　基坑底部和侧壁推荐最少采样点数量

基坑面积/m^2	坑底采样点数量/个	侧壁采样点数量/个
x<100	2	4
101≤x<1 000	3	5
1 001≤x<1 500	4	6
1 501≤x<2 500	5	7
2 501≤x<5 000	6	8
5 001≤x<7 500	7	9
7 501≤x<12 500	8	10
x>12 500	网格大小不超过 40 m×40 m	采样点间隔不超过 40 m

基坑底部一般采用系统布点法，当基坑侧壁水平方向上采用等距离布点方法时，根据边长确定采样点数量，布点位置参见图 5-6。

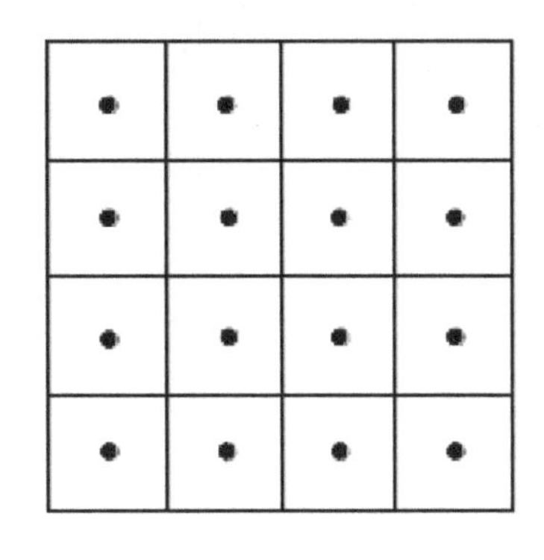

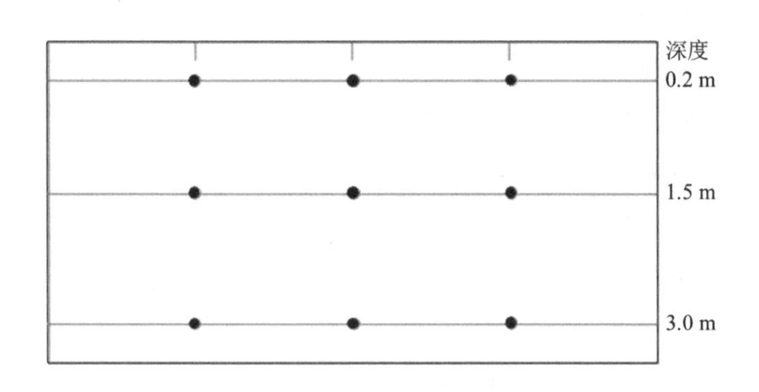

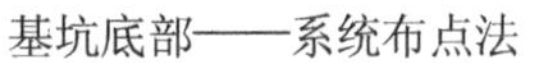

基坑侧壁——等距离布点法

图 5-6　基坑底部与侧壁布点位置

当基坑深度大于 1 m 时，侧壁应进行垂向分层采样，应考虑地块土层性质与污染垂向分布特征，在污染物易富集位置设置采样点，各层采样点之间垂向距离不大于 3 m，并同时结合地块地层特征确定采样位置。基坑底部和侧壁的样品以去除杂质后的土壤表层样为主（0～20 cm），不排除深层采样。基坑布点应参考地块评价中的重点污染区域，考虑修复过程中可能产生二次污染的区域。

对于重金属和半挥发性有机物，在一个采样网格和间隔内可采集混合样，采样方法参照 HJ 25.2 执行。

（2）土壤异位修复效果评估布点

①评估对象

土壤异位修复效果评估的对象为异位修复后的土壤堆体。

②采样节点

异位修复后的土壤应在修复完成后、再利用之前采样。按照堆体模式进行异位修复的土壤，宜在堆体拆除之前进行采样。异位修复后的土壤堆体，可根据修复进度进行分批次采样。

③布点数量与位置

修复后土壤原则上每个采样单元（每个样品代表的土方量）不应超过 500 m^3，也可根据修复后土壤中污染物浓度分布特征参数计算修复差变系数，根据不同差变系数查询计算对应的推荐采样单元大小（表 5-17），从而计算得到地块所需的采样数量。

表 5-17　修复后土壤采样单元大小

差变系数	采样单元大小/m^3
0.05～0.20	100
0.20～0.40	300
0.40～0.60	500
0.60～0.80	800
0.80～1.00	1 000

对于按批次处理的修复技术，在符合前述要求的同时，每批次至少采集 1 个样品；对于按堆体模式处理的修复技术，若在堆体拆除前采样，在符合前述要求的同时，应结合堆体大小设置采样点，推荐数量参见表 5-18。

修复后土壤一般采用系统布点法设置采样点，建立三维网格均匀布点；同时对于修复效果不均匀的技术，应考虑修复效果空间差异，在修复效果薄弱区增设采样点。重金属和半挥发性有机物可在采样单元内采集混合样，采样方法参照 HJ 25.2 执行。

表 5-18　堆体模式修复后土壤采样点数量

堆体体积/m^3	采样点数量/个
<100	1
101～300	2
301～500	3
501～1 000	4
每增加 500	每增加 1 个

修复后土壤堆体的高度应便于修复效果评估采样工作的开展。

（3）土壤原位修复效果评估布点

①评估对象

土壤原位修复效果评估的对象为原位修复后的土壤。

②采样节点

原位修复后的土壤应在修复完成后进行采样。原位修复的土壤可按照修复进度、修复设施设置等情况分区域采样。

③布点数量与位置

原位修复后的土壤水平方向上采用系统布点法，推荐采样数量参照表 5-15。

原位修复后的土壤垂直方向上采样深度应不小于调查评估确定的污染深度以及修复可能造成污染物迁移的深度，根据土层性质设置采样点，原则上垂向采样点之间距离不大于 3 m，具体根据实际情况确定。

应结合地块污染分布、土壤性质、修复设施设置等，在高浓度污染物聚集区、修复效果薄弱区、修复范围边界处等位置增设采样点。

（4）土壤修复二次污染区域布点

①评估范围

土壤修复效果评估范围应包括修复过程中的潜在二次污染区域。

潜在二次污染区域包括污染土壤暂存区、修复设施所在区、固体废物或危险废物堆存区、运输车辆临时道路、土壤或地下水待检区、废水暂存处理区、修复过程中污染物迁移涉及的区域、其他可能的二次污染区域。

②采样节点

潜在二次污染区域土壤应在此区域开发使用之前进行采样。可根据工程进度对潜在二次污染区域土壤进行分批次采样。

③布点数量与位置

潜在二次污染区域土壤原则上根据修复设施设置、潜在二次污染来源等资料判断布点，也可采用系统布点法设置采样点，采样点数量参照表 5-15。

潜在二次污染区域样品以去除杂质后的土壤表层样（0～20 cm）为主，不排除深层采样。

（5）地下水修复效果评估布点方法

①评估范围

地下水修复效果评估范围应包括地下水修复范围的上游、内部和下游，以及修复可能涉及的二次污染区域。

②采样节点

地下水处于稳定状态主要依据统计分析、地下水模型，以及对本场地情况熟悉的水文地质学家的意见，需同时达到两个方面要求：地下水位、流量、季节变化等指标与修复活动开展前基本相同；若修复活动改变了地下水系统，则需要达到预期的稳定状态，且修复活动的后续影响相对于季节变化可忽略。污染物浓度的统计特征（均值、标准差）不随时间发生较大的波动。地下水稳定状态后的采样检测数据可作为修复效果评估的依据。

一般情况下，地下水修复实施后污染物浓度变化可参见图 5-7。该图中③为修复工程结束节点（修复设施停止运行）；③～④为修复设施停止运行后土壤和地下水中污染物有可能出现的反弹和拖尾阶段，在此阶段需要阶段性的检测来证明修复效果是否反弹；若污染物浓度趋势证明未超过修复目标值，则可进入⑤～⑥效果评估采样阶段，此阶段的主要

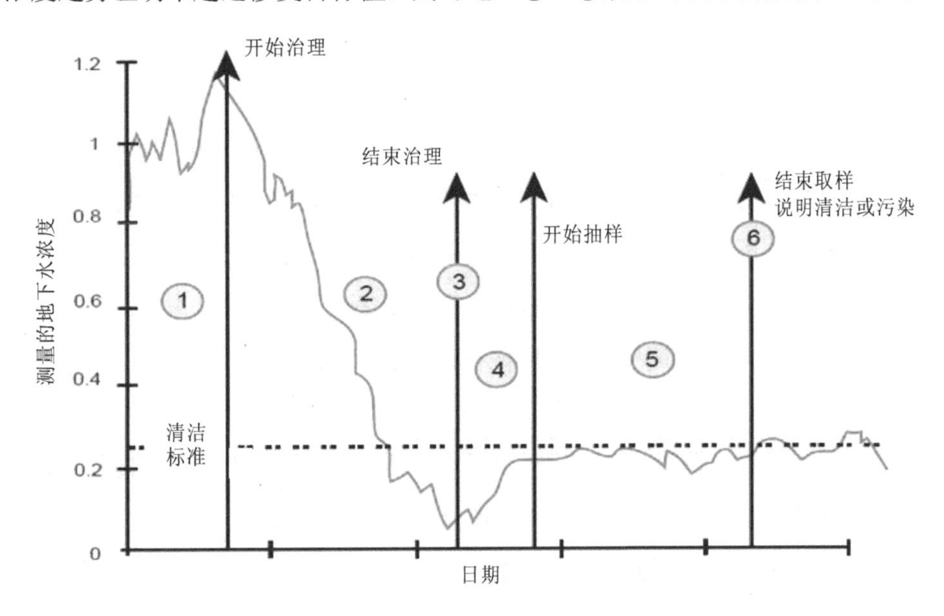

图 5-7　地下水修复实施后污染物浓度变化

目的是证明污染物浓度是否稳定低于修复目标值，污染物趋势被证明稳定低于修复目标值方可得到场地修复达标的结论。因此，在地下水修复停止运行后，修复效果评估周期需包含两个阶段：③～④证明修复达标；⑤～⑥证明修复效果稳定达标。

需初步判断只有地下水中污染物浓度稳定达标且地下水流场达到稳定状态，才可进入地下水修复效果评估阶段。

原则上采用修复工程运行阶段监测数据进行修复达标初判，至少需要连续 4 个批次的季度监测数据。若地下水中污染物浓度均未检出或低于修复目标值，则初步判断达到修复目标；若部分浓度高于修复目标值，可采用均值检验或趋势检验方法进行修复达标初判，当均值的置信上限（upper confidence limit，UCL）低于修复目标值、浓度稳定或持续降低时，则初步判断达到修复目标。

若修复过程未改变地下水流场，则地下水水位、流量、季节变化等与修复开展前应基本相同；若修复过程改变了地下水流场，则需要达到新的稳定状态，地下水流场受周边影响较大等情况除外。

③采样持续时间和频次

地下水修复效果评估采样频次应根据地块地质与水文地质条件、地下水修复方式确定，如水力梯度、渗透系数、季节变化和其他因素。

修复效果评估阶段应至少采集 8 个批次的样品，采样持续时间至少为 1 a。原则上采样频次为每个季度 1 次，两个批次之间间隔不得少于 1 个月。对于地下水流场变化较大的地块，可适当提高采样频次。

④布点数量与位置

应结合场地地下水污染源及污染羽的空间分布、水文地质条件的非均质性、污染物的迁移特性、修复技术的潜在薄弱点设置地下水监测点，优先设置在修复设施运行薄弱区、地质与水文地质条件不利区域等。原则上修复范围上游地下水采样点不少于 1 个，修复范围内采样点不少于 3 个，修复范围下游采样点不少于 2 个。

原则上修复效果评估范围内部采样网格不宜大于 80 m×80 m，存在非水溶性有机物或污染物浓度高的区域，采样网格不宜大于 40 m×40 m。

可充分利用地块环境调查、工程运行阶段设置的监测井，现有监测井应符合地下水修复效果评估采样条件。未通过效果评估前，被验收方应保持场地评价和修复过程中使用的地下水监测井完好。监测井设置按照 HJ 25.2 的规定执行。

5.6 污染地块修复效果评估方法研究

5.6.1 土壤修复效果评估方法

污染地块达标检验的思路是根据场地土壤污染物总体均值的95%置信上限与场地修复目标进行比较，确定场地是否达标，具体方法如下。

（1）逐个对比

当评估区域采样数量少于 8 个时，必须采用逐个对比方法进行评价。

当检测值小于或等于效果评估标准时，达到效果评估标准要求；当检测值大于效果评估标准时，未达到效果评估标准要求。

（2）统计检验

当评估区域采样数量大于或等于 8 个时，可采用统计分析方法进行修复效果评价。一般用整体均值的 95%置信上限与标准值比较。

①若整体均值的 95%置信上限大于标准值，则认为场地未达到修复效果。

②若同时符合下述情况，则认为场地达到修复效果：a. 整体均值的 95%置信上限小于或等于标准值；b. 样品浓度最大值不超过标准值的 2 倍；c. 超标点不集中在某一区域。

若同一污染物污染的样品中平行样数量累积大于或等于 4 组时，可结合 t 检验方法，分析采样和检测过程中的误差，确定检测值与标准值的差异。若各样本点的检测值显著低于标准值或与标准值差异不显著，则认为该场地达到修复效果；若某样本点的检测值显著高于标准值，则认为场地未达到修复效果。

平行样的 t 检验方法可以和逐个对比联合使用，也可和 95%置信上限联合使用。

5.6.2 地下水修复效果评估方法

地下水监测包括修复监测、达标监测和达标评估 3 个阶段。本研究针对每一阶段推荐了最小样本量。最小样本量的确定是基于现有的地下水监测和统计学规律来确定的。由于修复监测阶段并不是地下水监测井的最终决策点，该阶段所采用的最低样本量可以通过图示或者统计评估方法（趋势检验或均值检验）做出，因此建议这一阶段的最低样本量为 4 个，对于正态分布而言，4 个样本足以反映地下水污染情况。达标检验阶段的决策对于地下水最终达标的决策更重要，需要确保目前地下水达标且未来持续达标，建议最低样本量为 8 个，以确保图示或者统计评估方法（趋势检验或均值检验）的有效性。尽管上述两个阶段都推荐了最低样本量，但是应考虑具体场地的条件和采用的统计方法及其置信区间，确定合适的样本量。

地下水采样频率和采样持续时间应根据具体场地的水流条件来确定，如水力梯度、渗透系数、季节变化和其他因素。采样频率应确保有足够的数据用于修复监测和达标监测评估，同时应避免采样间隔过长，许多场地采用季节性采样频率。同时采样频率应确保蓄水层的代表性样品，并且建议以每月 1 次作为最短的时间间隔。

（1）修复监测阶段

修复监测阶段的样本量最少为 4 个。地下水污染物浓度达到稳态的确定方法如下：通过非统计或图示方法进行数据分析，若监测值均为未检出或部分未检出，部分低于修复目标值，则可直接确定地下水污染物浓度达到修复目标值；若部分监测值高于修复目标值，则应采用均值检验或趋势检验的方法确定地下水污染物浓度是否达到修复目标值。

（2）达标监测阶段

场地达标监测阶段开始必须在确定修复监测阶段评估地下水污染物浓度达到稳态时进行；达标监测工作要求针对每口井分别进行评估；当采用异位（主动）修复技术进行地下水修复时，若采用永久性的阻隔技术，则修复监测阶段的数据可以用于达标监测阶段；若没有采用类似技术，则修复监测阶段的数据不能用于场地达标监测；若采用原位（被动）修复技术，如自然衰减修复技术，则地下水达标监测可不采集样本，但是如果确定地下水修复已经达到修复目标，则应采集样品确定修复完成。达标监测的监测频率应确保有足够的数据用于达标监测，同时应避免采样间隔过长，场地可采用季节性采样频率，同时采样频率应确保蓄水层的代表性样品，并且建议以每月 1 次作为最短的时间间隔。

（3）达标评估阶段

达标监测数据分析确定监测井已经达到稳态，建议继续采样并进行数据分析以确认评估达标监测阶段的结束。达标监测阶段的结束评估应针对每个监测井中每种污染物分别进行。达标监测阶段的数据可以用于地下水达标评估阶段，最低样本量为 8 个。如果数据均低于检出限或修复目标值，则可推断地下水修复达标，并且达到稳态。

地下水修复达标评估采用均值的 95%置信上限与修复目标进行比较，若 95%置信上限小于或等于修复目标值，则说明目前地下水修复达标；若 95%置信上限大于修复目标，则说明地下水修复未达标。在某些情形下，非统计方法或者图示方法可确定地下水修复达标，如所有数据均为未检出或部分未检出，部分低于修复目标值。

地下水关注污染物达标稳态评估方法为当数据服从正态分布或者可以转换为正态分布时，可以采用参数时间趋势分析；若时间不服从正态分布，则可以采用非参数时间序列分析。当趋势线的斜率为零或者负值时，则说明地下水关注污染物浓度呈稳态或者下降趋势，可以断定地下水关注污染物浓度将持续达标；若趋势线斜率大于零，则趋势线呈现上升趋势，地下水关注污染物浓度存在反弹的情况，仍需继续进行达标监测。若置信上限低于修复目标且趋势线斜率为零或者负值时，则说明地下水达标监测。在每个监测井的关注污染物达标监测均完成后，还应考虑监测井的未来用途。在某些情况下，还需在一定时间间隔内进行井的监测以确保监测井的达标，直到解除。

5.7 案例示范一：某焦化厂遗留污染地块异位修复效果评估案例

5.7.1 项目背景

案例地块位于北京市朝阳区，该地块曾是北京管道煤气的主要生产基地，主要为大型冶金、化工企业提供各种规格的优质焦炭。2006 年年底，该厂全部停产。2008 年前，完成了全部厂区搬迁工作。案例场地区域主要作为保障性住房开发，为确保该地块土地开发利用中的人体健康以及环境质量安全，2010 年，该地块完成了更详细的污染调查评估与修复方案编制。

为保证污染土壤修复效果，彻底解决环境遗留问题，受建设单位委托，验收单位对该地块污染土壤清理情况及修复情况进行验收。本次验收对象为已经清挖完成的 4 个基坑：U1-1、U1-2、U1-3 以及 U3-1，验收内容为 4 个基坑内污染土壤的清理状况。

5.7.2 地块污染及修复概况

（1）地块污染概况

根据该地块土壤污染治理修复方案，U1-1、U1-2、U1-3 的基坑污染深度均为 0～1.5 m，U3-1 基坑污染深度为 5.5～10 m。其中，U1-1、U1-2、U1-3 的基坑需进行修复的污染物为多环芳烃中的苯并[*a*]蒽，苯并[*b*]荧蒽、苯并[*k*]荧蒽，苯并[*a*]芘，茚并[1,2,3-*cd*]芘，二苯并[*a*,*h*]蒽；U3-1 基坑需进行修复的污染物为萘。

（2）地块修复方案

U1-1、U1-2、U1-3 及 U3-1 基坑总污染面积为 27 822 m^2，总污染土方量为 46 161 m^3，其中 U1-1、U1-2、U1-3 基坑污染深度均为 0～1.5 m，污染面积为 25 608 m^2，总污染土方量为 38 412 m^3；U3-1 基坑的污染深度为 6.5～10.0 m，污染面积为 2 214 m^2，总污染土方量为 7 749 m^3。每个基坑的污染面积及污染土方量如表 5-19 所示，其清理区域如图 5-8 所示。

表 5-19　U1-1、U1-2、U1-3 及 U3-1 基坑污染面积及污染土方量

基坑编号	污染深度/m	污染面积/m^2	污染土方量/m^3
U1-1	0～1.5	17 946	26 919
U1-2	0～1.5	6 344	9 516
U1-3	0～1.5	1 318	1 977
U3-1	6.5～10.0	2 214	7 749
合计		27 822	46 161

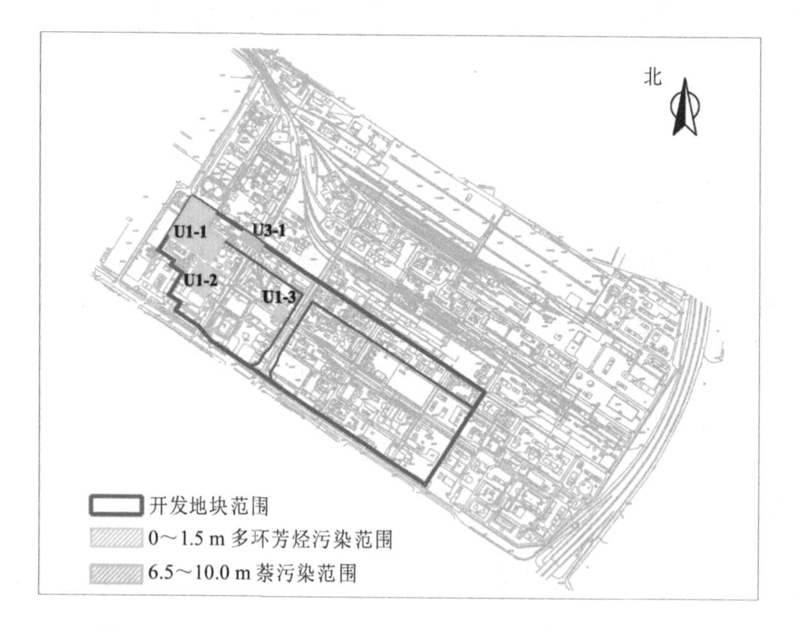

图 5-8　U1-1、U1-2、U1-3 及 U3-1 基坑污染土壤清理区域

根据该地块土壤污染治理修复方案，土壤中苯并[*a*]蒽，苯并[*b*]荧蒽、苯并[*k*]荧蒽，苯并[*a*]芘，茚并[1,2,3-*cd*]芘，二苯并[*a,h*]蒽以及萘的修复目标如表 5-20 所示。

表 5-20　土壤污染物修复目标值　　单位：mg/kg

污染物名称	修复目标值
苯并[*a*]蒽	0.5
苯并[*b*]荧蒽、苯并[*k*]荧蒽	0.5
苯并[*a*]芘	0.2
茚并[1,2,3-*cd*]芘	0.41
二苯并[*a,h*]蒽	0.22
萘	50

（3）地块修复方案实施情况

修复方由专人负责，组织施工单位实施，对 U1-1、U1-2、U1-3 及 U3-1 基坑污染土壤进行清理。在污染土壤清理过程中，修复方对可能产生二次污染的环节进行严格监控和管理。U1-1、U1-2、U1-3 基坑污染土壤清理现场如图 5-9 所示。

图 5-9 U1-1、U1-2、U1-3 及 U3-1 基坑污染土壤清理现场

5.7.3 修复效果评估的内容与程序

（1）评估内容

本次污染地块修复效果评估内容为污染地块基坑清理情况验收；验收对象为在修复范围内污染土壤清理完成后 U1-1、U1-2、U1-3 及 U3-1 基坑内的遗留土壤，检测基坑内遗留土壤中的污染物浓度是否达到修复目标。

（2）评估程序

本次污染地块修复效果评估工作程序包括文件审核与现场勘察、采样布点方案制订、现场采样与实验室检测、修复效果评价（是否达到验收标准）、验收报告编制 5 个步骤。污染地块修复效果评估工作程序流程如图 5-10 所示。

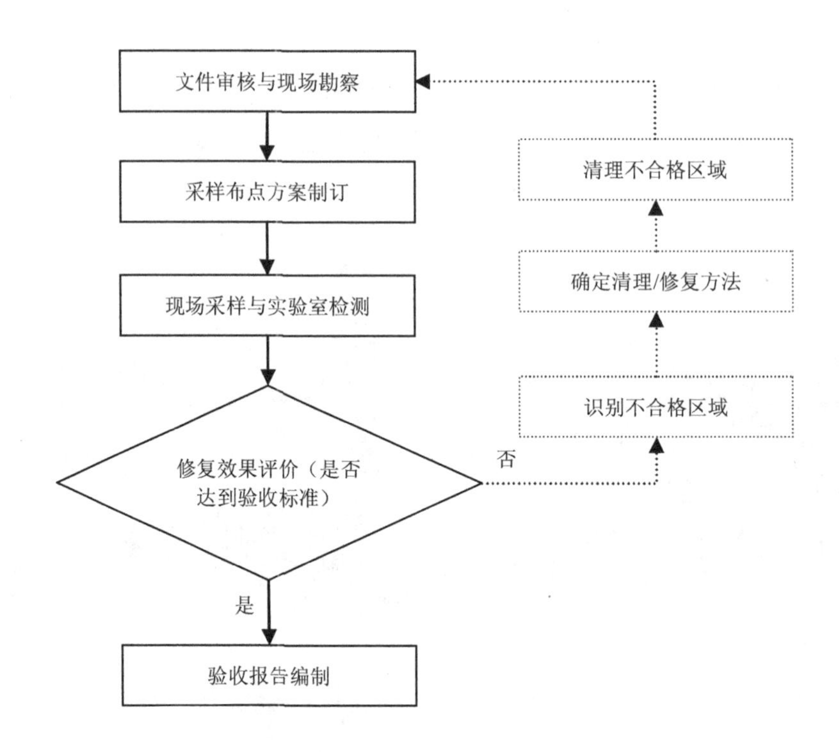

图 5-10　污染地块修复效果评估工作程序流程

（3）评估项目与标准

本次修复效果评估项目为 U1-1、U1-2、U1-3 及 U3-1 基坑的修复目标污染物。具体检测指标如表 5-21 所示。

表 5-21　U1-1、U1-2、U1-3 及 U3-1 基坑评估检测指标

基坑编号	检测指标
U1-1	苯并[*a*]蒽，苯并[*b*]荧蒽、苯并[*k*]荧蒽，苯并[*a*]芘，茚并[1,2,3-*cd*]芘，二苯并[*a,h*]蒽
U1-2	
U1-3	
U3-1	萘

本次验收标准为 U1-1、U1-2、U1-3 及 U3-1 基坑土壤污染物的修复目标值。修复目标值来源于该地块土壤污染治理修复方案。

5.7.4　现场采样与实验室分析

（1）现场采样

现场基坑挖掘、清运完成后，经工程监理对挖掘深度、挖掘面积进行复核，复核后验收方需对清理后的场地进行样品采集，通过实验室检测分析以确定修复后的场地土壤中污染物含量是否达到相关标准要求。

（2）布点方案

本场地采样布点原则主要依据《北京市场地修复验收技术规范》（DB11/T 783—2011）、《场地环境监测技术导则》（HJ 25.2—2014）、《污染场地风险评估技术导则》（HJ 25.3—2014）、《场地环境评价导则》（DB11/T 656—2009），并参考美国密歇根州、怀俄明州以及新西兰等国家和地方的相关标准。

本次验收对象为基坑修复范围内的遗留土壤，采样点位于坑底和侧壁，以表层样（0～0.2 m）为主。布点方案如下。

坑底采用网格布点的方法。根据上述标准规范确定采样点数量和位置，采样点位置依据基坑形状可在局部进行微调（图 5-11）。

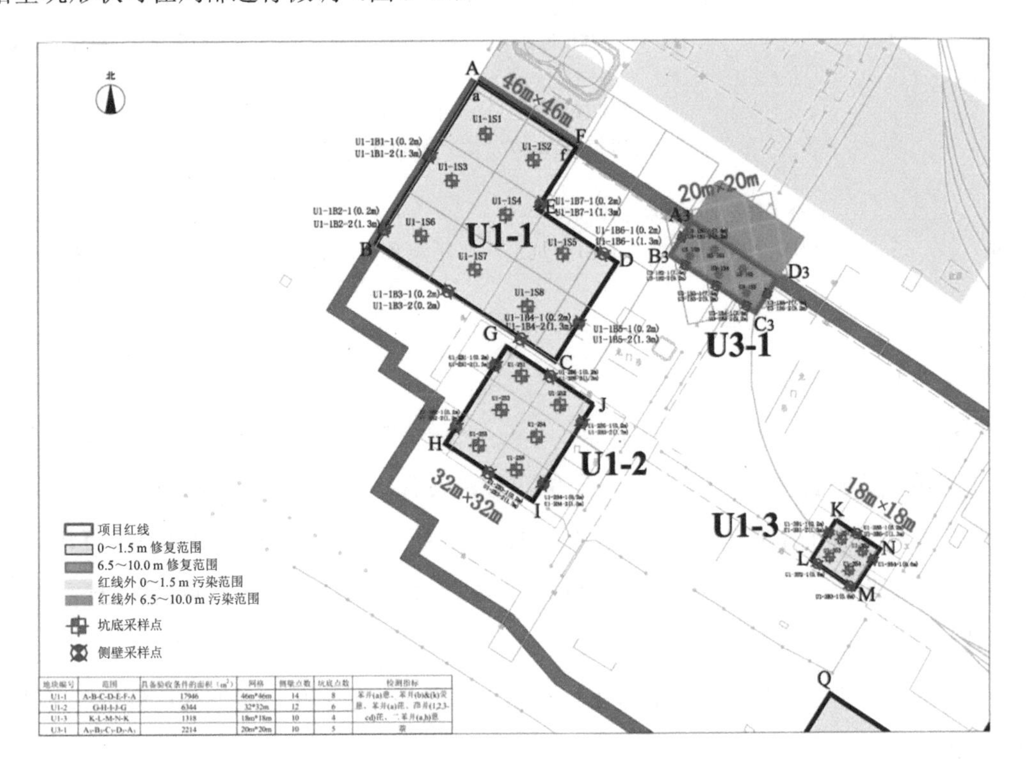

图 5-11　U1-1、U12、U13 及 U3-1 基坑布点

侧壁采用等距离布点的方法，根据地块周长确定采样点数量。由于进行验收的基坑修复深度分别为 1.5 m、3.5 m，侧壁进行垂向分层采样，垂向均分为 2 层。对于修复深度为 1.5 m 的基坑，第一层为 0～0.8 m，第二层为 0.8～1.5 m，采样位置分别位于垂向 0～0.2 m、1.3～1.5 m；对于修复深度为 3.5 m 的基坑，第一层为 6.5～8.3 m，第二层为 8.3～10.0 m，采样位置分别位于垂向 7.4～7.6 m、9.2～9.4 m。对于不具备分层采样的采样点，将根据实际情况进行调整。

本地块此次拟进行验收的基坑具体布点方案如表 5-22 所示。

表 5-22　U1-1、U1-2、U1-3 及 U3-1 基坑布点方案

地块编号	检测指标	面积/m^2	周长/m	深度/m	采样点数/个		采样点总数/个
					坑底	侧壁	
U1-1	苯并[a]蒽，苯并[b]荧蒽、苯并[k]荧蒽，苯并[a]芘，茚并[1,2,3-cd]芘，二苯并[a,h]蒽	17 946	503[a, b]	0～1.5	8	7×2	22
U1-2		6 344	319	0～1.5	6	6×2	18
U1-3		1 318	145	0～1.5	4	5×（2-3）[c]	11
U3-1	萘	2 214	134[d]	1.5～10	5	5×2	15
合计							66

注：a 不包含图 5-11 中 AF 侧壁长度。由于 U1-1 基坑侧壁 AF 北侧仍为污染土，因此本次验收不对 AF 进行样品采集和验收。

b 根据修复方提供的《基槽平面及标高实测记录》中的说明，由于 AF 为该厂原有道路，现场不具备施工条件，实际开挖位置为图 5-11 中 af，af 位于原开挖线 AF 以南 7 m，af 以北、AF 以南污染土将与项目红线外污染土一并处理。

c 由于 U1-3 侧壁有部分采样点处有路基砾石，不具备垂向分层采样条件，因此只在侧壁垂向上采集 1 个样品。

d 不包含图 5-11 中 A3D3 侧壁长度。由于 U3-1 基坑侧壁 A3D3 北侧仍为污染土，因此本次验收不对 A3D3 进行样品采集和验收。

（3）现场采样和质量控制

根据 U1-1、U1-2、U1-3 及 U3-1 基坑的布点方案，修复方对清挖完成后基坑的采样点进行了现场定位测量（高程和坐标）。定位测量完成后，用旗帜标示采样点。根据现场基坑清理进度，验收工作人员于 2013 年 8 月 21 日对 U1-1、U1-2、U1-3 基坑底部和侧壁土壤进行了样品采集，于 2014 年 3 月 10 日对 U3-1 基坑的底部和侧壁土壤进行了样品采集。现场具体采样情况如下。

在采样前，根据采样计划，制定采样计划表，准备记录表单、足够的取样器材并进行消毒或预先清洗。

本次采样为手工采样。先用铁锹、铲子和泥铲等工具将地表物质去除，并挖掘到指定深度，然后用不锈钢或塑料铲子、VOCs 采样器等进行样品采集。不得使用铬合金或其他相似质地的工具。

根据场地的污染物类型，分别将样品装入广口瓶或棕色顶空瓶中（预先装入甲醇），并标明样品编号，放入预先放置蓝冰的样品箱中（蓝冰需提前冷冻 24 h），并随时更换蓝冰，以保证保温箱内样品的温度在 10℃以下，并于 48 h 内送至实验室进行检测分析。每次采样均需认真填写采样记录单并拍照。

现场质量控制样是现场采样和实验室质量控制的重要手段。质量控制样一般包括平行样、空白样、运输样和清洗空白样等，这些控制样可用于分析从采样到样品运输、贮存和数据分析等不同阶段质量效果。本场地污染土壤修复效果评估采样时，原则上按照总样品数量的 10%采集平行样。

本次污染土壤修复效果评估共采集 66 个土壤样品，并采集 8 个平行样（DUP）。其中，U1-1、U1-2、U1-3 基坑共采集了 51 个土壤样品，6 个平行样；U3-1 基坑共采集了 15 个土壤样品，2 个平行样（图 5-12）。

图 5-12　污染土壤修复效果评估初步采样现场

5.7.5 实验室分析

对于多环芳烃，样品检测方法采用美国国家环境保护局方法——USEPA 8270D：2007；对于萘，采用 USEPA 8260C：2006。

实验室质量控制包括实验室内的质量控制（内部质量控制）和实验室间的质量控制（外部质量控制）。前者是指实验室内部对分析质量进行控制的过程，后者是指由第三方或技术组织通过发放考核样品等方式对各实验室报出合格分析结果的综合能力、数据的可比性和系统误差做出评价的过程。

为了保证分析样品的准确性，除了实验室已经过 CMA 认证，仪器按照规定定期校正外，在进行样品分析时还对各环节进行质量控制，随时检查和发现分析测试数据是否受控（主要通过标准曲线、精密度、准确度等），特别是主要有机化合物在测定过程中要做加标回收率。每个测定项目计算结果要进行复核，保证分析数据的可靠性和准确性。

实验室内的质量控制包括实验室控制样（LCS）、平行样和加标平行样（MS），每 20 个样品设置 1 个质量控制样（双样，任选 1 个样品进行同样的编号，进行同样的分析检测）。

5.7.6 检测结果分析

（1）U1-1 基坑

U1-1 基坑指标均超过其修复目标值，超标倍数最小的是茚并[1,2,3-*cd*]芘，检出浓度为 0.516 mg/kg，超标 1.26 倍；超标倍数最大的是苯并[*a*]芘，检出浓度为 0.677 mg/kg，超标 3.39 倍。

U1-1 基坑侧壁超标的 4 个采样点中，U1-1B1-1、U1-1B7-2 所有检测指标均超过其修复目标值。采样点 U1-1B5-1 中的苯并[*k*]荧蒽、茚并[1,2,3-*cd*]芘都达到了修复目标值，其余均未达到修复目标。U1-1B7-2 中仅茚并[1,2,3-*cd*]芘达到修复目标值，其余检测指标值均超过其修复目标。侧壁超标倍数最小的是 U1-1B7-1 检出的苯并[*k*]荧蒽，检出浓度为 0.507 mg/kg，超标 1.01 倍；超标倍数最大的是 U1-1B7-2 中检出的苯并[*a*]芘，检出浓度为 0.818 mg/kg，超标 4.09 倍。

（2）U1-2 基坑

U1-2 基坑共有 5 个采样点的污染物浓度超过修复目标值，包括坑底 2 个采样点，侧壁 3 个采样点。在这些超标点位中，其中坑底 U1-2S4 样品中苯并[*k*]荧蒽、茚并[1,2,3-*cd*]芘检测值达到修复目标，二苯并[*a,h*]蒽未检出，其余 3 种污染物均未达到其修复目标值。U1-2S6 样品中除二苯并[*a,h*]蒽未检出外，其余检测指标均未达到其修复目标。坑底超标倍数最小的是 U1-2S4 检出的苯并[*b*]荧蒽，检出浓度为 0.581 mg/kg，超标 1.16 倍；超标倍数最大的是 U1-2S6 检出的苯并[*a*]芘，检出浓度为 0.467 mg/kg，超标 2.34 倍。

侧壁超标的 3 个采样点中，U1-2B4-1、U1-2B4-2 所有检测指标均超过其修复目标值。采样点 U1-2B6-1 中除二苯并[*a*,*h*]蒽未检出外，其余检测指标均未达到其修复目标。侧壁超标倍数最小的是 U1-2B6-1 检出的苯并[*a*]蒽，检出浓度为 0.595 mg/kg，超标 1.19 倍；超标倍数最大的是 U1-2B4-1 检出的苯并[*a*]芘，检出浓度为 2.83 mg/kg，超标 14.15 倍。

（3）U1–3 基坑

U1-3 基坑共有 3 个采样点的污染物浓度超过修复目标值，均为侧壁采样点。在这些超标点位中，U1-3B1-2 样品中苯并[*a*]蒽、苯并[*b*]荧蒽、二苯并[*a*,*h*]蒽均未检出，茚并[1,2,3-*cd*]芘有检出但未超过其修复目标值，其余的 2 种污染物苯并[*k*]荧蒽、苯并[*a*]芘均超过其修复目标值。U1-3B2-1 样品的所有指标检测值均超过其修复目标。而 U1-3B4-1 除苯并[*a*]蒽、二苯并[*a*,*h*]蒽未检出外，其余指标均超过其修复目标值。超标倍数最小的是 U1-3B1-2 检出的苯并[*k*]荧蒽，检出浓度为 0.512 mg/kg，超标 1.02 倍；超标倍数最大的是 U1-3B2-1 检出的苯并[*a*]芘，检出浓度为 6.77 mg/kg，超标 33.85 倍。U1-1、U1-2、U1-3 基坑未达到修复目标值的采样点位置如图 5-13 所示。

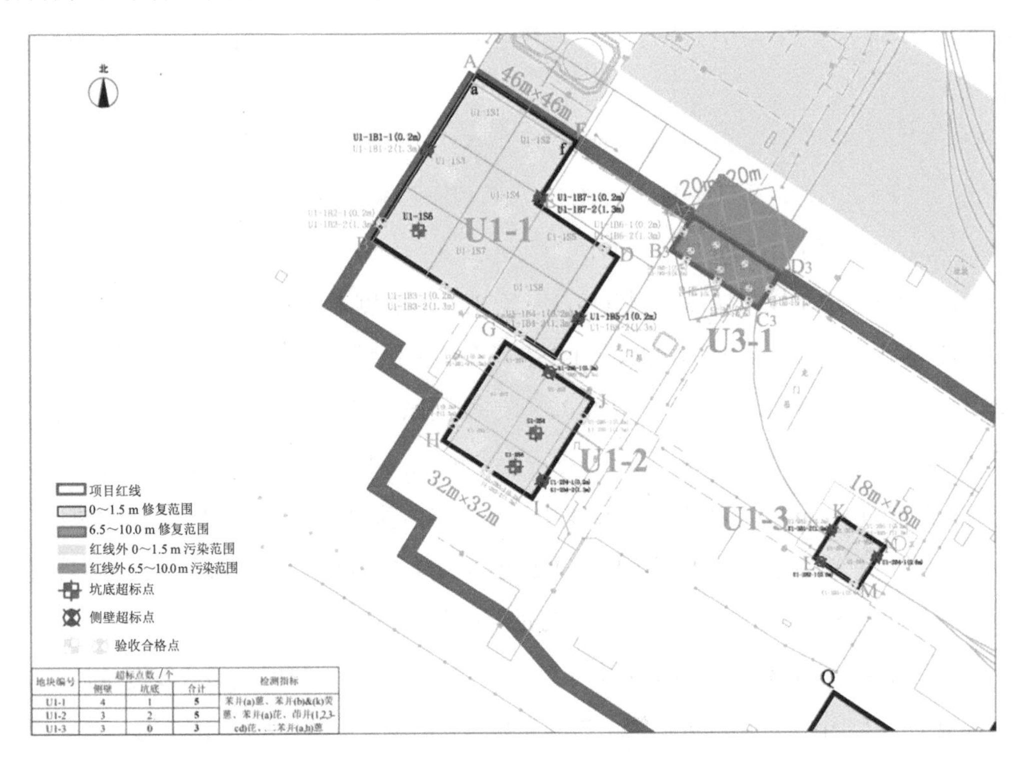

图 5-13　U1-1、U12、U13 基坑未达到修复目标值的采样点位置

（4）U3-1基坑

通过对检测结果进行分析可知，在本次U3-1基坑的15个采样点中（坑底5个采样点，侧壁10个采样点），所有采样点样品中萘的检出浓度均低于修复目标值，因此，根据本次初步验收的检测结果，U3-1基坑的清理已达到该地块土壤污染治理修复方案中提出的修复要求。

（5）修复效果评估初步结论和建议

本次验收通过样品采集、对实验室检测结果进行分析后，可以看出：

在本次验收U1-1、U1-2、U1-3基坑采集的51个采样点样品中（U1-1基坑22个，U1-2基坑18个，U1-3基坑11个；坑底18个，侧壁33个），共有13个采样点样品的污染物检出浓度未达到其修复目标值。

为保障污染地块修复效果，修复方根据初步验收结论，对未达到修复目标的区域进行进一步的清理。具体清理方式为在未达标采样点周边直接进行清挖，然后布点采样检测验收。具体见5.7.7节。

5.7.7 再修复实施及验收

（1）第1次补充修复实施

2013年8月30日至2013年9月2日，修复方对未达到修复目标的区域继续进行清理，再修复实施情况如下。

U1-1基坑：坑底超标点U1-1S6所代表的区域，在原清挖后的基础上，向下补充清挖0.5 m。侧壁超标点，对于U1-1B5-1、U1-1B7-1、U1-1B7-2，以超标的原采样点为中心，沿侧壁左右两侧各清挖5 m，侧向向外扩充补充清挖2 m，垂向清挖至基坑底部。对于超标点U1-1B1-1，由于原采样点北侧有电线杆，采样点北侧未向北继续挖掘5 m。

U1-2基坑：坑底超标点U1-2S4、U1-2S6所代表的区域，在原清挖后的基础上，向下补充清挖0.5 m。侧壁超标点，对于U1-2B6-1，以超标的原采样点为中心，沿侧壁左右两侧各清挖5 m，侧向向外补充清挖2 m，垂向清挖至基坑底部。对于超标点U1-2B4-1、U1-2B4-2，垂向向下挖掘约1.1 m，未到坑底。主要是由于红色砖体基础层的存在，无法向下挖掘。

U1-3基坑：侧壁超标点U1-3B1-2、U1-3B2-1、U1-3B4-1，以超标点为中心，沿侧壁左右两侧各清挖5 m，侧向向外补充清挖2 m，垂向清挖至基坑底部。

U1-1、U1-2、U1-3基坑污染土壤补充清挖完成并经工程监理现场放线测量后，验收工作人员于2013年9月3日进行第1次补充采样，共采集样品13个，并采集1个平行样。采样方法和检测方法均按照场地修复效果评估初步采样进行，第1次补充清挖区域及采样点布置情况如图5-14所示。

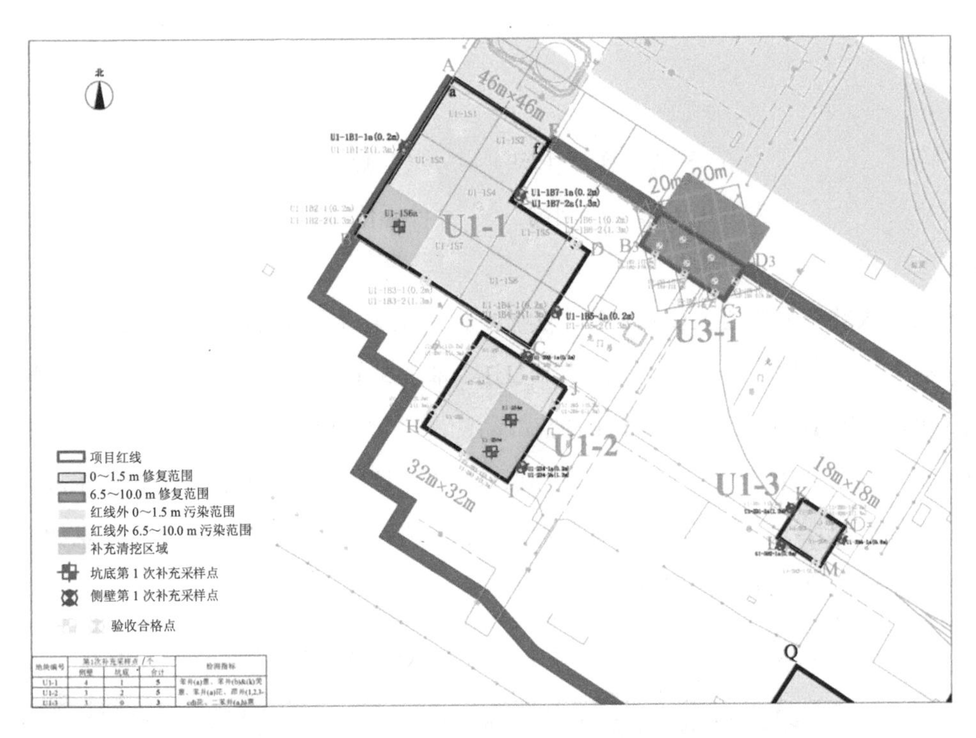

图 5-14　U1-1、U1-2、U1-3 基坑第 1 次补充清挖区域及采样点布置情况

通过对检测结果进行分析，U1-1、U1-2、U1-3 基坑第 1 次补充修复结论如下。

①U1-1 基坑

U1-1 基坑补充采集的 5 个采样点（1 个坑底采样点、4 个侧壁采样点）中，有 3 个采样点的污染物浓度仍然超过修复目标值，包括 1 个坑底采样点以及 2 个侧壁采样点。坑底采样点 U1-1S6a 所有检测指标均超过其修复目标值，超标倍数最小的为苯并[*b*]荧蒽，检出浓度为 0.951 mg/kg，超标 1.90 倍；超标倍数最大的为苯并[*a*]芘，检出浓度为 2.000 mg/kg，超标 10.00 倍。

侧壁超标的 2 个采样点（U1-1B7-1a、U1-1B7-2a）中苯并[*b*]荧蒽、苯并[*a*]芘、茚并[1,2,3-*cd*]芘均未达到修复目标值。超标倍数最小的为 U1-1B7-2a 检出的茚并[1,2,3-*cd*]芘，检出浓度为 0.562 mg/kg，超标 1.37 倍；超标倍数最大的为 U1-1B7-1a 检出的苯并[*a*]芘，检出浓度为 0.578 mg/kg，超标 2.89 倍。

②U1-2 基坑

U1-2 基坑补充采集的 5 个采样点（2 个坑底采样点、3 个侧壁采样点）中，有 1 个侧壁采样点（U1-2B6-1a）的污染物浓度仍然超过修复目标值。其中，苯并[*b*]荧蒽、苯并[*a*]芘、茚并[1,2,3-*cd*]芘均未达到修复目标值。超标倍数最小的为茚并[1,2,3-*cd*]芘，检出浓度为 0.566 mg/kg，超标 1.38 倍；超标倍数最大的为苯并[*a*]芘，检出浓度为 0.570 mg/kg，超标 2.85 倍。

③U1-3 基坑

U1-3 基坑补充采集的 3 个采样点（均为侧壁采样点）中，仅 U1-3B2-1a 中的苯并[*a*]芘有检出，检出浓度为 0.022 mg/kg，小于其修复目标值 0.2 mg/kg，其余样品中目标污染物浓度均未检出。

本次验收补充采样通过样品采集、实验室检测结果进行分析后，可以看出：

在本次补充采集的 13 个采样点样品中（U1-1 基坑 5 个，U1-2 基坑 5 个，U1-3 基坑 3 个；坑底 3 个，侧壁 10 个），共有 4 个采样点样品的污染物检出浓度未达到其修复目标值，其中包括 1 个坑底采样点以及 3 个侧壁采样点，U1-3 基坑的补充采样点样品检出浓度均已达到修复目标值。U1-1、U1-2 基坑第 1 次补充修复未达到修复目标值的采样点信息如表 5-23 所示，某采样点位置如图 5-15 所示。

表 5-23　U1-1、U1-2 基坑第 1 次补充修复未达到修复目标值的采样点信息

基坑编号	采样点位置	采样点编号
U1-1	坑底	U1-1S6a
	侧壁	U1-1B7-1a
		U1-1B7-2a
U1-2	侧壁	U1-2B6-1a

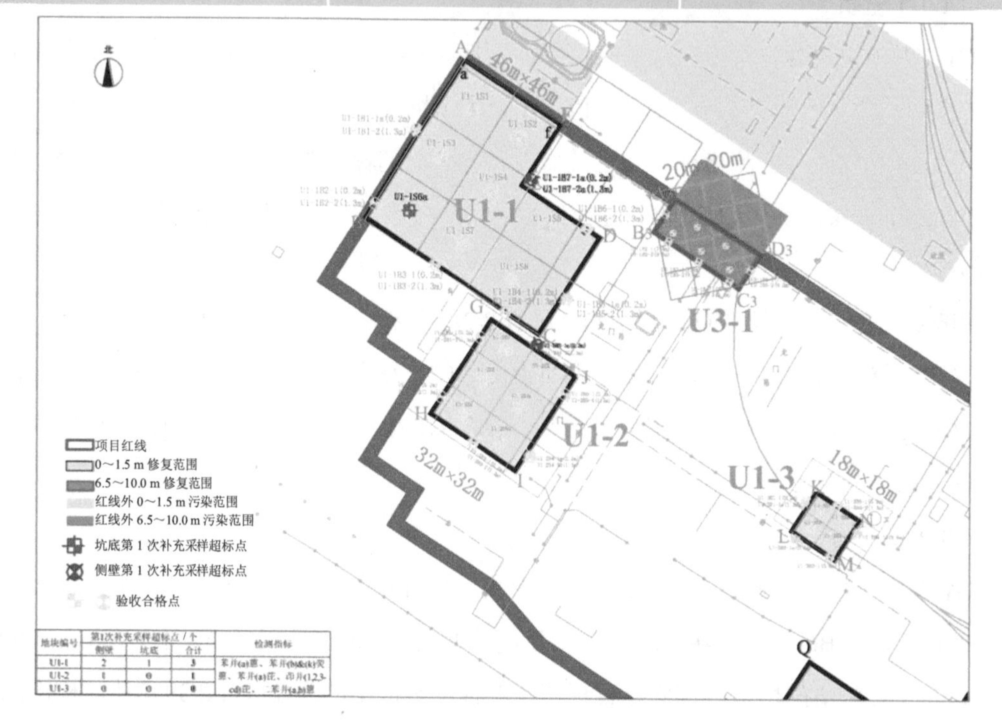

图 5-15　U1-1、U1-2 基坑第 1 次补充修复未达到修复目标值的采样点位置

（2）第 2 次补充修复实施

2013 年 9 月 12—21 日，修复方对 U1-1、U1-2 第 1 次补充采样未达到修复目标值的区域进行了第 2 次补充清挖。第 2 次补充清挖的实施情况如下。

U1-1 基坑：对于坑底，在第 1 次补充清挖的基础上，在 U1-1S6a 所代表的区域继续向下清挖 0.5 m。对于侧壁，超标的 U1-1B7 侧壁继续侧向向外补充清挖 2 m，沿侧壁左右两侧各清挖 5 m，垂向清挖至基坑底部。

U1-2 基坑：以侧壁超标点 U1-2B6-1a 为中心，继续侧向向外补充清挖 2 m，沿侧壁左右两侧各清挖 5 m，垂向清挖至基坑底部。

2013 年 9 月 22 日，在工程监理对 U1-1、U1-2 基坑第 2 次补充清理的范围和深度放线测量完成后，验收工作人员对 U1-1、U1-2 基坑进行第 2 次补充采样。本次共采集 4 个样品。采样方法和检测方法均按照场地修复效果评估初步采样进行，第 2 次补充清挖区域及采样点布置情况如图 5-16 所示。

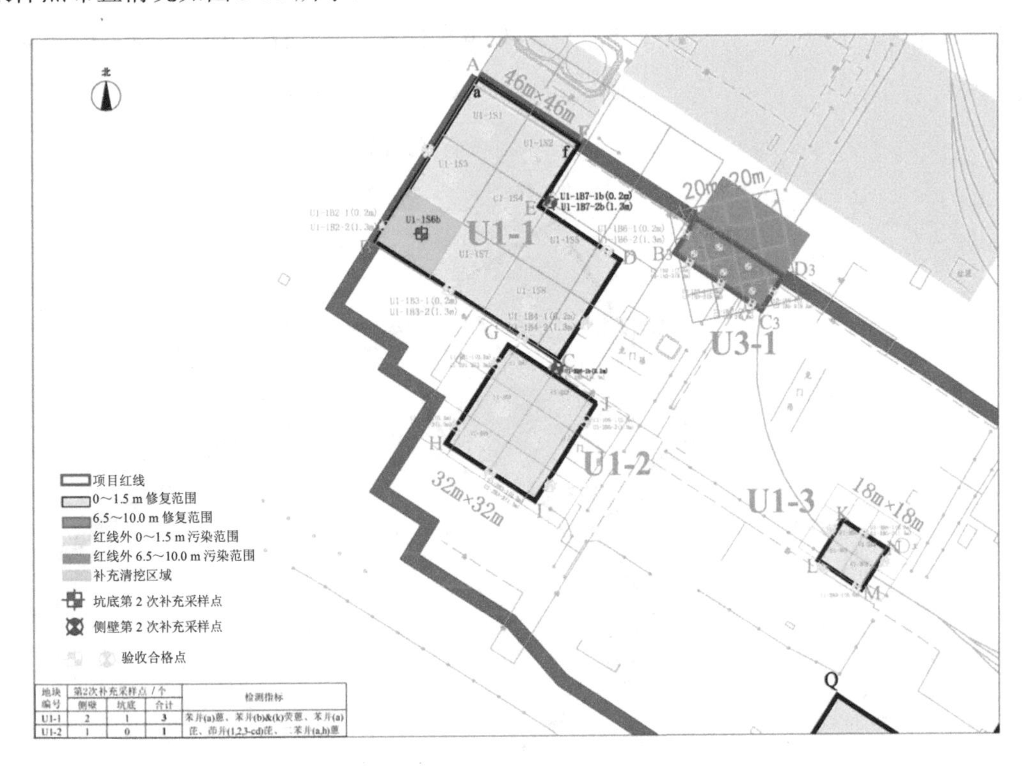

地块编号	第2次补充采样点 / 个			检测指标
	侧壁	坑底	合计	
U1-1	2	1	3	苯并(a)蒽、苯并(b)&(k)荧蒽、苯并(a)芘、茚并(1,2,3-cd)芘、二苯并(a,h)蒽
U1-2	1	0	1	

图 5-16　U1-1、U1-2 基坑第 2 次补充清挖区域及采样点布置情况

通过对检测结果进行分析，U1-1、U1-2 基坑第 2 次补充修复结论如下。

U1-1 基坑第 2 次补充采集的 3 个采样点（1 个坑底采样点、2 个侧壁采样点）中，坑底采样点 U1-1S6b 部分检测指标包括苯并[*b*]荧蒽、苯并[*a*]芘、茚并[1,2,3-*cd*]芘的浓度仍然超过修复目标值，超标倍数最小的为茚并[1,2,3-*cd*]芘，检出浓度为 0.466 mg/kg，超标 1.14 倍；超标倍数最大的为苯并[*a*]芘，检出浓度为 0.438 mg/kg，超标 2.19 倍。侧壁 U1-1B7-1b 中，苯并[*b*]荧蒽、苯并[*k*]荧蒽、苯并[*a*]芘及茚并[1,2,3-*cd*]芘均检出，但其浓度均低于相应的修复目标值。采样点 U1-1B7-2b 样品中所有目标污染物均未检出。因此，经过 2 次补充修复，U1-1 基坑的侧壁已达到修复目标。

U1-2 基坑第 2 次补充采集的 1 个侧壁采样点的所有目标污染物浓度仍然超过修复目标值。超标倍数最小的为二苯并[*a,h*]蒽，检出浓度为 0.247 mg/kg，超标 1.12 倍；超标倍数最大的为苯并[*a*]芘，检出浓度为 1.17 mg/kg，超标 5.85 倍。

U1-1、U1-2 基坑第 2 次验收补充采样通过样品采集、实验室检测结果进行分析后，可以看出：

在本次补充采集的 4 个采样点样品中（U1-1 基坑 3 个，U1-2 基坑 1 个；坑底 1 个，侧壁 3 个），仍然有 2 个采样点样品的污染物检出浓度未达到其修复目标值，其中包括 U1-1 基坑的 1 个坑底采样点以及 U1-2 基坑的 1 个侧壁采样点。其采样点位置如图 5-17 所示。根据上述分析，建议修复方对未达到修复目标的区域再进行一次清理。

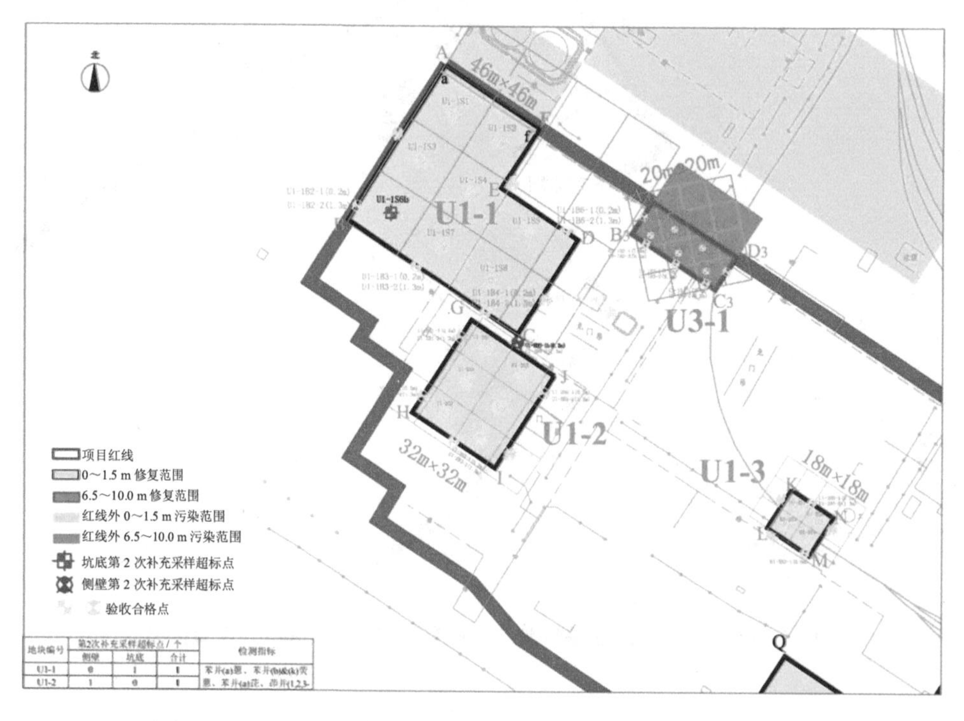

图 5-17　U1-1、U1-2 基坑第 2 次补充修复未达到修复目标值的采样点位置

（3）第 3 次补充修复实施

2013 年 10 月 2—11 日，修复方对未达到修复目标的区域进行第 3 次补充清挖，U1-1、U1-2 基坑第 3 次补充清挖后现场如图 5-18 所示。

图 5-18　U1-1、U1-2 基坑第 3 次补充清挖后现场

U1-1 基坑：坑底超标点 U1-1S6b 代表的区域，在第 2 次补充清挖后的基础上，向下补充清挖 0.5 m。

U1-2 基坑：对于侧壁超标点 U1-2B6-1b，由于对其周围土壤进行第 3 次补充清挖后，侧向向外已与 U1-1 基坑南侧侧壁连通，U1-2 基坑超标点侧壁不存在，故未进行样品采集。

U1-1、U1-2 基坑污染土壤第 3 次补充挖掘完成并经工程监理现场放线测量后，验收工作人员于 2013 年 10 月 12 日进行第 3 次补充采样，共采集样品 1 个。采样方法和检测方法均按照场地修复效果评估初步采样进行，其第 3 次补充修复清挖区域及采样点布置情况如图 5-19 所示。

通过对检测结果进行分析，U1-1 基坑经过第 3 次补充修复后，采样点 U1-1S6c 样品中所有目标污染物的浓度仍然超过修复目标值。超标倍数最小的为苯并[*b*]荧蒽，检出浓度为 1.390 mg/kg，超标 2.78 倍；超标倍数最大的为二苯并[*a*,*h*]蒽，检出浓度为 1.250 mg/kg，超标 5.68 倍。

（4）第 3 次补充修复结论及建议

通过对 U1-1 基坑进行第 3 次验收补充采样、实验室检测结果进行分析后，可以看出，经过第 3 次补充清理和采样检测，U1-1S6 所在区域目标污染物浓度仍然未达到修复目标值。综合考虑项目进度、避免盲目清挖，与修复方协商后，建议先进行采样确认污染深度，然后进行污染土壤清理。具体清理方式见 5.7.8 节。

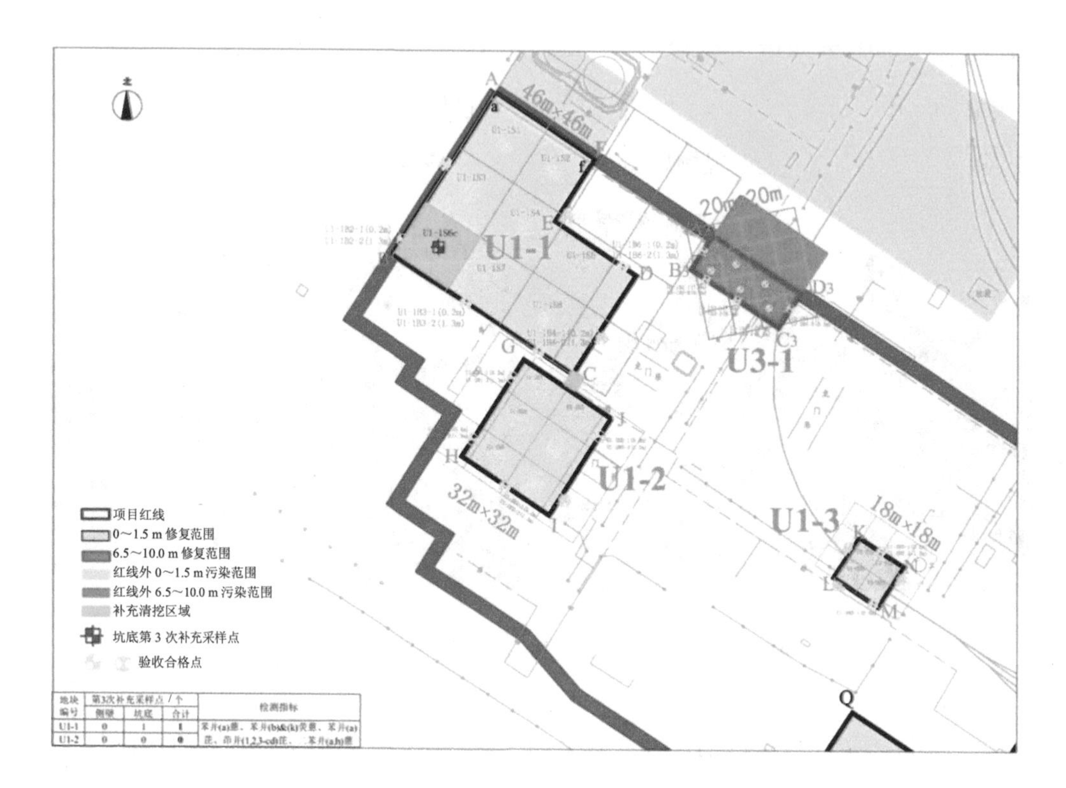

图 5-19　U1-1、U1-2 基坑第 3 次补充修复清挖区域及采样点布置情况

（5）第 4 次补充采样分析及补充修复

2013 年 10 月 23—27 日，修复方根据验收方的建议，对 U1-1 基坑超标点 U1-1S6c 所处的位置继续向下清挖 3 m，并每隔 0.5 m 做好标记。

2013 年 10 月 28 日，验收工作人员对 U1-1 基坑超标区域进行第 4 次补充采样，在原超标点往下清挖 3 m，每隔 0.5 m 采集 1 份样品，共采集 6 份样品。采样方法和检测方法均按照场地修复效果评估初步采样进行。

通过对检测结果进行分析，U1-1 基坑超标区域不同深度采集的各个样品中，所有目标污染物都未检出。根据检测结果对污染深度进行判断可知，U1-1 基坑超标区域坑底继续向下补充挖掘 0.5 m 以后，即可将本基坑污染土壤清理完毕，达到修复目标。

2013 年 11 月 7—8 日，修复方对 U1-1 基坑超标区域进行进一步的补充清挖，清挖深度为超标区域坑底向下补充清挖 0.5 m。至此，U1-1 基坑清理完毕，整个基坑的清理达到了该地块土壤污染治理修复方案中提出的要求。

U1-1、U1-2、U1-3、U3-1 基坑不同区域的清理深度如图 5-20 所示。

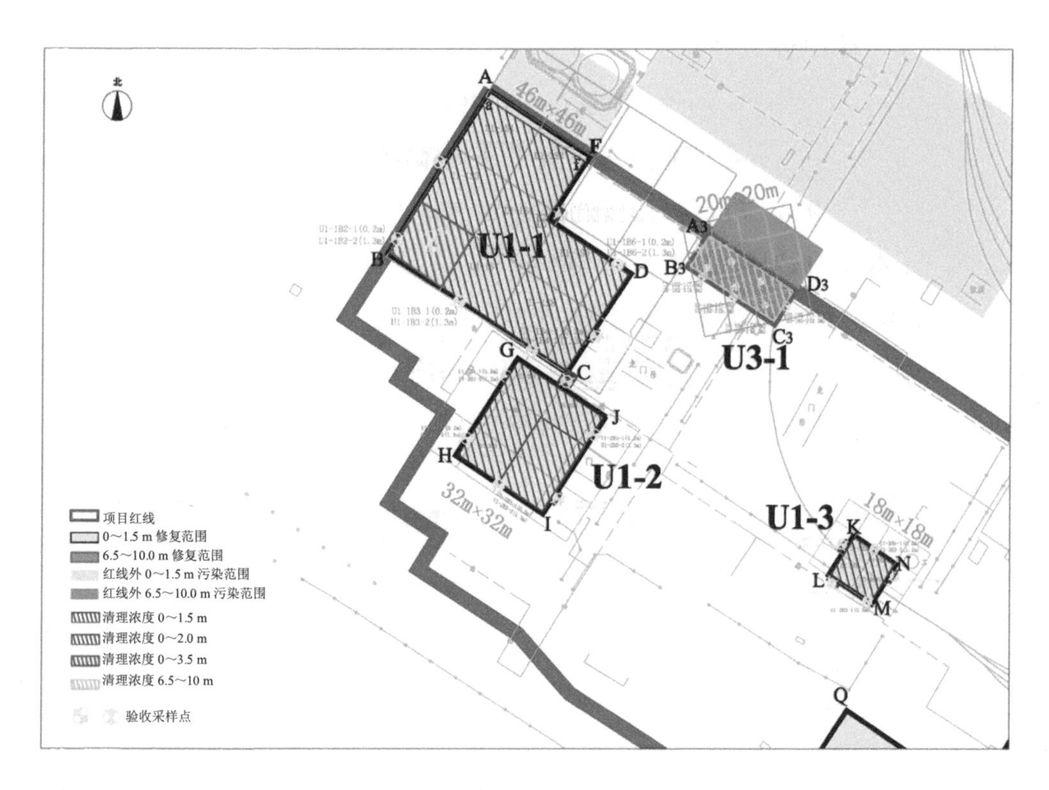

图 5-20　U1-1、U1-2、U1-3、U3-1 基坑不同区域的清理深度

5.7.8　验收结论

工作人员通过文件审核、现场踏勘、布点采样及检测分析等多种方式，对案例场地 U1-1、U1-2、U1-3 基坑及 U3-1 基坑清理情况进行验收。在验收过程中发现，U1-1、U1-2、U1-3 3 个基坑进行清理后，基坑坑底和侧壁局部仍存在遗留污染土壤（可能是原场地建筑拆迁、清运等导致）。为保障本地块污染土壤清理效果，经过沟通协商后，对局部不达标区域逐次进行补充清理和采样检测。其中，U1-1 基坑经过 4 次补充清理与布点采样检测、U1-2 基坑经过 3 次补充清理与布点采样检测、U1-3 基坑经过 1 次补充清理与布点采样检测、U3-1 基坑经过 1 次采样检测后，根据实验室检测结果，确定 U1-1、U1-2、U1-3 基坑以及 U3-1 基坑的清理已经达到场地修复目标。

在本次修复效果评估过程中，累计采集土壤样品 60 份（4 份坑底样品和 56 份侧壁样品），并采集 9 份平行样，根据地块修复过程中的清理现状，至地块内 U1-1、U1-2、U1-3 基坑、U3-1 基坑区域内的全部污染土壤清理完毕，共挖掘 49 217.7 m^3 污染土，其中 41 468.7 m^3 污染土为多环芳烃中的苯并[*a*]蒽、苯并[*b*]荧蒽、苯并[*k*]荧蒽、苯并[*a*]芘、茚并[1,2,3-*cd*]芘、二苯并[*a,h*]蒽污染，7 749 m^3 污染土为萘污染。

综上所述，本次验收结论如下。

（1）通过对 U1-1、U1-2、U1-3 基坑、U3-1 基坑进行分批清理和采样检测，4 个基坑清理全部达到修复目标。本次验收共采集 90 份土壤样品，设计清挖总土方量 46 161 m^3，实际清挖总土方量 49 217.7 m^3，超挖土方量 3 056.7 m^3。

（2）由于本次验收对象 U1-1 基坑侧壁 AF 北侧、U3-1 基坑侧壁 A3D3 北侧仍为污染土，因此本次验收不对 U1-1 基坑侧壁 AF、U3-1 基坑侧壁 A3D3 进行样品采集和验收。另外，U1-1 基坑侧壁 AF 为该厂原有道路，现场不具备施工条件，实际开挖线 af 位于原开挖线 AF 以南 7 m，af 以北、AF 以南污染土将与项目红线外污染土一并处理。

5.8 案例示范二：某染料化工厂遗留污染地块原位修复效果评估案例

5.8.1 项目背景

案例地块位于上海市长宁区，地块总面积约为 7.6 万 m^2。该地块大部分区域原为工业用地，未来拟再开发为商业用地。为保障环境安全和人体健康，建设单位于 2015 年 3 月委托专业机构针对待开发区域开展地块环境调查及健康风险评估工作。根据健康风险评估结果，该地块部分区域土壤污染物含量超过风险可接受水平，需进行修复治理，达到可接受风险水平后方能再次利用。

2015 年 6 月，为减少土地再开发利用过程中可能带来的新的环境问题，确保地块再开发后区域内人员健康安全，建设单位委托专业修复公司对该地块的超风险水平区域进行修复，达到可接受风险水平后再次利用。并由上海市环境科学研究院对修复工作的全过程进行监理。2015 年 8 月，第三方验收监测单位针对该地块内修复区域进行竣工验收监测。

5.8.2 地块污染及修复概况

（1）地块污染概况

由于该地块建筑已全部拆除，相当部分区域土层已被人为翻动，同时厂区车间和主要生产工艺相关资料难以收集。根据相关调查技术规范，宜在整个厂区采用风格化系统布点进行调查取样。

在历史地图、影像可识别的主要车间建筑区域至少布置 1 个采样点。在现场调查中发现疑似污染区域，风格点布置在疑似污染区域的位置。

采样点布设采用网格化布点方法，按照 40 m×40 m 的网格布点。另外，根据现场采样过程中发现有明显污染的区域进行了适当加密布点。案例地块共布置 41 个土壤采样点，16 个地下水采样点。

根据地块环境调查，地块土壤和地下水存在一定程度的污染（图 5-21）。

图 5-21　地块污染状况示意

①地块 16 个地下水监测点中石油烃浓度均超过荷兰地下水干预值。在装配车间区域石油污染较严重，分别达到 119.95 mg/L、19.28 mg/L、6.30 mg/L；地下水氯苯含量较高，最高值为 39.8 mg/L，可能拆迁施工的扰动造成地下水污染有所上升。

②地块土壤 41 个监测点中有 11 个点的石油烃超过展会用地 1 000 mg/kg 的标准，最大值为 5 772 mg/kg。主要以含碳链多的烃为主。人为扰动造成土壤石油污染分布范围有所扩大，污染深度一般在 4 m 以上的填土层。

③地块土壤多环芳烃在局部区域存在明显的超标，41 个监测点中有 9 个点超标，苯并[*a*]芘最大值为 2.95 mg/kg、苯并[*a*]蒽最大值为 4.68 mg/kg、苯并[*b*]荧蒽最大值为 3.4 mg/kg。其主要分布在冲剪厂锻铸车间西侧原有河道区域和原装配车间区域。多环芳烃主要来自燃料的不完全燃烧，地块内的锻铸车间使用燃料和柴油等的燃烧可能产生；另外，也不排除外来填土的影响。

④地块东部区域存在明显的氯苯污染，有 3 个监测点超标，最大值高达 150 mg/kg，主要集中在染料化工车间周边区域。氯苯是染料工业中用于制造苯酚、硝基氯苯、苯胺、硝基酚等有机合成的中间体，也用于快干油墨的生产。

（2）地块修复方案

修复单位结合案例地块的污染特点要求，选择原位修复模式，采用“以原位修复为主，不同区域分层次修复”的修复策略。

针对污染土壤区域，采用“淋洗+原位注入化学氧化+抽提+氧化处理+回灌”的方法进行修复，并且针对地块周围可能存在的遗留污染对修复后地块的二次污染问题，提出隔离屏障设计方案。

针对地下水污染区域，采用“抽提+氧化处理+回灌”的方法进行修复。

修复单位根据案例地块污染空间分布及污染物质特性，共划分成5个修复区域，每个区域的修复工程量如表5-24所示。案例地块修复区域平面如图5-22所示。

表5-24　案例地块修复工程量

区域	主要污染物	面积/万 m^2	修复深度/m	土方量/万 m^3
区域一	石油烃	0.25	3	0.75
区域二	石油烃	0.25	3	0.75
区域三	多环芳烃、石油烃	0.85	3	2.55
区域四	苯、氯苯、多环芳烃、石油烃	0.78	4	3.12
其他污染区域	石油烃	3.27	—	—
合计		5.4	—	7.17

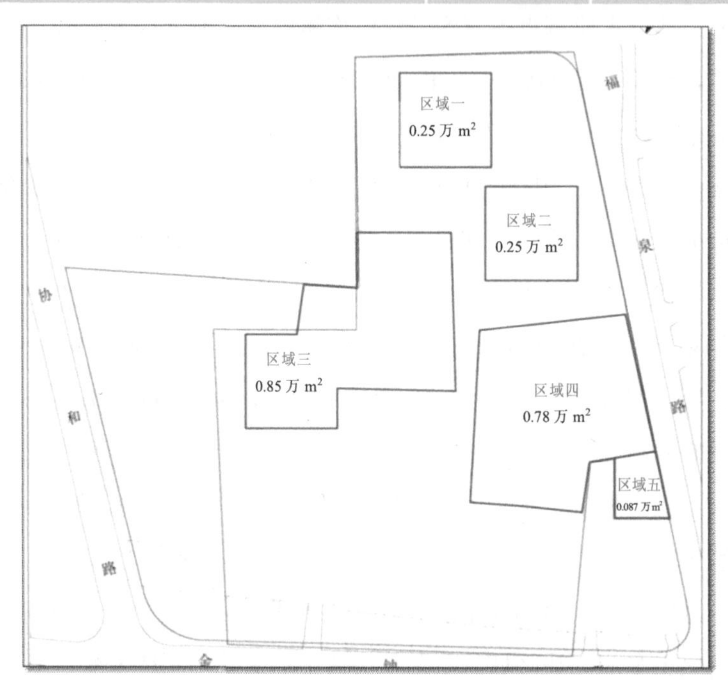

图5-22　案例地块修复区域平面

（3）地块修复实施情况

案例地块土壤和地下水修复工作于 2015 年 6 月初启动，至 6 月底完成项目准备事项，7 月初完成现场井管、隔离屏障等建设工作，大面积施工于 7 月中旬开始。土壤和地下水修复于 9 月上旬结束，9 月中旬开展土壤和地下水验收采样。

5.8.3　验收内容和程序

（1）验收工作程序

本次污染地块修复效果评估工作包括制订验收监测方案、现场采样与实验室分析、评估修复效果 3 个阶段。

（2）验收工作范围的确定

按照《地块土壤和地下水修复方案》，案例场地内共有 5 个土壤区域以及地下水污染区域需要修复，修复总面积为 5.4 万 m^2。本次验收监测依据《地块土壤和地下水修复方案》确定验收工作范围（表 5-25）。

表 5-25　验收工作范围

区域	主要污染物	面积/m^2	修复深度/m
区域一	总石油烃	0.25	3
区域二	总石油烃	0.25	3
区域三	多环芳烃、总石油烃	0.85	3
区域四	苯、氯苯、多环芳烃、总石油烃	0.78	4
区域五	氯苯、多环芳烃	0.09	3
其他地下水污染区域	总石油烃	3.27	—

（3）验收指标和标准

根据《地块场地环境调查、健康风险评估报告》和《地块土壤和地下水修复方案》，本次验收针对场地内土壤及地下水污染物浓度超过健康风险评估值的因子进行监测，验收标准为《地块场地环境调查、健康风险评估报告》中制定的污染物修复目标值，见表 5-26。

表 5-26　验收监测指标和标准

<table>
<tr><th>污染物类别</th><th>污染物</th><th>介质</th><th>修复目标</th></tr>
<tr><td rowspan="3">挥发性有机物</td><td rowspan="2">氯苯</td><td>土壤</td><td>6 mg/kg</td></tr>
<tr><td>地下水</td><td>4.3 mg/L</td></tr>
<tr><td>苯</td><td>土壤</td><td>0.2 mg/kg</td></tr>
</table>

污染物类别	污染物	介质	修复目标
半挥发性有机物	苯并[*a*]蒽	土壤	1.85 mg/kg
	苯并[*b*]荧蒽	土壤	1.85 mg/kg
	苯并[*a*]芘	土壤	0.66 mg/kg
	苯并[*k*]荧蒽	土壤	1.85 mg/kg
	茚并[1,2,3-*cd*]芘	土壤	1.85 mg/kg
总石油烃	总石油烃	土壤	5 000 mg/kg
		地下水	0.6 mg/L

5.8.4 验收采样方案

（1）土壤修复范围内

根据修复面积按表 5-27 中的方法确定样品采集数量，并划分采样单元，采样单元原则上网格大小不超过 20 m×20 m，可将每个采样单元均匀划分为 9 个地块，并在每个地块采集 1 个表层样品（0～20 cm）制成 1 个混合样。

表 5-27 修复区域采样布点方法

基坑底部面积/m^2	土壤样品采集数量/个
＜100	3
100～500	4
500～1 000	5
1 000～1 500	6
1 500～2 500	7
2 500～3 500	9
3 500～4 500	12
＞4 500	不超过 20 m×20 m 的网格为 1 个采样单元

采样点原则上应位于每个采样单元或地块的几何中心位置，可根据土壤异常气味和颜色并结合场地污染状况确定。

针对挥发性有机物污染地块不宜采用混合取样，应在每个采样单元的中心或表观最严重的区域取 1 个表层（0～20 cm）以下土壤样品。

（2）土壤修复范围边界

根据边界长度按表 5-28 中的方法确定样品采集数量，并按样品数量均匀划分横向采样单元，横向采样单元原则上不超过 40 m，可在每个横向采样单元均匀划分 9 段，并在每段剖面表面采集 1 个样品制成 1 个混合样。

表 5-28　修复范围边界采样布点方法

基坑区域周长/m	土壤样品采集数量/个
＜50	4
50～100	5
100～200	6
200～300	8
＞300	以 40 m 为 1 个采样单元

当挖掘清理深度不超过 1 m 时，不进行垂向分层采样；当挖掘清理深度大于 1 m 时，应进行垂向分层采样，第一层为表层土壤（0～20 cm），表层以下以 3 m 为一个垂向采样单元进行分层采样。深层土样由光离子化检测器（PID）现场检测筛选决定。

具体要求：在每个点位从表层开始，先采集表层土壤（0～0.2 m），再每隔 0.5 m 向下采集 1 个土壤样品，直至修复深度为 3～4 m。在现场对钻孔取出的土样进行外观、颜色、异味等的观察，并记录土壤类型、是否存在污染迹象等。采用光离子化检测器对取出的土壤进行初步筛选，以判断土壤中是否有挥发性有机污染物污染，根据现场观察和 PID 读数来选择深层土样（一般选择 PID 读数最高的土样）用于实验室分析。

针对挥发性有机物污染地块不宜采用混合取样，应在每个采样单元的中心或表观最严重的区域取 1 个剖面表层以内的土壤样品。

（3）地下水监测

地下水监测井应依据地下水的流向及污染区域地理位置进行设置，一般情况下修复范围内采样点不少于 3 个，其中上游和下游地下水采样点均不少于 1 个。

（4）布点汇总

根据以上布点原则，具体布点方案如表 5-29 所示，监测点位示意如图 5-23 所示。

表 5-29　验收监测布点方案

土壤部分							
区域	面积/m^2	范围内布点数量/个	边界周长/m	边界布点数量/个	修复深度/m	垂直布点数量/个	样品数量/个
区域一	2 500	7	200	6	3	2	26
区域二	2 500	7	200	6	3	2	26

土壤部分							
区域	面积/m^2	范围内布点数量/个	边界周长/m	边界布点数量/个	修复深度/m	垂直布点数量/个	样品数量/个
区域三	8 500	21	434	11	3	2	64
区域四	7 800	20	364	9	4	3	87
区域五	870	5	118	5	3	2	20
土壤采样数量合计							223
地下水部分							
地下水污染区域	根据地下水水流方向，在上游、下游，土壤修复区域一、区域二、区域三各布设 1 个点位，土壤修复区域四布设 2 个点位，共计 7 个点位						

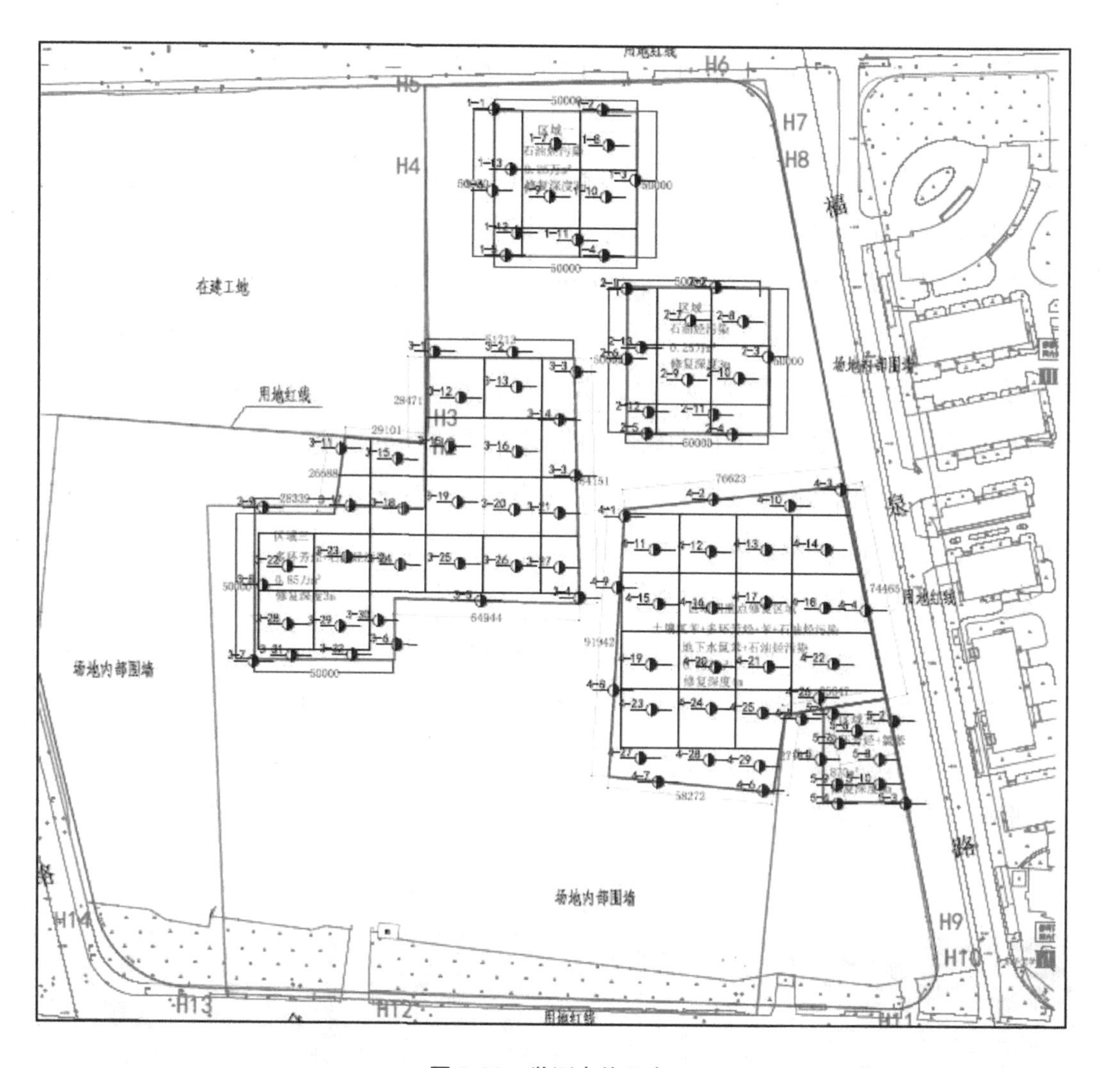

图 5-23　监测点位示意

5.8.5　现场采样与实验室检测

污染物在地块空间的分布差异性较大，采样过程操作的规范性会对调查数据的准确性产生重要影响，因此需要制定并严格执行样品采集、保存和运输及实验室分析全程的质量保证和质量控制措施，以保证调查数据的真实性和准确性。第三方验收检测单位按照有关技术规范进行质控，现场和实验室主要质控要求有以下几个方面。

（1）现场质量控制

根据点位布设方案，现场在位于每个采样单元的几何中心位置，并结合土壤异常气味和颜色等表观现象，在污染最严重的区域取样，使用 GPS 确定采样点位，并记录。

正确、完整地填写样品标签和土壤样品采集现场记录表（土壤检测采样记录单、土壤钻孔记录单等），并拍摄采样现场点位情况。

①应防止采样过程中的交叉污染，对钻探设备、取样装置进行清洗，与土壤接触的其他采样工具重复利用时也应清洗。一般情况下，可用清水清理，也可用带采土样或清洁土壤清洗；必要时或特殊情况下，可用无磷去垢剂溶液、高压自来水、去离子水或 10%硝酸进行清洗。

②在采样过程中，采集同种采样介质，采集相同点位单独封装和分析的平行样 10%。本次监测共计土壤 98 个点位，225 个样品，采集平行样 24 个样品；地下水 8 个点位，8 个样品，采集平行样 1 个样品。分析结果显示，现场平行样偏差不超过 30%。

③当采集土壤样品用于分析挥发性有机物指标时，每次运输采集一个运输空白样，以便了解运输途中是否受到污染和样品是否损失。

（2）样品流转质量保证

①采样结束后，采样小组需填好样品流转单，同样品一起交给样品管理员。

②交接双方需对样品数量、标签、质量、样品冷藏温度（有机样）、采样清单或送样单进行核对，确定无误后在样品流转单上签字。

③对编号不清、质量不足、盛样容器破损、受污染的样品，样品管理员均拒绝接收，并告知项目负责人，由项目负责人决定是否进行重采。

（3）样品保存质量保证

对于易分解或易挥发等不稳定组分的样品要采取低温保存的运输方法，并尽快送到实验室分析测试；用于测定有机污染物的样品，均贮存于带聚四氟乙烯密封垫或磨口的棕色玻璃瓶内，样品要充满容器，置于 4℃冷藏保存。

样品保存要求：①样品保存标签需包含样品编号、采样地点、采样日期、检测项目等。②样品保存标签贴于玻璃瓶上后，再用宽透明胶绕 1 圈将标签粘紧。

（4）实验室质量控制

空白样测定：每批样品至少测定 1 个实验室空白值（含前处理），挥发性有机物样品测定全程序空白样。本次检查空白样测定值均小于方法检出限。

精密度控制：每批样品随机抽取 10%的实验室平行样，即每 10 个样品抽取 1 个平行样（小于 10 个样品时，取 1 个平行样）。本次监测挥发性有机项目实验室平行双样控制指标符合方法中的规定要求，相对偏差小于 30%。总石油烃和半挥发性有机物相对偏差小于 20%。

准确度控制：本次监测在每批样品分析的同时带入一个质控样。本次空白加标回收率为 80%～120%。

（5）现场采样照片

2015 年 8 月，验收监测单位按照《上海市污染场地修复工程验收技术规范（试行）》技术要求，结合现场施工情况，编制了验收监测方案，并开展如下验收采样工作，如图 5-24 所示。

图 5-24 污染场地修复工程地下水验收采样概况

（6）实验室检测

第三方验收检测单位具备实验室检测 CMA 和 CNAS 认证资质，分析方法采用我国国标和原环境保护部规定的分析方法，如果没有相应污染物的分析方法则参照美国国家环境保护局推荐的方法等。每个分析项目的具体分析方法见表 5-30。

表 5-30　实验室检测指标及方法汇总

类别	检测指标	检测方法
土壤（3 项）	挥发性有机物（VOCs）	《展览会用地土壤质量评价标准（暂行）》（HJ/T 350—2007）附录 C 土壤中挥发性有机化合物的测定　吹扫捕集-气相色谱/质谱法（GC/MS）
	半挥发性有机物（SVOCs）	《展览用地土壤质量评价标准（暂行）》（HJ/T 350—2007）附录 D 土壤中半挥发性有机化合物的测定　气相色谱/质谱法（毛细管柱技术）
	总石油烃类（TPHs）	《展览会用地土壤质量评价标准（暂行）》（HJ/T 350—2007）附录 E 土壤中总石油烃的测定气相色谱/质谱法（毛细管柱技术）
地下水（2 项）	挥发性有机物	《生活饮用水标准检验方法有机物指标》（GB/T 5750.8—2006）附录 A 吹脱捕集/气相色谱-质谱法测定　挥发性有机化合物
	总石油烃类	《水质-碳氢化合油索引-第二部分：水溶性萃取法和气体色谱法》（ISO 9377-2—2000）

5.8.6　修复效果评估

（1）土壤中挥发性有机物

本次验收的挥发性有机物包括氯苯、苯。本次挥发性有机物验收范围及数量如表 5-31 所示。

表 5-31　挥发性有机物验收范围及数量　　单位：个

	区域二	区域四	区域五	总计
点位数量	13	29	10	52
样品数量	13	58	10	81

根据检查报告，本次验收监测的 81 个样品的氯苯、苯浓度均符合修复目标。具体结果如表 5-32 所示。

表 5-32　挥发性有机物监测数据汇总

监测因子	最小值/（μg/kg）	最大值/（μg/kg）	检出数量/个	检出率/%	修复目标/（mg/kg）	达标情况
氯苯	<0.15	159	41	50.6	6	达标
苯	<0.05	0.18	1	1.2	0.2	达标

（2）土壤中半挥发性有机物

本次验收的半挥发性有机物包括苯并[*a*]蒽、苯并[*b*]荧蒽、苯并[*a*]芘、苯并[*k*]荧蒽、茚并[1,2,3-*cd*]芘，本次半挥发性有机物验收范围及数量如表 5-33 所示。

表 5-33　半挥发性有机物验收范围及数量　　单位：个

	区域三	区域四	区域五	总计
点位数量	33	29	10	72
样品数量	66	87	20	173

根据检查报告，本次验收监测的 173 个样品的苯并[*a*]蒽、苯并[*b*]荧蒽、苯并[*a*]芘、苯并[*k*]荧蒽、茚并[1,2,3-*cd*]芘浓度均符合修复目标，其中茚并[1,2,3-*cd*]芘均未检出。具体结果如表 5-34 所示。

表 5-34　半挥发性有机物监测数据汇总

监测因子	最小值/（μg/kg）	最大值/（μg/kg）	检出数量/个	检出率/%	修复目标/（mg/kg）	达标情况
苯并[*a*]蒽	＜0.12	0.66	3	1.7	1.85	达标
苯并[*b*]荧蒽	＜0.02	0.20	12	6.9	1.85	达标
苯并[*a*]芘	＜0.01	0.13	13	7.5	0.66	达标
苯并[*k*]荧蒽	＜0.11	0.06	3	1.7	1.85	达标
茚并[1,2,3-*cd*]芘	＜0.11	＜0.11	0	0	1.85	达标

（3）土壤中总石油烃

本次验收的总石油烃验收范围及数量如表 5-35 所示。

表 5-35　总石油烃验收范围及数量　　单位：个

	区域一	区域二	区域三	区域四	区域五	总计
点位数量	13	13	33	29	10	98
样品数量	26	26	66	87	20	225

根据检查报告，本次验收监测的 225 个样品的总石油烃浓度均符合修复目标。具体结果如表 5-36 所示。

表 5-36　总石油烃监测数据汇总表

监测因子	最小值/（μg/kg）	最大值/（μg/kg）	检出数量/个	检出率/%	修复目标/（mg/kg）	达标情况
总石油烃	<5	35	48	21.3	5 000	达标

（4）地下水中挥发性有机物

本次验收的挥发性有机物为氯苯。

本次验收的 8 个地下水样品中氯苯均有检出，范围值为 4.19～66.5 μg/L，符合修复目标 4.3 mg/L 的要求。

（5）地下水中总石油烃

本次验收的 8 个地下水样品中总石油烃均有检出，范围值为 0.05～0.10 mg/L，符合修复目标 0.6 mg/L 的要求。

5.8.7　评估结果及建议

本次验收共监测：土壤 98 个点位、225 个样品；地下水 8 个点位、8 个样品。根据验收结果显示，修复区域内的氯苯、苯、苯并[*a*]蒽、苯并[*b*]荧蒽、苯并[*a*]芘、苯并[*k*]荧蒽、茚并[1,2,3-*cd*]芘、总石油烃浓度均符合修复目标。

本项目根据技术规范进行布点和取样，但由于场地内埋管、注药、清理等造成人为扰动、场地土壤分布不均等情况，因此本次监测数据只能代表采样点的真实情况。

本项目采取“淋洗+原位注入化学氧化+抽提+氧化处理+回灌+部分隔离+局部原位搅拌”的修复技术路线，不排除有拖尾及反弹的可能，本次监测数据只能代表验收监测期间的真实情况。

建议针对修复区域定期进行回顾性监测。

5.8.8　案例总结

（1）问题及解决方法

确定原位修复的土壤布点方案：对于土壤原位修复范围内，参考异位修复中基坑的布点方法；对于土壤原位修复边界，参考异位修复中基坑边界的布点方法。

确定原位修复的地下水采样密度：参考《上海市污染场地修复工程验收技术规范（试行）》，原则上在每个修复区域内设置 1 个地下水验收采样点，面积较大的修复区域设置 2 个地下水验收采样点；同时在场地上、下游区域分别设置 1 个地下水验收采样点。

（2）建议

制订原位修复的长期监测计划：在验收技术导则中，针对原位修复需要给出明确的长期监测计划制订要求及技术细节。

采样的规范性：需要规范化采样，特别是挥发性土壤样品的采样。

参考文献

[1] 呼红霞，丁贞玉，刘锋平，等. 完善污染地块修复效果评估的建议[N]. 中国环境报. 全国能源信息平台，2020-07-31.

[2] 徐峰，刘宝蕴，梁信. 我国现阶段污染地块土壤风险管控体系及工程案例浅析[C]//中国环境科学学会2019年科学技术年会，环境工程技术创新与应用分论坛，西安，2019.

[3] 张丽娜，姜林，贾琳. 污染地块修复效果评估问题的解读与建议[N]. 中国环境报. 全国能源信息平台，2020-09-22.

[4] 蔡五田，张敏，刘雪松，等. 论场地土壤和地下水污染调查与风险评价的程序和内容[J]. 水文地质工程地质，2011，38（6）：125-34.

[5] 赵盈丽，韦树燕. 刍议污染场地的土壤修复工作与修复技术[J]. 资源节约与环保，2020（1）：27.

[6] 虞洁，谢金萍. 初探污染场地的土壤修复工作过程与修复技术[J]. 科学中国人，2017（24）：286.

[7] 陈武，邹云，张占恩. 污染场地土壤修复工作过程及修复技术研究[J]. 山东工业技术，2015（19）：59.

[8] 仝玉霞，袁庆军，孟凡伟. 污染场地的土壤修复工作与修复技术探讨[J]. 环境与发展，2017，29（6）：8，46.

[9] 马妍，王盾，徐竹，等. 北京市工业污染场地修复现状、问题及对策[J]. 环境工程，2017，35（10）：120-124.

[10] 朱梦杰. 污染场地土壤初步调查布点及采样方法探讨[J]. 环境监控与预警，2015，7（6）：51-54.

[11] 郑晗，姚志刚. 污染场地土壤调查布点及采样方法研究[J]. 资源节约与环保，2019（4）：159.

[12] 陈辉，张广鑫，惠怀胜. 污染场地环境调查的土壤监测点位布设方法初探[J]. 环境保护科学，2010，36（2）：61-63，75.

[13] 陈凤，王程程，张丽娟，等. 铅锌冶炼区农田土壤中多环芳烃污染特征、源解析和风险评价[J]. 环境科学学报，2017，37（4）：1515-1523.

[14] 秦承刚，朱大成，梁刚. 焦化企业遗留地土壤中多环芳烃污染分布研究[J]. 山东化工，2016，45（14）：135-138.

[15] 侯艳伟，张又弛. 福建某钢铁厂区域表层土壤 PAHs 污染特征与风险分析[J]. 环境化学，2012，31（10）：1542-1548.

附 录

附录 I　污染场地修复工程信息调查表

1.调查对象	
2.调查时间	
3.调查地点	
4.调查方式	□现场考察　□会议　□案例资料分析　□电话及邮件咨询

一、场地基本情况（由修复施工单位负责填写）

填报单位：________________________________

填写人：__________；联系电话：______________；邮箱：______________

1.场地名称	
2.所在位置	________省（区、市）________地区（市、州、盟）________县（区、市、旗）
3.占地面积	总面积：________ m^2，（其中企业 1：__________m^2，企业 2：__________m^2，企业 3：__________m^2）
4.场地土地利用历史（含所属工业类型）	
5.周边土地利用现状	□乡村　□城镇　□工业区　□城乡接合部 √
6.场地土地规划用途	□工业类用地　□住宅类用地　□商业类用地 √ □其他类型：______________　□暂无规划

7.场地地形		□平原　□丘陵　□山地　□盆地　□高原
8.区域土壤类型		□沙土　□壤土　□黏土
9.场地周边环境敏感受体分布情况	人口分布（2 km 范围内）	□0～500 人　□500～2 000 人　□>2 000 人
	饮用水井	□无　□有，距离约：________ m
	河流状况	□0～500 m　□500～1 000 m　□1 000～3 000 m　□>3 000 m
	环境敏感点类型	□无　□自然保护区　□基本农田保护区　□珍稀动物栖息地　□饮用水水源保护区　如果有，距离约：__________ m
10.工程进度		□已完成调查与评估　□已完成修复方案　□正在开展修复　□已完成修复　□正开展修复验收 □已完成修复验收
11.场地修复相关方	场地业主	
	场地调查与评价单位	
	场地地勘单位	
	方案编制单位	
	修复实施单位	
	工程监理单位	
	环境监理单位	
	效果验收单位	
	监管部门	

12.场地地层分布及土壤类型	第一层	标高：__________m；埋深：_____m；土壤类型：__________
	第二层	标高：__________m；埋深：_____m；土壤类型：________
	第三层	标高：__________m；埋深：_____m；土壤类型：________
	第四层	标高：__________m；埋深：_____m；土壤类型：________
	第五层	标高：__________m；埋深：_____m；土壤类型：________
	第六层	标高：__________m；埋深：_____m；土壤类型：________
	第七层	标高：__________m；埋深：_____m；土壤类型：________
	第八层	标高：__________m；埋深：_____m；土壤类型：________
13.场地地下水埋深	第一含水层	标高：__________m；埋深：_____m；层厚：_____m 类型：□滞水 □潜水 □承压水；流向：______________
	第二含水层	标高：__________m；埋深：_____m；层厚：_____m 类型：□滞水 □潜水 □承压水；流向：______________
	第三含水层	标高：__________m；埋深：_____m；层厚：_____m 类型：□滞水 □潜水 □承压水；流向：______________

二、场地调查及相关批复情况（由修复施工单位负责填写）

填报单位：______________________________

填写人：__________；联系电话：__________；邮箱：__________

1. 场地污染状况	土壤	地下水
1.1 污染类型	□重金属 □挥发性有机物 □半挥发性有机物 □重金属有机复合污染 □其他__________	□重金属 □挥发性有机物 □半挥发性有机物 □重金属有机复合污染 □其他__________
1.2 关注污染物		
1.3 污染判别标准	□筛选值 □其他标准：__________	□筛选值 □其他标准：__________
2.场地风险状况		
2.1 风险评价模型	□RBCA □HERA □其他：__________	□RBCA □HERA □其他：__________
2.2 可接受风险水平	致癌风险：□10^{-4} □10^{-5} □10^{-6} 非致癌风险熵：□ 1	致癌风险：□10^{-4} □10^{-5} □10^{-6} 非致癌风险熵：□ 1
2.3 风险污染物		

3.修复范围及工程量		土壤	地下水
3.1 确定方法		□模型计算 □筛选值 □背景值校正 □方法检出限校正 □其他：________	□模型计算 □筛选值 □背景值校正 □方法检出限校正 □其他：________
3.2 修复目标值			
3.3 修复范围	总面积	m^2	m^2
	第一层	m^2	m^2
	第二层	m^2	m^2
	第三层	m^2	
	第四层	m^2	
	第五层	m^2	
	第六层	m^2	
	第七层	m^2	
3.4 修复工程量	总方量	m^3	
	第一层	m^3	
	第二层	m^3	
	第三层	m^3	
	第四层	m^3	
	第五层	m^3	
	第六层	m^3	
	第七层	m^3	

4.修复技术方案情况	土壤	地下水
4.1 技术筛选主要依据及重要性排序（括号内）	目标可达性（ ），修复周期（ ），修复资金（ ），技术成熟性（ ），其他条件（ ）：________	目标可达性（ ），修复周期（ ），修复资金（ ），技术成熟性（ ），其他条件（ ）：________
4.2 采用的修复技术		
4.3 采用的修复组合技术方案		
5.文件批复或备案情况		
5.1 场地环评报告	专家论证情况：□有 □无 批复情况： □已批复 □没批复 批复单位：________	
5.2 场地修复技术方案	专家论证情况：□有 □无 备案情况： □已备案 □没备案 备案单位：________	
5.3 其他方案备案情况	方案名称：________ 专家论证情况：□有 □无 备案情况： □已备案 □没备案 批复或备案单位：________	

三、场地修复工程施工基本情况（由修复施工单位负责填写）

填报单位：________________________________

填写人：__________；联系电话：____________；邮箱：____________

1. 土壤修复工程	
1.1 修复工程施工单位	
1.2 修复方式	□原地异位修复 □异地异位修复 □原位修复
1.3 相关修复技术中试情况	□未开展中试 □开展中试 中试内容 1：____________ 中试内容 2：____________ 中试内容 3：____________
1.4 场地修复工程实施方案编写与批复情况	专家论证情况：□有 □无 备案情况： □已备案 □没备案 备案单位：____________
1.5 异位修复工程	
• 基坑开挖方式	
• 基坑开挖深度/m	
• 基坑开挖土方量/m^3	
• 基坑开挖施工周期/a	
• 污染土运输方式	
• 污染土异位暂存方式	
• 污染土壤修复技术	
• 污染土壤施工周期/a	

• 修复后土壤利用方式	□回填　　□外运（使用方式）______
• 外运土壤最终去向所在场地做风险评估	□是　　□否
1.6 原位修复工程	
• 修复技术	
• 注入设备	
• 修复药剂	
• 修复效果	□全部合格　□部分合格，超标点位百分率：____%
2. 地下水修复工程	
2.1 原位修复工程	
• 修复技术	
• 施工方式	
• 修复药剂	
• 修复效果	□全部合格　□部分合格，超标点位百分率：____%
2.2 异位修复工程	
• 修复技术	
• 施工方式	
• 抽出地下水处理方式	
• 地下水回灌	
• 修复周期/a	
• 处理后地下水去向	□外排（具体去向）　□回灌　□ 其他：______

四、污染场地修复工程环境监管（由当地管理部门负责填写）

填报单位：______________________________

填写人：__________；联系电话：____________；邮箱：______________

<table>
<tr><td>1.污染场地修复的驱动因素</td><td colspan="3">□再开发 □企业自愿 □政府自愿</td></tr>
<tr><td rowspan="5">2.污染场地再开发相关管理部门及职责</td><td>监管部门</td><td>介入时间</td><td>主要职责</td></tr>
<tr><td>□环保部门</td><td></td><td></td></tr>
<tr><td>□土地储备中心</td><td></td><td></td></tr>
<tr><td>□住建部门</td><td></td><td></td></tr>
<tr><td>□规划部门住建部门</td><td></td><td></td></tr>
<tr><td>3.污染场地的环境监管部门</td><td colspan="3">□环保局 □固体废物中心 □污防处
□其他：______________</td></tr>
<tr><td>4.环境监管部门的人员配置</td><td colspan="3">□0～3 人 □3～5 人 □5～10 人 □10 人以上</td></tr>
<tr><td>5.当地已开展场地调查的案例数量</td><td colspan="3">□0～5 个 □5～10 个 □10 个以上</td></tr>
<tr><td>6.已完成场地修复工程的案例数量</td><td colspan="3">□0～5 个 □5～10 个 □10 个以上</td></tr>
<tr><td>7.污染场地环境管理相关的地方法规</td><td colspan="3">□无 □有 ______________</td></tr>
<tr><td>8.污染场地环境管理的流程</td><td colspan="3">□已规范 □逐渐规范中 □未规范</td></tr>
<tr><td>9.场地修复过程的批复或备案环节</td><td colspan="3">□场地调查评价报告 □修复标准 □修复方案 □修复工程实施方案 □环境监理方案
□验收方案 □验收报告</td></tr>
</table>

	□其他：________
10.修复工程施工阶段有无环境监管	□无　□有，如何实施________
11.监管依据	□报送数据　□现场检测　□其他：________
12.监管程序	
13.修复工程施工阶段环境监管的主要工作内容和工作重点	□污染土壤清挖范围是否正确　□污染土壤外运去向是否妥当 □废水是否达标排放　□周边居民区空气质量 □气味　□扬尘　□其他________
14.修复工程施工阶段环境监管的环境质量标准	□国标　□地标
15.验收标准和依据是否充分	□是　□否
16.监管部门与监理、验收单位的相互关系	
17.监管效果保障措施	□例会制度　□公示制度　□其他：________
18.场地修复相关单位资质管理	□无要求 □有要求　□招标中限定　□其他：________
19.污染场地环境管理中面临的主要问题	□标准缺失　□管理缺位　□部门间协调机制缺失　□技术力量薄弱 □资金来源困难　□公众不支持　□其他
20.修复工程施工过程中是否有居民投诉事件发生	□无　□有
21.主要原因	
22.处理对策	
23.处理效果	

五、场地修复工程环境管理计划编制及落实情况（由修复施工单位负责填写）

填报单位：________________________________

填写人：__________；联系电话：______________；邮箱：______________

<table>
<tr><td>1.环境管理计划编制单位</td><td colspan="6"></td></tr>
<tr><td>2.环境管理计划编制依据</td><td colspan="6"></td></tr>
<tr><td>3.环境管理计划主要内容</td><td colspan="6"></td></tr>
<tr><td>4.工程监理单位</td><td colspan="6"></td></tr>
<tr><td>5.环境监理单位</td><td colspan="6"></td></tr>
<tr><td>6.环境监督部门</td><td colspan="6"></td></tr>
<tr><td>7.修复过程环境二次污染产生及防范情况</td><td>废水</td><td colspan="2">废气</td><td colspan="2">噪声</td><td>废渣</td></tr>
<tr><td>7.1 二次污染产生环节</td><td></td><td colspan="2"></td><td colspan="2"></td><td></td></tr>
<tr><td>7.2 二次污染控制目标</td><td></td><td colspan="2"></td><td colspan="2"></td><td></td></tr>
<tr><td>7.3 二次污染防范措施</td><td></td><td colspan="2"></td><td colspan="2"></td><td></td></tr>
<tr><td>7.4 二次污染治理措施</td><td></td><td colspan="2"></td><td colspan="2"></td><td></td></tr>
<tr><td>7.5 环境监测方案</td><td></td><td colspan="2"></td><td colspan="2"></td><td></td></tr>
<tr><td>7.6 人员安全防护措施</td><td colspan="6"></td></tr>
<tr><td>7.7 修复过程中可能的环境突发事件</td><td colspan="6"></td></tr>
<tr><td>7.8 修复过程中的环境应急措施</td><td colspan="6"></td></tr>
<tr><td>8.场地修复后的长期监测</td><td colspan="6"></td></tr>
<tr><td rowspan="2">8.1 长期监测计划</td><td colspan="2">监测对象</td><td colspan="2">监测指标</td><td colspan="2">监测频率</td></tr>
<tr><td colspan="2"></td><td colspan="2"></td><td colspan="2"></td></tr>
<tr><td>8.2 执行主体单位</td><td colspan="6"></td></tr>
<tr><td>8.3 监督主体单位</td><td colspan="6"></td></tr>
<tr><td>8.4 相关批复情况</td><td colspan="6"></td></tr>
</table>

六、场地修复工程环境监理方案编制及落实情况（由环境监理单位负责填写）

填报单位：____________________

填写人：__________；联系电话：__________；邮箱：__________

1.编制单位	
2.编制依据	□国家和地方有关法律法规　□国家有关环境保护标准 □环境影响风险评估报告　□环境保护行政主管部门的批复意见 □修复技术方案　□修复工程设计文件　□工程监理合同及工程承包合同　□其他：______
3.场地修复工程环境监理方案编写与批复	专家论证情况：□有　□无；备案情况：□已备案　□没备案 备案单位：______
4.环境监理的主要内容	□质量控制　□进度控制　□投资控制 □合同管理　□信息管理　□协调（业主、建设单位设计单位及各相关方）　□修复工程的环保措施 □污染物排放（现场监测） □修复工程环境影响　□修复工程环境风险控制 □修复工程人员安全防护　□其他：______
5.环境监理的工作方法	□核查：根据场地环境风险评价报告及其批复，对修复技术方案、工程设计方案、工程实施方案等进行符合性审核 □监督：包括现场巡视、旁站、跟踪检查、环境监测等现场工作、环境监理会议、记录和信息反馈等方式进行日常监督 □报告：包括环境监理联系单、定期报告（月报、季报、年报）、专题报告：工程污染事故报告、监理阶段性报告等 □咨询：提供全过程的专业环保咨询 □宣传与培训：向工程各方开展环保宣传和人员培训 □验收：工程完成后，对合同规定的环保情况进行最终检查

6.工作制度	□开工报告审批制度 □施工组织设计（技术方案）审批制度 □旁站监理和现场巡视检查制度 □隐蔽工程验收及技术复核制度 □工程变更和会签制度 □监理例会制度 □监理工作汇报和记录制度 □档案资料保存和管理制度 □施工进度监督及报告制度 □造价监督制度 □承包商施工质量监督管理制度 □工程质量事故处理制度 □工程竣工验收制度 □安全管理制度 □教育与培训制度 □质量保证体系 □合同管理制度 □收发文件制度 □工程质量评估报告制度 □环境监测制度
7.环境监理与工程监理的关系	□环境监理与工程监理并行 □以工程监理为主导 □以环境监理为主导
8.环境监理人员	
8.1 人员设置	□环境监理项目总监 □环境监理技术人员 □环境监理人员同时负责工程监理
8.2 监理人员资质要求	□从业资格证书：__________ □相关从业经历：__________ □环境监理能力培训：__________
9.主要工作程序	

<table>
<tr><td>10.工程前期准备阶段环境监理情况</td><td>
<table>
<tr><th>编号</th><th>内容</th><th>监理内容</th><th>监理方式</th></tr>
<tr><td></td><td></td><td></td><td></td></tr>
<tr><td></td><td></td><td></td><td></td></tr>
<tr><td></td><td></td><td></td><td></td></tr>
<tr><td></td><td></td><td></td><td></td></tr>
<tr><td></td><td></td><td></td><td></td></tr>
</table>
</td></tr>
<tr><td>10.1 主要工作内容</td><td>□给设计单位、施工单位等相关单位提供环境保护咨询
□环境保护相符性核实，工程设计文件是否满足环境影响评价文件及批复的要求
□环境保护审核，环保措施落实、相关单位资质、环保措施处理规模、工艺等
□指导开展项目参加单位环保知识教育培训
□其他：________</td></tr>
<tr><td>10.2 监理方法（含上述相关内容的监理方法）</td><td>□文件核查　□意见征询　□其他：________</td></tr>
<tr><td colspan="2">11. 工程实施阶段环境监理情况</td></tr>
<tr><td colspan="2">11.1 土壤修复环境监理关键环节与内容</td></tr>
<tr><td>监理环节</td><td>监理要点（VOCs 和非 VOCs）</td></tr>
<tr><td>污染土清挖</td><td></td></tr>
<tr><td>污染土运输</td><td></td></tr>
<tr><td>污染土暂存</td><td></td></tr>
</table>

污染土异位修复				
修复后土壤原位再利用过程				
污染土壤原位修复				
11.2 地下水修复环境监理关键环节与内容				
地下水抽出过程				
污染地下水运输				
污染地下水暂存				
污染地下水处理				
地下水原位修复				
11.3 环境监测	废水	废气	噪声	废渣
• 污染物排放监测方法				
• 污染物处理效果监测方法				
• 污染排放环境影响监测方法				
• 安全施工监理方式				
• 人员防护监理方式				
12 修复工程发生重大变动处理方法				
13 修复工程竣工验收阶段环境监理情况				
13.1 主要监理内容				
13.2 监理方法				

七、场地修复工程验收及修复效果评价情况（由验收单位负责填写）

填报单位：______________

填写人：__________；联系电话：______________；邮箱：______________________

项目	土壤	地下水
1.验收对象	□基坑内遗留土壤 □修复后土壤 □其他区域土壤 验收原因：______________	
2.验收时间		
3.验收结果	□通过　□未通过　□正在验收中	□通过　□未通过　□正在验收中
4.验收方案编制依据	□污染场地修复验收技术规范（北京） □国外技术规范（请说明）： ______________ □其他技术规范（请说明）： ______________	
5.验收监测方案论证及备案	专家论证情况：□有　□无；备案情况：□已备案　□没备案 备案单位：__________	
6.验收程序	一期工程：□全部清理/修复完成后验收　□分批次分阶段验收 二期工程：□全部清理/修复完成后验收　□分批次分阶段验收	

<table>
<tr><td rowspan="2">7. 验收标准</td><td colspan="2">土壤</td><td colspan="2">地下水</td></tr>
<tr><td colspan="2">□筛选值
□修复目标值
□中间产物
□根据外运场地评估
□其他：________</td><td colspan="2">□修复目标值
□排放标准值
□中间产物
□其他：________</td></tr>
<tr><td colspan="5">8. 土壤异位修复基坑清挖效果验收</td></tr>
<tr><td rowspan="6">8.1 基坑采样方法</td><td colspan="2">基坑底部</td><td colspan="2">基坑侧壁</td></tr>
<tr><td>布点方法</td><td></td><td>布点方法</td><td></td></tr>
<tr><td>网格大小</td><td></td><td>网格大小</td><td></td></tr>
<tr><td>采样深度</td><td></td><td>采样深度</td><td></td></tr>
<tr><td>采样方法</td><td></td><td>采样方法</td><td></td></tr>
<tr><td colspan="4">其他布点方法：________</td></tr>
<tr><td>8.2 基坑清挖效果评价方法</td><td colspan="4">□逐点评价方法：达标率：____%
□其他评价方法：________</td></tr>
<tr><td>8.3 未达标区域范围的确定方法</td><td colspan="4">□以布点网格大小为 1 个单元
□加密布点确定
□其他方法：________</td></tr>
<tr><td>8.4 验收未合格土处理方式</td><td colspan="4">□再次清挖直到符合修复要求
□不采取措施</td></tr>
</table>

9. 土壤异位修复污染土壤修复效果验收	
9.1 热脱附、土壤洗涤修复技术	处理效率：________ 堆体大小：________ 布点方式：□网格布点，每个样品代表的土方量：____ m^3 □其他：________
9.2 SVE、生物堆修复技术	处理效率：________ 采样堆体大小：________ 是否在堆体拆除前采样验收：□是 □否 布点方式：□网格布点，每个样品代表的土方量：____ m^3 □其他：________
9.3 固化/稳定化修复技术	验收方法：________
9.4 验收未合格土壤处理方式	□再次修复直到符合修复要求 □不采取措施
9.5 其他修复技术	□技术名称：________ □布点方法：________ □验收方法：________
9.6 修复效果评价方法	□逐点评价方法：达标率：________% □其他评价方法：________

10. 土壤原位修复验收	
10.1 修复技术	
10.2 监测方法	
• 布点方法	
• 网格大小	
• 其他布点方法	
10.3 修复效果评价方法	□逐点评价方法：达标率：__________% □其他评价方法：__________
10.4 未达标区域范围的确定方法	□以布点网格大小为 1 个单元 □加密布点确定 □其他方法：__________
10.5 未达标土壤处理方式	
11. 地下水原位修复验收	
11.1 修复技术	
11.2 监测方法	
• 布点方法	
• 网格大小	
• 采样方法	
11.3 修复效果评价方法	□逐点评价方法：达标率：__________% □其他评价方法：__________

12. 污染地下水异位修复验收			
12.1 修复技术			
12.2 地下水监测方法			
• 布点方法			
• 网格大小			
• 其他布点方法			
12.3 修复效果评价	□逐点评价方法：达标率：＿＿＿＿% □其他评价方法：＿＿＿＿		
12.4 抽出后地下水处理验收			
• 采样位置	□设备排口　□总排口		
• 采样方法			
• 采样频度			
• 处理效果评价	□场地回灌水标准　□废水综合排放标准（如直接排放）		
13. 验收报告审查方式	□专家评审　□主管部门审查报告　□其他方式 □场地采样抽查（如有请说明抽查方式）＿＿＿＿		
14. 长期监测计划验收单位			

附录Ⅱ　国内典型污染地块修复效果评估实施情况调研

		武汉		重庆	上海	北京	
地块概况	地块名称	原武汉染料厂生产场地重金属复合污染土壤修复治理工程	武汉E地综合治理工程	重庆市巴南区B标准分区 B5-3-1/04 地块		北京化工二厂、有机化工厂原厂址场地	某焦化厂污染土治理修复项目
	面积/m^2	175 180	160 000	126 328		1 029 800	342 000
	区域土壤类型	黏土	黏土	壤土		沙土、粉土、黏土	沙土、壤土、黏土
	地层分布及土壤类型	0～1.5 m：杂填土 1.5～9 m：粉质黏土 9～13 m：淤泥质、粉质黏土局部含沙	0～1.8 m：杂填土 1.8～5.0 m：杂填土 5～9 m：黏土			0～5.5 m：粉土； 5.5～9 m：粉质黏土； 9～18.5 m：细砂和中砂； 18.5～24.8 m:粉质黏土； 24.8～33 m：细砂； ＞33 m：粉质黏土	0～1.5 m：杂填土； 1.5～6.4 m：粉土及砂质粉土； 6.4～10 m：黏土； 10～18 m：沙土
	土壤污染物类型	重金属，挥发性有机物，半挥发性有机物	重金属，有机氯农药污染	重金属		重金属，挥发性有机物	挥发性有机物，半挥发性有机物
	地下水埋深	0～2 m：滞水 2～16 m：潜水 ＞16 m：承压水	0.3～1.8 m：滞水			6.60～10.40 m：潜水 ＞24.8 m：承压水	10～18 m：潜水
	地下水污染物类型	挥发性有机物	有机氯农药污染			挥发性有机物	挥发性有机物，半挥发性有机物

		武汉		重庆	上海	北京	
修复技术	土壤	化学氧化，常温解吸，固化/稳定化	重金属：固化/稳定化；高浓度有机污染土壤：水泥窑焚烧技术；低浓度污染土壤：水泥窑焚烧技术处理和原地生物化学还原修复技术	铅污染的建筑垃圾筛分，＞50 mm 清洗后现场回填；＜50 mm 与污染土壤运送至黑石子填埋场暂存，稳定化处置后无害化填埋		重金属：阻隔填埋 有机物：常温解吸	高温热脱附 低温热脱附 常温热脱附
	地下水	抽出处理	抽出处理			帷幕内：抽出处理， 帷幕外：抽出处理+自然衰减	抽出处理
土壤修复效果评估	验收主体	自验收（施工单位，第三方检测） 竣工验收（环保部门）	自验收（施工单位） 阶段验收（第三方） 竣工验收（环保部门）	自验收（施工单位） 阶段验收（第三方）	验收监测方（编制验收方案、采样、分析） 修复施工方（评估修复效果）	第三方验收 监督性验收（环保部门）	自验收（施工单位） 第三方验收 监督性验收(环保部门)
	验收对象	修复范围内的土壤、地下水	修复范围内的土壤、地下水	基坑内遗留土壤	修复范围内的土壤、地下水；在回顾性评估监测中，还可包括场地内及其周边地表水、大气等介质	修复范围内的土壤、地下水	修复范围内的土壤、地下水
	验收范围	修复范围	修复范围	修复范围	修复范围；在回顾性评估监测中，还应包括场地周边环境敏感区域	修复范围	修复范围
	验收项目	修复目标污染物	修复目标污染物	修复目标污染物	修复目标污染物；当地下水异位修复达标后排放时，监测因子还应包括国家或上海市相关废水排放标准中的主要监测因子	修复目标污染物	修复目标污染物

				武汉		重庆	上海	北京	
土壤修复效果评估	验收标准			修复目标值	修复目标值	修复目标值	目标污染物的修复目标值、场地表观特征指标及其他相关标准	修复目标值	修复目标值
	布点方案	布点依据		《污染场地修复验收技术规范》（DB11/T 783—2011）；《场地环境监测技术导则》（HJ25.2—2014）	《污染场地修复验收技术规范》（DB11/T 783—2011）	《污染场地修复验收技术规范》（DB11/T 783—2011）		《污染场地修复验收技术规范》（DB11/T 783—2011）	《污染场地修复验收技术规范》（DB11/T 783—2011）
		异位修复	坑底	40 m×40 m，污染严重区域局部加密20 m×20 m	阶段验收 10 m×10 m，网格内采集 4 个点取混合样；竣工验收 30 m×30 m 网格布点	网格布点，重点区域加密	根据基坑面积推荐采样数量，采样单元原则上网格大小不超过 20 m×20 m，采集混合样（非挥发性样品）	20 m×20 m 网格	第三方验收：根据基坑面积确定采样数量；监督性验收：基坑采样数量同第三方验收
			侧壁	40 m/段	侧壁每隔 40 m 布设 1 个采样点，纵向每隔 1 m 布设 1 个采样点	侧壁等距离布点，20 m 布设 1 个采样点，修复深度大于 0.5 m 时垂向进行分层采样	根据侧壁长度划分采样单元，最长不超过 40 m，采集混合样（非挥发性样品）；垂向根据挖掘深度分层采样	层高×20 m	根据侧壁长度确定采样数量，垂向根据清挖深度进行分层采样，每层厚度最大不超过 3 m
			堆体	每 500 m³ 采集 1 个点	原地生物化学还原：每 216 m³ 布设 1 个点；水泥窑协同焚烧：核查施工单位、监理单位场内开挖、堆放、外运、暂存、焚烧等记录		每 500 m³ 采集 1 个样品，采集混合样（非挥发性样品）；修复量不超过 500 m³ 时，同时采集 1 个平行样品	每 500 m³ 采集 1 个样品	第三方验收：500 m³ 设置 1 个采样点；监督性验收：1 000 m³ 设置 1 个采样点
		原位修复		化学氧化技术：40 m×40 m，养护结束后钻孔取样			钻孔分层采样，采样数量参照异位修复基坑和侧壁的数量		

			武汉		重庆	上海	北京	
土壤修复效果评估	修复效果评估	基坑	逐点评价方法	逐点评价方法	逐点评价方法	逐点评价方法及统计学的方法	逐点评价方法	逐点评价方法
		堆体	逐点评价方法	逐点评价方法			逐点评价方法	逐点评价方法
	未达标区域/堆体处理方法	基坑	加密布点确定，再次清挖直到符合修复要求	以网格大小为 1 个单元，再次清挖直到符合修复要求	以不合格点为中心，清挖周边 2 m，深度 0.5 m		以布点网格大小为 1 个单元	坑底以网格大小为 1 个单元，再次清挖直到符合修复要求，侧壁加密布点确定清挖范围
		堆体	再次修复至符合要求	再次修复至符合要求			再次修复至符合要求	再次修复至符合要求
地下水修复效果评估	原位修复	布点依据				依据地下水流向及污染区域地理位置进行设置，一般情况下修复范围内采样点不少于 3 个，其中上游和下游地下水采样点均不少于 1 个	修复边界及两侧、边界内重点污染区、地下水上游	
		采样频次						
		评估方法				逐点评价及统计学的方法		
		评估标准				目标污染物的修复目标值、场地表观特征指标及其他相关标准		
	异位修复	布点依据						
		采样频次		每月 1 次		根据处理方式确定	每周 1 次，不定期抽样	每月 2 次

			武汉		重庆	上海[i]	北京	
地下水修复效果评估	异位修复	评估方法		逐点评价方法		逐点评价方法及统计学的方法	逐点评价方法	逐点评价方法
		评估标准		《污水综合排放标准》（GB 8978—1996）		目标污染物的修复目标值、场地表观特征指标及其他相关标准（如地下水地面处理后的排放标准等）		北京市《水污染物综合排放标准》（DB 11/307—2013）
长期监测计划				无		污染地块回顾性评估监测，同时包括针对场地长期原位治理修复工程措施效果开展的验证性监测		

注：i．上海的修复效果评估资料来自《上海市污染场地修复工程验收技术规范（试行）》。